BIM 系列丛书

U0170146

ARCHICAD 建筑师
三维设计指南

重庆大学　组织编写

颜晓强　曾旭东　陈利立　洪　苗　著

中国建筑工业出版社

图书在版编目（CIP）数据

ARCHICAD 建筑师三维设计指南 / 重庆大学组织编写；
颜晓强等著 . — 北京：中国建筑工业出版社，2021.10（2022.11 重印）
（BIM 系列丛书）
ISBN 978-7-112-26744-6

Ⅰ . ① A…　Ⅱ . ①重… ②颜…　Ⅲ . ①建筑设计—计算
机辅助设计—应用软件—教材　Ⅳ . ① TU201.4

中国版本图书馆 CIP 数据核字（2021）第 211291 号

本书共分为 8 章。第 1 章从建筑专业的特性入手，探讨由建筑师引领建筑设计走向三维设计流程的可能性和必要性。第 2 章通过分析现有设计流程中的问题，提出三维设计流程及其不同阶段的整合应用内容。第 3 章希望在设计参与方达成基本共识和愿景的基础上，实施建筑设计三维工作流程。第 4 章至第 7 章，从三维设计流程各阶段整合应用的四大方面："工作流程趋向三维""设计成果图模合一""数据信息整合应用""协同协作高效开放"，详细讲述应用内容和方法。第 8 章简要介绍 ARCHICAD 的基础应用内容，方便建筑师上手使用。

本书适用于建筑类的工程设计人员及大中专院校师生使用。

责任编辑：曹丹丹
责任校对：赵　颖

BIM 系列丛书
ARCHICAD 建筑师三维设计指南
重庆大学　组织编写
颜晓强　曾旭东　陈利立　洪　苗　著

*

中国建筑工业出版社出版、发行（北京海淀三里河路 9 号）
各地新华书店、建筑书店经销
北京雅盈中佳图文设计公司制版
北京云浩印刷有限责任公司印刷

*

开本：787 毫米 ×1092 毫米　1/16　印张：19½　字数：473 千字
2022 年 5 月第一版　　2022 年 11 月第二次印刷
定价：**119.00** 元
ISBN 978-7-112-26744-6
（38525）

前　　言

1. 探索和实践的背景

软件技术和设计技术一直是建筑师所关心的。在设计过程中，从第一次使用 AutoCAD 绘制课程作业，到第一次使用 3DS MAX 渲染别墅效果图，再到第一次体验 SketchUp 三维推拉建模，建筑师都在积极体验那份设计的愉悦感。从 BIM 概念的普及到算法设计和人工智能的引入，建筑师群体始终紧跟时代发展的潮流，在努力提高自身建筑设计能力的同时，不断地将软件技术和设计技术结合。这成为当代建筑师执业的显著特点。

2006 年，笔者第一次接触 BIM 概念。在那以后，借助欧特克公司在市场的影响力，Revit 成了 BIM 的代名词。记得有一次东南大学的傅筱教授来公司做讲座，内容是他在 BIM 和三维设计方面的研究和实践，当时那种从三维角度着手设计并最终结合三维模型和二维图纸的表达与交付方式深深吸引了我，我深信这种三维设计的方式会带给建筑师全新的体验。

后来，在公司的支持和总师的带领下，几位志同道合的同事组成了公司第一代"BIM 兴趣小组"。通过组织交流活动，小组成员各自针对 Revit 软件某一个功能进行了深入学习，并进行分享，取得了一定的成果。但是这种松散的组织形式与紧张的项目生产之间存在一定的矛盾，最终并没有能够形成持续的研究成果。不过，每一位兴趣小组的成员通过这个时期的研究，都在心中埋下了探索新技术的种子，他们是未来推动新技术应用的星星之火。

目前，BIM 技术成熟地应用于施工图设计阶段及施工阶段的咨询验证，发挥了重要的作用。但这一技术并未被建筑师群体掌握。在建筑工程五方终身责任制和全过程设计的大环境影响下，建筑师群体面对更多的压力和挑战，原有的软件技术和设计流程也同样经受考验。单枪匹马地搞定一个工程已经越来越不现实，团队协作采用并掌握新技术和新流程，成为迎接挑战、实现转变的内在需求。

基于对建筑行业三维设计和 BIM 技术应用前景的乐观判断，我和我的团队（以下简称"我们"）在浙江大学建筑设计研究院有限公司（以下简称"UAD"）和浙江大学平衡建筑研究中心基金的支持下，开展了建筑专业三维设计工作流程的研究，希望将 BIM 技术及其工作流程应用于建筑设计的完整过程中，探索和实践 BIM 技术在三维建筑设计主要场景的应用，借此提高建筑设计的效率，丰富建筑设计的表达交流手段，提升设计图纸的质量和设计作品的完成度。

三维设计工作流程的研究和应用，既是一项技术的探索，更是一种愿景和价值观的体现。身为建筑师的职业使命感是支撑我们探索和实践的最大动力。

2. 关于 BIM 的概念

虽然建筑师需要以 BIM 技术作为切入点进行探索研究，但建筑师的核心工作不是去做一个叫"BIM"的设计，它也不是建筑设计的一个阶段或目标，技术探索的核心应是建筑设计和全过程协同，强化建筑设计的三维属性和协同属性，避免掉入 BIM 行业关于概念和误解的纠缠之中。其中，最有意义的探索并不是 BIM 概念和 BIM 软件的问题，而是借助 BIM 技术，改善建筑设计的工作流程，使建筑设计从传统二维设计转向更高阶段的三维设计，提升工作效率和设计品质。

3. 关于书中的案例项目

本书涉及的案例及书中绝大多数插图均来自试点研究项目——某高校的教学综合楼。

案例项目应用三维设计工作流程的内容主要为：方案投标阶段的设计以及中标后的细化设计、施工图阶段的复核以及针对 ARCHICAD 软件平台和技术探索所做的测试等，覆盖设计流程的各阶段。

4. 关于软件平台的选择

在 BIM 软件的选取上，可供选择的不多。目前市场占有率最高的是欧特克公司（Autodesk）的 Revit 软件。在探索和实践的时候，起初采用 Revit 软件作为主要的 BIM 软件，但由于各种原因，推进一直很缓慢。后来笔者接触到图软公司的 ARCHICAD 软件，发现它能完美支撑建筑专业的三维设计流程，特别适合建筑师的设计思维和工作方式。同时，图软公司所倡导的 openBIM 应用理念，也更符合未来开放的协同环境和发展方向。

本书主要使用的 ARCHICAD 软件版本是 v23 中文版，涉及 v24 中文版的新功能在书中会专门说明。

5. 关于本书的主要内容

本书第 1 章，从建筑专业的特性入手，探讨由建筑师引领建筑设计走向三维设计流程的可能性和必要性。第 2 章，通过分析现有设计流程中的问题，提出三维设计流程及其不同阶段的整合应用内容。第 3 章，希望在设计参与方达成基本共识和愿景的基础上，实施建筑设计三维工作流程。第 4 章至第 7 章，从三维设计流程各阶段整合应用的四大方面："工作流程趋向三维""设计成果图模合一""数据信息整合应用""协同协作高效开放"，详细讲述应用内容和方法，这些内容是实践三维设计工作流程中的经验总结，希望对大家有所启发。第 8 章，简要介绍 ARCHICAD 的基础应用内容，方便建筑师上手使用。

由于探索和实践的时间不长，涉及专业也仅限于建筑专业，书中所述内容难免有局限性和问题存在，欢迎大家批评指正，期待与大家交流，联系邮箱是：33208427@qq.com。

最后，感谢浙江大学建筑设计研究院有限公司和浙江大学平衡建筑研究中心对研究的支持，感谢图软公司的支持，感谢重庆大学建筑城规学院的支持，也感谢团队成员的共同努力。

目　　录

第1章 概 论

1.1 数字化和信息化——建筑设计发展的内在需要

随着当代计算机技术的发展，建筑设计的数字化趋势已经毋庸置疑，其对建筑师的积极影响更是贯穿整个建筑设计全过程。

设计院中的老工程师们还清晰地记得，当年的年轻建筑师们尝试用 AutoCAD 绘图所经历的挑战：鼠标键盘操作对于思维的转译还不是很流畅，软件制图命令还不是很熟悉，屏幕尺寸比图板小很多，计算机性能还不是很强悍，输出图纸还需要一系列的试错。但这场称作"甩图板"的"革命"，迅速席卷设计院。没有人能抵挡计算机制图的强大魔力。我们没有经历过这场革命，只能从老师们眉飞色舞的谈笑中，领略当年发生过的波澜壮阔。

尝到甜头的以及被浪潮卷着向前的建筑师不断尝试使用数字化手段，去实现各种设计和表达的目的。形式上则包括：概念化设计、测绘、设计制图（二维图纸绘制、三维模型建模）、设计渲染（借助三维软件和平面处理软件）、设计排版、多媒体与动画输出。建筑师们的实践过程已经离不开数字化工具的助力了。

在早年，开设建筑专业的高校要求到三年级才使用计算机绘图交课程作业。现在，一、二年级的建筑系学生就已经普遍掌握了计算机软件技术。设计院和设计事务所在招聘新人的时候，也把掌握必要的多种软件技术明确写在了招聘启事中。

虽然建筑专业领域的计算机数字化发展速度慢于其他领域，但至少还不会被甩开很远，建筑设计软件和硬件水平还是保持比较先进的程度。但是，如果谈到建筑设计的信息化，那似乎比数字化的发展要滞后挺多。

我们这里讨论的数字化和信息化是有区别的。数字化，倾向于讨论从传统的手绘设计方式转变到依靠计算机及其软件进行建筑设计的方式。而信息化，则倾向于建筑设计流程的高效组织和信息传递，以及建筑设计对象及成果中所包含的信息管理和应用。数字化是信息化的前提，信息化则是数字化的高级阶段。

我们在建筑设计过程中会使用众多的软件和平台，大多数情况下，这些软件在使用过程中产生的数字文件，彼此间的联系需要设计师人工来搭建和运作；同时在建筑项目管理的过程中，设计的数据大多数分散在不同的数字文件中，分散在不同的设计人员手中。我们有大量的历史项目资源等待整理，同时有大量的新项目正在运行。设计团队要想从这些项目中提取数据，进行统计、分析和处理，可谓困难重重。而这些数字化的成果所蕴含的数据与信息，是建筑师或者设计院的宝贵数字财富。

数字化和信息化是建筑设计及其技术发展的内在需要，促使设计技术和流程向全面三维阶段推进是解决这种内在需要的基础路径。只有尽快推进全面的三维建筑设计，补足数字化和信息化的短板，我们才能从容应对未来建筑设计的诸多挑战。

1.2　建筑师的三维设计基因和内在特质

建筑师天然地具有三维设计的基因，在执业的全过程中发挥着重要的作用。

首先，建筑师的设计活动天然地基于三维实体和三维空间。建筑师的工作对象：材料和空间都是三维的。实体材料比如木材、石料、沙土、金属、玻璃等，无不是自然世界真实存在的三维实体。建筑师通过设计活动和建造行为，为人们提供生活、学习、工作的场所和空间，这些空间是三维的，不存在于纸上，而是实实在在地容纳器物并承载人的行为与活动，只有进入这一空间，才能切实感受到空间的魅力。

其次，建筑师的思维和工作方式也同样基于三维。在进行建筑设计、思考场地和建筑之间关系的时候，需要将现场踏勘的空间印象与未来建筑在场地中的形态进行模拟。建筑师将等高线的二维线条转换为起伏的空间地形。构思时的每一笔线条和色块代表的是建筑空间的墙体和空间围合。在思考和推敲过程中，建筑师会借助三维实体模型来验证方案，并表达给受众。从米开朗琪罗用实木模型向教宗保罗四世解释穹顶的设计，到"样式雷"家族使用烫样模型向皇族呈现建造的样貌，都呈现出这种特征。随着数字技术的应用，实体模型更多地被数字模型所代替。SketchUp 的迅速流行，从一个侧面反映了建筑师工作的三维属性，也反映了建筑师渴望释放"原力"，将设计思维与三维设计的工作方式融合，这些需求是真实而迫切的。

最后，建筑师的平面表达成果（表现图、分析图、法定图纸等）反映的是所设计建筑的三维实体和空间。二维内容是三维实体和空间的映射，它不可能单独存在，且必须共同表达，才能用于建造实体建筑。

综上所述，建筑师天然地具有三维设计的基因。它促使建筑师掌握更全面的知识结构和能力，通过不同的维度来思考和工作，并运用各种设计技术和软件技术来表达和提交设计成果，最终指导建造。

我们仅从软件技术层面来看，建筑师不管是熟练掌握软件的数量，还是对于软件技术掌握的深度，可以说在各专业中都表现突出。

回想刚参加工作时听公司总师讲述当年设计院"甩图板"的过程，仍然觉得非常有意思。刚开始的 AutoCAD 版本很难用，画个线也很麻烦，也不直观，哪比得上鸭嘴笔、针管笔在硫酸纸上画爽快啊！但是，我们可爱的建筑师对技术的敏锐直觉和不懈追求在这时体现得淋漓尽致，他们每天练习计算机操作，研究 AutoCAD 软件技术，成为推动当年那场技术革命的核心人物。又比如我们的师兄"秋枫"等很多建筑师，开发出了非常实用的插件，在 AutoCAD 二次开发领域声名远播。

同样的，当 SketchUp 软件 1.0 在 2000 年 8 月出现的时候，一批建筑师就敏锐地发现了它的优势：能够帮助建筑师迅速生成和推敲三维形体及空间感受。随着 SketchUp 功能的提升，这款软件对于建筑师设计和表达的作用越来越大。以至于今天 SketchUp 的熟练应用成为建筑师的必备技能。面向和操作三维形体的工作方式所带来的生成效率的提升有目共睹。

进一步地，一批卓越的建筑师在行业软件的创新和开发方面做出了重大贡献。

第一个例子，是现在市场上主流的 BIM 软件之一的 ARCHICAD（也是本书的主要研究对象），它就是由一群建筑师主要参与开发的。1982 年，匈牙利的图软（Graphisoft）公司成立并开始开发 ARCHICAD，在 1984 年苹果的 Macintosh 系统上发布了 1.0 版本。建筑师们了解自己的工作，了解建筑设计工作中的痛苦，软件的设计初衷就是解决这些痛苦。直到今天，"为建筑师量身定做"还是 ARCHICAD 的重要口号。现任图软 CEO，休·罗伯茨（Huw Roberts）也是建筑师出身，可以说根植在软件中的基因决定了它们发展的逻辑，也决定了其服务建筑师设计工作的强大能力。

同时，ARCHICAD 问世之初就以 3D 设计和建模为特色，并提出虚拟建筑的概念，在那个年代是相当先进的理念了。在此之后都将这种理念贯穿于软件的各个版本，与同时代的其他计算机辅助建筑设计软件（CAAD 软件）有很大的区别。可以说 ARCHICAD 从很早之前就已经开始践行类似 BIM 的理念了。

第二个例子，是建筑大师弗兰克·盖里（Frank Gehry）。我们都知道盖里设计的建筑形式之自由，令人瞠目结舌，也只有少数如盖里这样的建筑师能自如地驾驭自己的想法。从一些文章中了解到，起初盖里并不希望自己的设计过程中运用计算机。当时他认为计算机只会生成对称或镜像的形式，并不是他想要的。但是如何保留他那些飞舞的手绘形态，产生具有雕塑感的三维形式，以及将这些图像转换为巨型尺度，在当时都是亟待解决的问题。所以盖里认为自己只是不喜欢计算机产生的图像，一旦他发现了在建造中使用计算机的路径，他便很快将这种技术应用到设计实践中了。

盖里说的这个路径就是使用基于 CATIA 开发的 Digital Project 软件的应用。盖里和达索公司合作，研制了一种适合他工作方式的软件，类似于增强版的 CATIA 软件，并说这正是他需要的产品，它将改变建筑学运作的方式并让新建筑的产生成为可能——也就是出现更多令人激动的形式而不仅仅是平淡无奇的方盒子。虽然大量的建筑并不能都像盖里设计的建筑那样"翩翩起舞"，但是他对于技术的探索和形式的追求，对于建筑学的发展仍然起到了很大的作用。

当然我们还可以找出更多的例子。优秀的建筑设计相关软件都会有建筑师参与，从实践角度和专业角度给予产品经理们很多的支持与互动。

对技术敏感，不断追求先进卓越的技术，追求完美极致的作品，追求技艺合一的境界——这是建筑师群体的内在特质。在建筑设计全面三维化、数字化和信息化的过程中，需要全专业工程师协同努力，但更迫切需要建筑师群体的积极参与。建筑师群体所具有的专业素养和内在特质，是建筑设计迈向下一个阶段的必要条件。三维建筑设计、三维协同技术、参数化设计、性能化设计、BIM 技术等技术应用和创新，建筑师都不能缺席，否则可能会走偏。建筑师有条件也有能力来引领这一场新技术的变革。

未来已来，各位建筑师准备好了吗？

003

第2章 优化流程

建筑设计天然地基于三维实体和空间，是建筑师应用二维和三维的手段进行改变物质世界的行为。因此，本书所说的三维设计流程，是指在现有的二维和三维并行的流程中，找到可以优化的节点进行整合，改善目前设计和生产过程中存在的图纸、模型和信息不对应的状态，进而使建筑师的时间和精力能更有效地集中在解决建筑设计的问题，将建筑设计和表达更好地结合起来，最终提高设计质量，提升设计作品的完成度。

目前建筑设计的主要阶段一般划分为"方案设计—初步设计—施工图设计"，如图 2.1.1 所示。本书为了简化三维设计流程的表述，弱化方案、初设这样的阶段定位，侧重设计流程和应用场景的关注，将阶段划分为："概念方案—发展细化"，如图 2.1.2 所示，以便更好地聚焦建筑设计的核心内容。在此过程中，借助 ARCHICAD 的强大功能和知识库的积累，采用三维设计工作流程，将"设计、模型、图纸、信息"整合到一起，满足建筑设计从概念生成一直发展细化到可以指导施工的程度。因此，这种流程的整合可以说是最主要的优化。

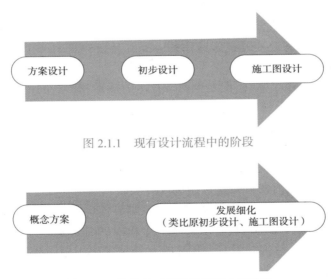

图 2.1.1 现有设计流程中的阶段

图 2.1.2 简化的三维设计流程中的阶段

本章将从梳理现有设计流程中可以优化的节点入手，研究三维设计流程的魅力，并对此过程中速度和效率的疑问进行探讨。

2.1 现有设计流程梳理

2.1.1 概念方案阶段

我们首先梳理一下"概念方案阶段"的典型工作流程，如图 2.1.3 所示。

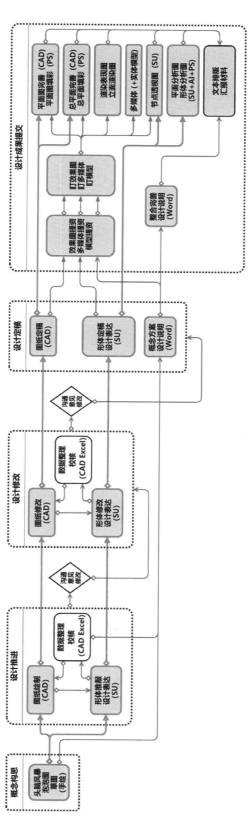

图 2.1.3 "概念方案阶段" 的典型工作流程

针对梳理的流程图，我们能够发现其中一些可以优化的内容（痛点）：

（1）最主要的一点是设计流程中的"双线"并行状态，这里说的"双线"是指：一条采用 AutoCAD 绘制二维图纸并计算面积等数据的流程线，另一条采用 SketchUp 建立三维模型推敲形体的流程线。两条线彼此独立运行，之间通过数据整理复核，交换数据信息。也就是说，SketchUp 中的三维模型推敲调整后，需要在 AutoCAD 中重新绘制相应的二维图纸；而 AutoCAD 中经过复核面积和控制指标后，二维图纸进行了调整，需要在 SU 中根据调整的二维图纸，修改三维模型的形体以满足指标要求。这种数据信息交换的过程，在设计推进环节会多次进行。

（2）在"设计修改"环节：在获得外部沟通意见后，同样会重复上述的交换过程。

（3）在"设计定稿"环节：确定的内容，除了设计说明的内容外，对于建筑设计方案来说，依然是两个部分，一部分是存在于 AutoCAD 中的二维图纸，另一部分则是存在于 SketchUp 中的三维模型。

（4）在"设计成果提交"环节：首先，需要以二维图纸为基础，制作填色总平面图、填色平面图。其次，立面图需要由效果图公司根据模型渲染而成，设计人员一般没有余力单独绘制立面图（当然，随着 SketchUp 方案模型越来越细化，立面在一定程度上可以通过模型导出）。剖面图的情况类似。第三，为了达到一定的深度和工作量，需要额外花费精力，创建专门的分析模型，制作各类分析图，甚至是剖透视分析图。最后，需要导出所有素材，整合进排版软件（InDesign 或者 PowerPoint）进行排版处理并制作文本。

上述的这些痛点，其实每一位一线设计师都能感受到。我们经常会思考，如果在设计和推敲过程中，就能将二维图纸和三维模型甚至数据信息都整合在一起，形成一个"整体性的设计成果"，那么就可以改善"双线"并行所带来的工作量增加和效率降低的问题。用建模来代替制图，增加设计推敲时间，减少纯粹用于制图和协调二维三维信息的时间。

我们认为，借助以 ARCHICAD 为平台的三维工作流程，可以改善建筑师的职业体验。这是一件非常有意义的事。

2.1.2 发展细化阶段

接下来，我们再来梳理"发展细化阶段"的典型工作流程，如图 2.1.4 所示。

针对梳理的流程图，我们能够发现其中一些可以优化的内容（痛点）：

（1）在"设计输入"环节：由于在发展细化阶段，现有的工作流程仍然是二维图纸为主，因此概念方案阶段的成果可能需要重新转化成新的二维图纸和三维模型。"双线"工作流程没有改变，这会给后续工作带来额外的协调工作量。

（2）在"设计推进"环节：和概念方案阶段类似，存在数据信息校核，以及图纸与模型间协调的问题。图纸、模型、数据信息分别在不同的地方，并没有有效地整合在一起。同时，由于立面、剖面、详图等都是分别独立绘制的，它们之间的联系需要设计师来维护。任何一处调整，都需要立面、剖面、详图等多处相应地做出调整。这也是目前立面、剖面、详图绘制数量偏少、回避精细化表达的原因之一。

（3）在"设计定稿"和"设计成果提交"环节：存在设计推进环节的类似问题，即

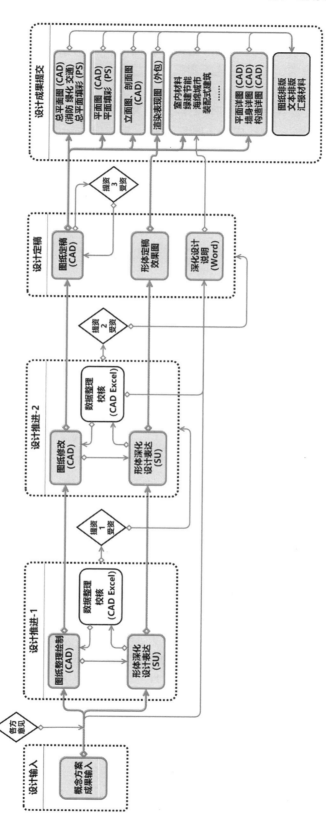

图 2.1.4 "发展细化阶段"的典型工作流程

注：图中 CAD 表示 AutoCAD，SU 表示 SketchUp，PS 表示 Photoshop。

虽然设计人员在建筑设计的时候，脑海中构建了三维的虚拟建筑，但在通过二维图纸转译的过程中，有意或无意地丢失了大量的信息；同时，二维绘制的各类图纸之间的联系是通过设计人员来维护的，因此在设计调整后，很容易出现各图纸间表达不一致、不对应的问题。

另外，目前我们发现，在发展细化阶段，最大的挑战除了上述痛点以外，还存在发展细化的深度在日渐压缩的设计周期下难以达到应有的设计深度。如果深度达不到要求，那么设计质量也就无从谈起了。

2.2　三维设计流程初探

我们认为建筑专业三维设计流程，是指应用以 BIM 技术为代表的先进设计技术，组织建筑专业人员分工协作，基于三维的工作方式进行建筑设计和协同，完成建筑设计各阶段任务的流程。

针对上一节分析的流程，我们提出优化后的"概念方案阶段"和"发展细化阶段"的流程图，对上一节中的问题和痛点进行了改进。最大的变化，就是通过 ARCHICAD 平台整合了模型创建、形体设计、图纸制作、数据提取等工作，通过通用的数据接口与 Excel、SketchUp、Rhino 等设计软件进行数据交互。这样可以使模型和数据流程传递到下一个阶段。而且有了整合的模型和数据，能够提供更加丰富的设计成果，这些成果的模型和数据源头也是统一整合的。

2.2.1　概念方案阶段（三维）

概念方案阶段的三维工作流程，如图 2.2.1 所示。

2.2.2　发展细化阶段（三维）

发展细化阶段的三维工作流程，如图 2.2.2 所示。

2.2.3　三维设计流程的魅力

三维设计工作流程充满了魅力，我们通过探索和实践，小结如下：

（1）可视化的表达手段更加丰富，图纸和模型所见即所得，空间推敲和三维表现在提高设计人员设计效率的同时，也降低各方沟通交流的成本。

（2）三维设计使建筑设计应用的可能性极大丰富，附加价值高。

（3）通过工作流程的升级和设计升维，促使建筑师真正关注构造与建造，关注建筑整体和设计全过程。

（4）适合于从概念方案到发展细化等阶段，从方案设计一步一步深入到初步设计、施工图设计、详图设计的设计全过程，真正发挥设计的价值。

（5）图模合一。变"绘制图纸"为"生成图纸"。设计过程、绘图过程以及表达过程减少内耗，减少割裂；同时也符合建筑师从设计建筑模型，到输入和管理信息，最后基于模型和信息输出图纸的工作流程。

（6）不仅模型和图纸整合统一，更重要的是使数据信息来源一致，可以拓展数据和

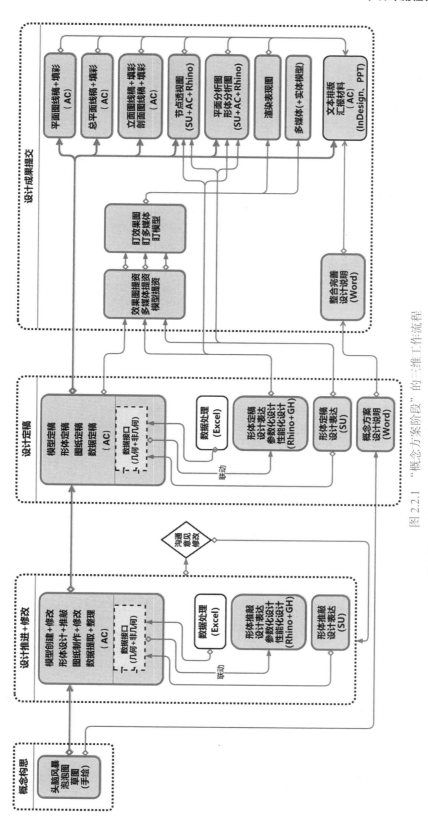

图 2.2.1 "概念方案阶段" 的三维工作流程

注: 图中 SU 表示 SketchUp, AC 表示 ARCHICAD, GH 表示 Grasshopper。

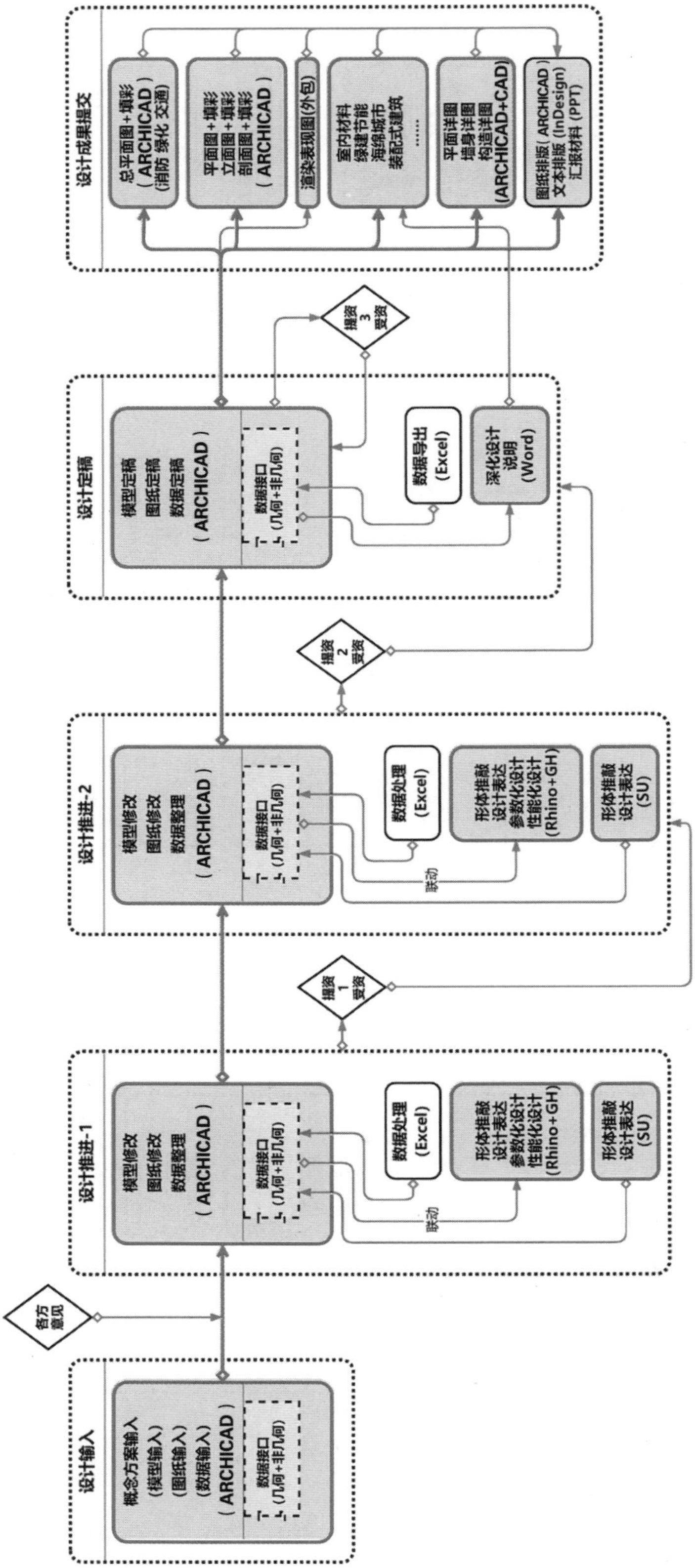

图 2.2.2 发展细化阶段的三维工作流程

注：图中 CAD 表示 AutoCAD，SU 表示 SketchUp，GH 表示 Grasshopper。

信息实现整合应用的空间。

（7）ARCHICAD 具有强大的功能，基于 openBIM 理念可进行多软件协同设计。ARCHICAD"颜值"高，契合建筑师的设计需求，运行速度相对快，硬件要求低。

（8）借助 ARCHICAD 提供的数据生成和管理能力，为下一步工作和行业发展预留接口和空间。比较迫切的如造价强化管控、全过程服务、全过程管理、限额设计等。三维设计工作流程可能在这些方面是一种出路。

我们在研究过程中，不断感受着三维设计流程的魅力，不断探索着设计流程环节的优化内容，大致形成了各阶段整合应用的四大方面内容，如图 2.2.3 所示。

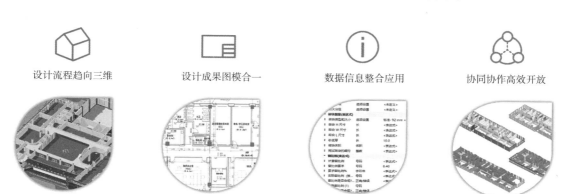

设计流程趋向三维　　　设计成果图模合一　　　数据信息整合应用　　　协同协作高效开放

图 2.2.3　整合应用的四大方面

第一，设计流程趋向三维。建筑设计急需从现在的二维为主三维为辅的设计流程，全面转向三维设计流程。这将有助于改变现有设计流程中，各阶段设计信息不连续，效率不高，设计成果不完善的问题。使得建筑师能够抓住建筑设计的核心内容，总览整个项目的内容，并对设计全过程进行把控。（第 4 章）

第二，设计成果图模合一。建筑设计在二维转向三维的过程中，借助 ARCHICAD 软件，逐步实现设计成果图模合一，减少错漏碰缺，提高图纸完成度。（第 5 章）

第三，数据信息整合应用。立足建筑设计中所包含的数据和信息，发挥 ARCHICAD 在数据管理和信息计算方面的优势，将它们整合在一起，提升建筑设计的精细化和自动化，提高效率。（第 6 章）

第四，协同协作高效开放。建筑设计已经不是一个人能独自完成的任务了。专业内部需要分工与协作。基于 ARCHICAD 先进的协同协作功能，项目组内的多位建筑师可以同时操作同一个三维模型，进行同步设计，通过增量数据更新技术，与云端模型进行同步，最大限度提高协同效率。（第 7 章）

现在的大环境，可能并不是一个平心静气做设计的环境。4D、5D、7D、8D……这些"唬人"的 PPT 概念层出不穷。我们先不说它是否能落地，光就应用基础而言，没有 3D，没有建筑师为主体的三维设计先行，没有建筑师的三维工作方式和流程，没有三维设计成果，建筑设计全过程的价值不会真正发挥作用，更不用说后续的衍生应用阶段。

更重要的是，通过工作方式转向全面三维化，带来的必然是数据和信息的整合，这便是在搭建一个数据基础，为未来的设计业务做投资和积累。长远看，将提升公司的核心资产价值，不管是人的价值还是信息的价值。

2.2.4　速度和效率的考量

BIM 概念从提出到现在已经十多年时间了。虽然在这么多年的宣传和实践后，已经获得了大部分人的接受，但是建筑设计院特别是建筑师群体使用 BIM 软件，采用三维设计工作流程，却还处于起步阶段。

我们经常会思考，二维向三维的转变过程和当年"甩图版"的转变过程有哪些不同？既然如前一节所述，三维设计流程充满魅力，那为什么大家还不应用呢？

除了观念转变的问题以外，很大的问题可能是对于速度和效率的考量。大多数人的愿望也许是能应付现今的"高周转"，考虑继续保持原有的"高效"的工作方式。

1. 三维设计流程的速度和效率"问题"

在目前看来，三维设计流程的速度和效率不高，可能主要表现为以下几点：

（1）软件技术和工作流程的转变，在初期需要学习成本，同时它对设计人员的素质和技能有更高的要求，不是传统概念上的绘图员可以涵盖的。另外，新的技术和工作流程需要磨合试错。这些在一定程度上表现为速度和效率的降低。

（2）三维设计流程应用的素材库和知识库的积累还不够充分，与实践了三四十年的二维设计工作流程相比存在较大差距。

（3）采用三维设计流程后，建筑设计涉及的内容在深度和广度方面均有很大程度的增加，这些增加的价值在出图提交成果时并不能体现，这在一定程度上被视为速度和效率的降低。

（4）建筑项目的设计和推敲过程，以三维模型为载体进行，增加了工作量。很多二维设计过程中约定俗成的表达以及看不到就可能忽略的常规做法，在三维设计流程中很难被规避。同时，由于图纸表达大部分从三维模型中生成，这就对三维模型的深度和精度提出了更高的要求，需要花费很大的精力构建三维模型，以便满足相关阶段图纸成果发布的需要。

2. 考量的维度和参照系

对于速度和效率的考量，我们认为不能简单地进行对比，而应该从更广更远的视野下观察。在什么维度来比较速度和效率，单一设计阶段还是拉长到多个设计阶段；单一项目还是设计业务的系列项目；现有的设计流程和三维设计流程分别提供怎样的设计成果和价值，比较的参照系又是什么？

现有的设计流程，各个阶段相对独立，各自阶段的设计内容和信息不便于传递到下一个阶段，每个阶段可能要重建上一个阶段的内容和信息。我们常常关注某个阶段的速度和效率，而忽视了项目设计全过程中消耗的速度和效率。三维设计工作流程，不仅能使单一阶段内的设计内容和信息尽量统一整合，避免重复劳动和在众多软件平台来回切换工作状态，而且能够让设计模型和信息在下一阶段方便地重用和深化。从建筑设计的多个阶段甚至全设计周期来考量速度和效率，也许更客观一些。

现有的设计流程，有多少时间是真正花在设计和推敲上？随着设计内容的增加和设计周期的压缩以及设计协调的复杂度提升。为了维持生产而进入的"高周转"，看似速度和效率挺高，其实是牺牲了一部分质量换取的。对于设计价值的体现和设计人员的职业体验是不利的，是不可持续的，也许很快就会达到它的极限。通过新技术新流程，可以努力减少各个阶段环节中的时间损耗，让设计人员把有限的时间更多地分配到设计上。立面、剖面、墙身、三维节点等内容的大部分绘制工作可以由模型生成。模型修改的时候，可以同步更新，后期再调整，纠错的时间和精力会少很多。这在一个侧面是提升设计质量的。以一定的时间换取更好的质量，这其实也是一种速度和效率的提升。

现有的设计流程，每一个项目重复利用的知识库的内容很少，很多内容都必须重复计算，绘制，调整，再计算，再绘制，再调整；又比如 SketchUp 的建模，每个项目都要重新建表皮做法，无法重用。而三维设计流程可以借助 BIM 软件的强大功能，从预设的模板和积累的知识库中调取资源，不同的建筑表皮做法可以存入收藏夹，不同项目可以调用收藏夹内的做法，快速重建多样的表皮。单个项目的维度比较可能优势不大，但如果建立起一定量的知识库后，能快速应用于每个项目，那这部分的效率提升会很明显。同时，知识库的应用还能提升标准化的程度，控制设计质量，对项目的设计深度和未来的完成度也有很大的好处。

采用三维设计工作流程，在知识库积累的基础上，可以更进一步利用 BIM 软件的自动化技术，整合数据和信息，提速增效。我们虽然不能期望软件自动完成设计，比如把平面自动画好，自动把分区面积都计算好，防火分区示意图也自动画好。因为一些规范性的内容，本身没有固定的逻辑，难以程序化。但是通过数据信息的整合应用，我们可以搭建一套对象，在完成了基本数据的输入后，能根据预先设定的计算逻辑，自动生成需要的成果，比如防火分区数据、防火疏散计算表格等。这在第一次构建计算逻辑的时候会带来效率的下降，但是，第二次、第三次应用的时候，就会带来效率的提升。这是三维设计流程的最大优势。和前面提到的一样，知识的积累会产生内在的效率提升。随着项目的积累，知识库会越来越丰富，模板会越来越完善。后续的机械性绘图的时间会越来越少，速度和效率就会提高，进而可支配的设计时间就会多起来，这是一个良性循环。

采用三维设计工作流程，可以充分运用面向对象、基于构件的三维协同工作方式。建筑专业内的不同人员可以根据角色安排，同步操作一个三维模型，进行协同设计。这种团队协作的工作流程相信也会在速度和效率方面促进设计项目价值的最大化体现。

采用三维设计工作流程，通过工具和流程的整合升级，原先需要通过几个相互独立的流程来实现的设计成果，可以整合进新的流程里解决。例如"性能化设计和分析"，原有的流程需要借助 Ecotect、Vassari、Flow Design 等独立的软件，数据导入、导出、额外建模，输出成果后再修改调整时，相应的调整工作量也非常可观。未来，通过 ARCHICAD 为代表的 BIM 技术，与 Rhino 平台（通过 Grasshopper-ARCHICAD 联动插件）实时交互数据信息，可以整合进新的流程里解决。这种数据和成果的输出会更加便捷，更有效率。这种整合与拓展所带来的设计价值的提升，是传统工作流程所无法比拟的。在比较速度和效率的时候，这方面的收益是否有考虑在内呢？

3. 展望

流程的优化是看得见摸得着的，然而更重要的，其实是建筑师观念和意识的转变。建筑师需要具备更全局的整合观念，更全局地把控建筑的意识。如果我们的研究和成果能够对建筑师的观念和意识产生积极的影响，那真是善莫大焉。

　　当然，任何新技术和新流程的应用，都需要一个学习和推广应用的过程，三维设计技术和工作流程也一样。现有的生产过程中，速度和效率的基础是三四十年的 AutoCAD 技术和流程的应用和实践，而三维设计技术（包括软件技术）和流程的应用才刚刚开始。我们可以设想一下，设计人员操作 BIM 软件的熟练程度达到 AutoCAD 的相应水平，建筑师应用三维设计技术和流程可以达到现有生产过程中应用的水平时，所带来的设计生产力和表达能力的提升将会是惊人的。

第3章 基本共识

"Common Ground" 直译为 "共同的基础"，由建筑师大卫·奇普菲尔德（David Chipperfield）提出，作为第 13 届威尼斯双年展的主题。他希望建筑师不只是追求设计出宏伟壮丽而迷人的建筑，而是能担起社会与教育责任，关心过度开发所引发的居住空间不足和环境恶化问题。本书在这里取其含义，引申为三维设计流程中建筑师的 "基本共识"，希望建筑师不仅关心宏大叙事和热门新奇的概念，也能关心建筑设计的核心诉求，思考改进最基本的设计流程，来应对越来越严苛的挑战，最终为社会提供高质量的设计成果。

目前的行业现状，建筑师的工作内容成倍地增长，但设计周期却在压缩。在这种情况下，设计、推敲的时间只能减少，专业间协调的程度只会降低，设计成果的制作时间只能缩短。可想而知，设计质量和设计完成度会有多大的压力。在这种困境中，现有的设计流程受到很大的冲击。

建筑师如何突围？

我们希望让设计回归有意思的核心层面，提升建筑学的价值。

我们希望减少设计模型、设计图纸、设计数据之间的割裂状态，将建筑设计的内容整合贯通，保证建筑设计的质量。

我们希望学习先进的技术和软件，整合设计各环节的信息和资源，积累核心的知识库，提升设计的精细化程度和自动化程度；借助技术的力量，设计升维前行，可能是未来的方向。

我们意识到存在的问题，希望努力探索新的可能性，改善建筑师的工作状态。有了基本共识，才能同心协力，实践创新。

（1）在设计从二维向三维的转变过程中，从国内外设计公司的经验来看，最高管理层的认同和支持至关重要。三维设计工作需要全员参与，不只是技术专家和项目组，尤其需要企业管理人员的支持和参与。

（2）设计升维，最大的挑战是观念和心态的转变。部分接受新观念的人需要先行，慢慢去带动和影响其他人。一切工具都是人的延伸，是人性的延伸，最终为人服务，每一位建筑师都是建筑设计过程中的核心财富。

（3）建筑师需要掌握至少一个 BIM 软件，掌握三维协同设计的工作流程。这一定不会一步到位，但尽早准备，能让我们赢得主动。

（4）目前的 BIM 软件都不完美，但 ARCHICAD 的优点是平衡性比较好，对建筑师相对友好。平衡和友好有两层含义：一个是功能上的，它基本涵盖了建筑师从概念方案设计一直到施工图成果提交的所有功能需求；一个是流程上的，它相比其他 BIM 软件更灵活变通，并且对建筑设计全过程都能顺畅地联系和转化。

（5）我们对技术充满敬畏与追求，相信技术可以帮助我们做得更好。

（6）我们绝不做被 "BIM" 概念绑架的人。对 "BIM 全能论" 和 "BIM 无用论" 都保持警惕。

在以上基本共识的基础上，本章的内容将围绕建筑设计升维过程中，需要达成的"原则与策略共识"和"标准共识"这两个方面进行阐述。

3.1　原则与策略共识

实施三维设计工作流程基本的原则与策略是："务实的态度"和"分步骤推进"。

在编制团队实施计划的时候，大致可归纳为以下四个步骤：

（1）评估团队现有流程和能力；

（2）设定近期目标、任务和预期成果；

（3）构建团队的三维设计流程和应用场景；

（4）有效执行计划并进行反馈和复盘。

对于实际的工程应用，我们不必把真理完善再去实践，而是在实践中验证真理。因此，在务实的原则下，对于试点项目和团队，我比较赞同的策略是：

（1）打好基础，先从建筑师最熟悉的三维空间和模型入手，逐步引入信息管理，进而将模型与信息整合应用；

（2）先创建三维虚拟建筑模型，然后逐步细化与优化，循序渐进地推进三维设计工作流程；

（3）由建筑专业引领，由单专业拓展到多专业，逐步开展三维协同设计。

3.1.1　人员组织

二维设计流程向三维设计流程转变，不仅是技术的升级，内部组织架构也需要相应调整，如图 3.1.1 所示。建筑专业内需要有一个懂设计、懂软件、懂流程的人，我们暂且称为"三维设计负责人"，类似于国外的"BIM Manager"。建筑专业负责人如果能掌握软件和流程，也可以担任这个角色。

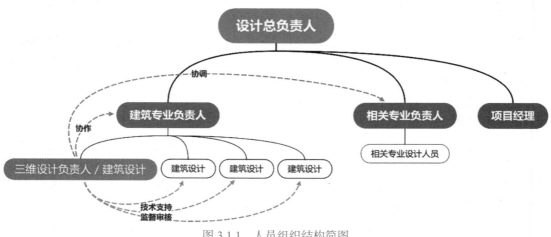

图 3.1.1　人员组织结构简图

（1）设计总负责人需要统筹协调项目建筑专业三维设计工作流程实施过程中涉及本专业的技术和管理工作，确定该项目执行三维设计工作流程的需求和要求，并与三维设计负责人一起评估可行性。

（2）需要在团队中推广三维设计流程理念，进行三维设计技术与工作流程的培训。

（3）三维设计负责人需根据项目需求，准备技术标准与模板开发。

（4）三维设计负责人需进行流程把控，协调专业内建筑师的协同。

（5）三维设计负责人需全程监督并审核建筑专业三维设计成果，以满足三维设计质量控制要求。

3.1.2 应用手册

设计公司应编制三维设计工作流程应用手册，供设计人员学习、培训使用，并根据实践反馈、更新相关内容。本书的研究内容可以作为应用手册供设计公司参考。

3.1.3 专业协作

建筑专业内，项目组设计人员统一软件和标准，共同进行设计。三维设计负责人与设计总负责人及专业负责人配合协调三维设计技术问题及流程把控。

工作文件、过程文件以及成果文件均需要放置在协同服务器上，不应存放在个人工作计算机内。采用图软 BIM Cloud 进行协同时，各设计人员注册账号登录 Teamwork 服务器进行协同设计。

与其他专业交换资料时，如果相关专业未采用三维设计工作流程，则按现阶段数据交换格式（*.DWG）文件进行提资、受资。建议提供给各相关专业三维模型以及各类三维视图进行协同设计。

全专业三维设计协同是未来的协同设计方向。建筑师带头，全专业跟进，应该是可实现的途径。

3.1.4 学习交流与知识库建立

部门及公司内需要定期组织交流学习，分享最佳实践经验，并根据项目实践情况安排集中培训和指导。

部门与公司应合力建立三维设计知识库与设计模板内容。同时，各部门有职责参与公司知识库的建设和设计模板的维护。

3.1.5 审核评价与质量控制

三维设计工作流程不是一种新的建筑设计内容，而是建筑设计工作流程的升级。因此，对三维设计内容的审核评价与质量控制，同样应该满足建筑设计相关的国家和地方标准、规定等，并满足公司的设计质量控制标准。

借助 ARCHICAD 的数据管理能力，未来通过一定的二次开发，可以对部分设计内容增加方便内容审核与质量控制的功能。借助 openBIM 体系相关软件的技术（如 Solibri 软件等），未来在一定程度上可以实现自动化的内容审核和质量控制。

3.2 标准共识

标准共识即实施三维设计工作流程时采用的标准和约定的内容。

3.2.1 技术措施及公司标准

三维设计工作流程执行公司关于建筑设计流程相关的技术措施和标准，包括但不限于：《设计图纸/文件签署资格管理标准》《设计图纸及文件签字规定》《设计内容深度技术措施》《协同内容要点技术措施》《校审实施细则》《施工图设计文件评价标准》。

未来针对三维设计工作流程开展，需要制定有针对性的技术措施和标准，本书可以说是个好的开始。

3.2.2 三维模型精细度

三维模型的精细度控制，不必拘泥于BIM的相关标准，LOD是游戏领域计算机自动化显示模型多边形精细度的参数。人为控制LOD的分阶段深化要求，实际在阶段深入的过程中会额外耗费更多的时间和效率。在实际工程中体会到，模型的精度有时候比细度更重要。

模型的精细度，应该以满足建筑设计各阶段成果提交的需要来控制模型精度，如表3.1所示。建筑师可根据项目特点，运用ARCHICAD，在方案阶段就生成细度很高的模型，也可在施工图阶段，对非建筑专业控制的内容进行适当的简化，以达到更好地表达设计理念和设计内容的目的。

三维模型精细度　　　　　　　　　　表 3.1

阶段	三维模型精细度要求	参照BIM精细度要求
概念方案阶段	①建筑设计平面图、立面图、剖面图，应基于三维模型制作，并符合公司建筑设计深度规定。 ②初步的数据信息应用：总图相关面积数据计算，建筑面积计算，简明的工程量计算	LOD 100
发展细化阶段	①建筑设计平面图、立面图、剖面图及主要的详图，应基于三维模型制作，并符合公司建筑设计深度规定。 ②较详细的数据信息应用：总图相关面积数据计算，建筑面积计算，防火分区相关数据计算，门窗表等设施统计，初步的工程量计算	LOD 200 LOD 300

3.2.3 建筑专业内协同

我们经过努力，在二维协同方面做到了公司层面的图层统一，并实行了公司图层标准。这是一件非常值得肯定和推广的事，不仅是将绘图的图层统一，更重要的是让大家对于协同的观念有了认识，知道了协同是需要统一标准和工作环境的。这对于未来协同转向三维全专业协同是极为关键的。

　　在迈向三维协同的过程中，同样需要执行统一的图层标准和模板系统。ARCHICAD提供了图层管理的相关工具，同时借助设定好的模板，可以有效地进行建筑专业内的协同设计。基于 UAD 图层标准，我们制定了三维设计流程中使用的图层标准草案，初步搭建了一套模板，可供常规办公和教学项目使用。

　　在使用标准图层和标准模板的过程中，需要注意各类内容的命名规则，这样才不至于在协同中出现混乱。上述图层标准和命名规则等相关内容，详见 4.3.2。

　　在专业内部，对模板和图库需要进行统一的管理，以确保文件可以标准化，降低错误及交互成本。新增模板内容和图库对象，均通过"三维设计负责人"组织实施。项目开始前和运行中的需求，也需要统一提交，并进行相关的内容开发和管理。

3.2.4　与 BIM 标准的关系

　　如果我们的工作是称为"建筑工程设计信息模型"的设计工作，那么应该按照相关的国家及地方 BIM 标准进行。其中主要的标准有《建筑信息模型应用统一标准》GB/T 51212—2016；制图和表达方面有《建筑工程设计信息模型制图标准》JGJ/T 448—2018，其中有对模型单元的名称、颜色的规定，以及对模型交付物表达的规定。此外，对于成果表达和交付还有两个标准：《建筑信息模型设计交付标准》GB/T 51301—2018、《建筑信息模型分类和编码标准》GB/T 51269—2017。

　　当我们采用 ARCHICAD 软件来实践建筑三维设计工作流程时，需要参考这些标准，但应始终把握建筑设计主要设计流程和内容。本书的内容适当参考 BIM 标准，但非研究方向，后续若有机会还需要继续研究相关内容。

　　还有一点需要达成共识：在推动三维设计工作流程时，可以更加灵活务实。二维时代制图标准和表达方式，在三维设计流程实践中应该允许一定的变通，并通过更加合理丰富的手段表达和交付设计成果。

第 4 章 工作流程趋向三维

设计流程、手段、工作软件向三维进化，借助可视化等功能的增强，对于设计的发展细化、推敲等意义重大。这些应用场景的基础是三维模型。三维设计比传统二维设计有更强的表现力，通过三维模型和 ARCHICAD 自身的强大功能，整合建筑设计数据，可以用来表达、交流、纠错以及更多地拓展应用。本章将探讨使用 ARCHICAD 进行三维模型创建和调整的应用要点，逐步将工作流程转向三维。

4.1 渐进的设计过程

我们的工作流程中有一个现象大家可能比较熟悉，那就是概念方案阶段精细的 SketchUp 三维模型，在后续的发展细化阶段发挥不了多大的作用。一方面，在概念方案阶段，二维图纸和模型本就是分离的。另一方面，在细化阶段，由于提交的主要成果是二维图纸，对于三维模型的利用并不充分，即使是细化阶段精细化的三维节点模型，在二维图纸的绘制中也会重新表达。因此，三维设计工作流程能否顺利推进，设计内容的渐进发展的流程就非常重要。

在"非颠覆性"方案修改的情况下，从概念方案阶段向发展细化阶段的渐进过程是建筑师所关心的，也是三维设计流程中比较重要的内容。本节主要介绍如何在各阶段渐进推进项目并整合流程。

4.1.1 设计各阶段渐进与整合的方法

设计是一个渐进的过程，是一个从无到有、从简单到复杂的逐步细化深入的过程，是设计内容和信息从少到多、在推敲和协作中不断逼近建筑本真的过程。

模型和图纸也是一步步细化、深入、协调、来回碰撞的。我们如何使这种细化深入的过程更高效顺畅，是工作流程中比较核心的内容。这种理想的工作流程区别于"BIM 咨询或验证"[①]的工作方式。模型不需要一步做到位，而是根据设计阶段，逐步细化，确定推进。

三维设计工作流程，需要充分运用面向对象、基于构件的设计理念和工作管理方式。三维设计和建模，操作的对象是建筑元素或构件，这一元素或构件可以在概念方案阶段以简单的形体或信息进行表达，因为这个时候，我们不需要设定复杂的构造和详细的交接方式，但需要快速定位和定型。进行推敲和调整的过程中，可以不断编辑这一元素或构件，进行细化，增加信息，以满足发展细化阶段的设计要求。这一元素或构件在不同阶段共享基本的定位和基本的数据框架，从而可以使这一渐进过程顺畅进行。ARCHICAD 中建筑元素和构件的功能设置，正好符合建筑师设计方法和逻辑。这是

① 通俗的说法是"BIM 翻模"，我们并不歧视和反对这种工作流程，但希望探索和应用更好的工作流程。

ARCHICAD 非常适合应用于建筑设计从二维趋向三维的一个重要原因。

4.1.2　基准线与基准面的应用

基准线主要是指墙体、幕墙等线性元素的定位控制线（Reference Line，ARCHICAD 中称为"参照线 / 参考线"）。基准面主要是指楼板等水平面状元素的定位控制面（Reference Level）。ARCHICAD 中的楼层控制平面，称为"始位楼层"[①]，另外和控制平面有关的是"项目零点""第一个参考层""第二个参考层""海平面"[②] 等几个标高控制面。

通过基准线和基准面的控制，可以使建筑设计在各阶段之间顺畅传递，体现三维设计工作流程的优越特性：

（1）在概念方案阶段，新建的墙体或楼板等对象需要按统一约定的规则设定基准线和基准面，建筑形态、建筑轮廓、建筑面积等相关设计内容均按此基准线和基准面控制。当设计推进到发展细化阶段时，选择原先的墙体或楼板等元素，对其进行编辑，改变厚度、增加构造层次等细化工作，基准线和基准面在这一过程中不作变化，从而保证了相关设计内容的准确性。

（2）外墙元素的基准线，当采用【基本结构】 ▨ 时，设置在【外表面】；当采用【复合结构】 ▨ 时，设置在【核心外表面】，如图 4.1.1 所示。内墙元素的基准线均按【居中】设置。

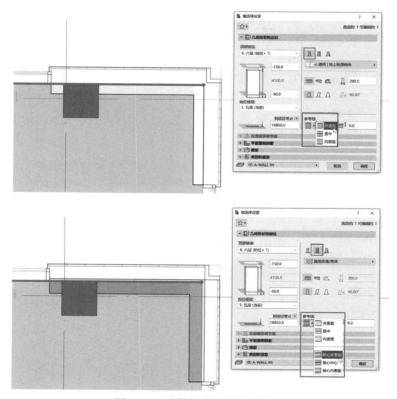

图 4.1.1　墙体元素的基准线设置

[①]　国际版原文为"Home Story"，是个非常重要的概念，每个建筑元素都有一个定位的始位楼层。

[②]　国际版原文为"Project Zero""1st Reference Level""2nd Reference Level""Sea Level"。

（3）幕墙元素（或充当幕墙的墙体元素等），基准线与外墙的基准线重合，符合幕墙构造厚度的常规约定和计算方法。同时，幕墙元素（或充当幕墙的墙体元素等）需要放置在幕墙图层，与外墙所在图层设置不同的"图层交叉组"。

图 4.1.2　区域工具识别基准线

（4）墙体和幕墙的基准线准确设置，同时房间周边墙体的基准线宜封闭。这样的好处是可以利用 ARCHICAD 的【区域工具】（Zone）创建房间对象。房间对象可以设置为根据参照线计算面积，同时还能根据调整的墙体半自动更新区域范围，这都为建筑设计的面积数据管理提供了很大得便利，如图 4.1.2 所示。区域工具的详细使用方法，参见 6.2.1 节。

（5）楼板元素，基准面的设置按照建筑专业定位习惯，当采用【基本结构】和【复合结构】时，均设置在"顶部"，如图 4.1.3 所示。

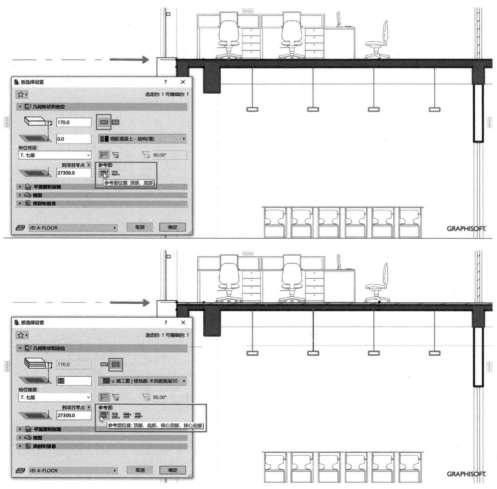

图 4.1.3　楼板元素基准面设置

> **小技巧：墙体参考线调整**
>
> 　如果需要改变已经建好的墙体参考线（或楼板的参考面），而不改变该对象的既定位置，那么需要用到【修改墙的参考线】 和【修改板的参考面】 这两项功能。

4.1.3 楼层设置及其与梁板柱联动的应用

1. 楼层设置与联动

做过施工图的建筑师都知道，楼层的设置和各层层高的确定非常重要，几乎涉及所有专业的所有设计内容，因此，项目开始时就需要进行考虑。ARCHICAD 中为我们提供了较为完善的楼层和标高设置功能。

首先，进入项目的【楼层设置】对话框，如图 4.1.4 所示。这里可以设置项目有多少楼层、各楼层的层高，ARCHICAD 会根据我们设定的层高自动计算楼层标高。图中是案例项目的楼层设置，其中七层的层高是 4200。如果要调整层高，只需要在相关楼层的"层高"内输入数字即可，其他的就交给软件处理。这里需要注意楼层的"名称"处，设为"某某层"即可，不需要输入"某某层平面"；同时，这一楼层名称，将在后续的视图命名和立面楼层显示等多处关联显示，一处设定好，其他地方的名称都会自动关联。

其次，所有的三维实体元素和对象都必须依附于一个叫作"始位楼层"的楼层。前面也提到"始位楼层"的概念非常重要，它就相当于元素或对象的一个基准锚点，只有先定准始位楼层，该元素或对象在三维空间中的定位才有依据。如图 4.1.5 所示，设定的是一面墙体，它的底部定位在始位楼层"七层"，顶部定位在它的上一层"八层"。通过设置墙体

图 4.1.4 【楼层设置】对话框

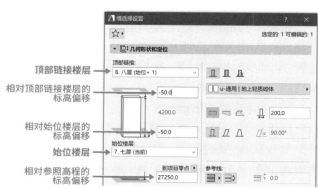

图 4.1.5 元素构件的楼层定位

023

底面和顶面相对于七层和八层的标高偏移，我们就精确地设定了这面墙体的高度。

最后，在后续设计过程中对楼层标高设置进行修改时，与楼层及标高设置有关的元素构件（如梁、板、柱等）的标高都会相应改变。这是 ARCHICAD 与传统 AutoCAD 等二维绘图软件最大的区别之一。这使得我们在应用三维设计工作流程的时候，可以节省很多调整的工作量，把省下的宝贵时间花到设计推敲和专业协同中去。

ARCHICAD 的这种联动机制，是工作流程趋向三维的基础且核心的机制。我们需要充分理解并应用这种联动机制，最大限度地发挥三维设计工作流程的优势。在从概念方案阶段到发展细化阶段的渐进过程中，这种联动机制是可以继承下来的。同时，这种机制也是各阶段设计内容、模型和信息在设计全流程传递的基础。

小技巧：楼层设置

（1）通过楼层设置对话框下方的三个功能"在上面插入""在下面插入""删除楼层"可以对项目中的楼层进行增加和减少。

（2）ARCHICAD 提供了一个快速的转到某个楼层平面的功能："转到楼层"，可以通过设置快捷键快速操作，如图 4.1.6 所示。

图 4.1.6　"转到楼层"功能

（3）楼层的 ID 和名称会影响后续视图映射的名称。

ARCHICAD 的软件功能逻辑以及很多功能都是基于平面视图和楼层的，大部分 ARCHICAD 的操作需在平面中进行，然后结合剖面、立面以及三维视图进行建模操作。这和 SketchUp 这类只有三维视图的设计软件有所区别。

2. 错层高差的设置

若建筑单体存在错层，需要设定按照一个主楼层绘制。首先，把错层的功能元素等通过提升命令放置到错层所在标高；其次，分别设置不同的平面剪切高度，并依此不同剪切高度创建两个平面视图，一个为主楼层平面视图，一个为错层楼层平面视图；最后，在布图的时候将两个视图拼在一起，排版。类似 AutoCAD 中我们经常使用的布局中拼接不同视口的做法。

如果项目群体中各单体具有不同的层高，需要拼合到一起时，一般将包含场地的项目文件作为主文件，通过热链接将不同层高的建筑单体链接进来，选择按主文件的楼层设置。不同单体的设计、建模和出图，在其单独的项目文件中进行。这样可以尽量互不干扰。

3. 楼层设置与热链接

这里要特别提一个有意思的应用：在 ARCHICAD 中，借助楼层设置和热链接功能，可以实现文件热链接的"自链接"，即把重复的内容（如某个标准层、核心筒部分、相同的卫生间等）放到地下很深处的某一个楼层，然后热链接当前文件，选择该地下深处楼层。下文我们结合 4.1.10 节进行介绍。

小技巧：夹层平面的设置

　　在地下层层高较高的部位，建筑设计往往会设计夹层，用来布置自行车库或储藏室。夹层如果面积不大，建议不要在【楼层设置】对话框中单独设置一层，因为这会导致没有设计夹层的部位其元素构件需要跨层链接到上部楼层标高。这样在上部楼层平面图中坡道、楼梯和开口等的显示很难设置正确。建议夹层元素的始位楼层设置在地下室主楼层，然后通过【水平剪切平面设置】，限定平面视图的显示范围，生成特定的夹层平面视图，如图 4.1.7 所示。

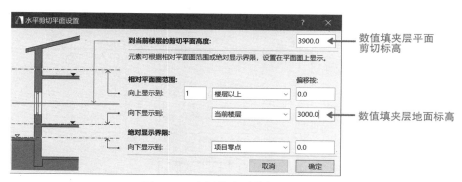

图 4.1.7　夹层的水平剪切平面设置

4.1.4　建筑元素在各阶段多种表达效果的应用

　　借助 ARCHICAD 软件，通过多种视图设置的控制，使一个建筑元素构件能在不同设计阶段和应用需求下，有不同的表达效果，如不同的显示样式和精细度（LOD）控制等。同时，这些不同的表达效果和三维构件实体整合在一起的，它们之间有着内在的信息联系。这种内在联系的整合优势是我们追求三维设计工作流程的重要原因，明显区别于原有的二维工作流程。传统二维流程中，为了不同设计阶段和不同应用需求下的成果应用，要分别制作不同的模型或图纸。当设计修改频繁发生的时候，我们又不得不花费额外的时间和精力去修改所有相关的模型和图纸，同时需保证这些修改内容在图纸等成果中的准确性和一致性。这真是一种糟糕的体验。

　　对元素构件不同应用场景中精细度表达的实现，主要通过 ARCHICAD 的【模型视图选项】（Model View Options，简称"MVO"）进行控制。下面以门窗为例介绍一下。

　　（1）打开菜单【文档】→【模型视图】→【模型视图选项…】，按对话框左下角【新建】按钮，创建不同的模型视图选项。设计过程中需要根据项目设计的不同阶段和平立剖等不同视图定义不同的 MVO。我们举例先定义"方案""细化"和"详图"三个选项，如图 4.1.8 所示。

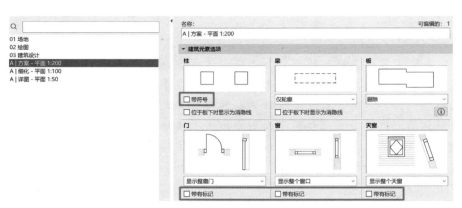

图 4.1.8　模型视图选项设置

（2）设置门窗的视图精细度控制选项。首先，在【建筑元素选项】卷展栏中，门、窗项中的【带有标记】复选项，可以控制门窗编号在 2D 视图中的开关，根据上述三个选项，在"方案"中取消勾选，在"细化""详图"中勾选。其次，在【门、窗和天窗符号细节等级】卷展栏，门、窗的【楼层平面图符号】和【3D 和剖面/立面】的下拉菜单中分别选择不同的精细度选项内容，如图 4.1.9 所示。完成后，我们就可以得到三种不同的 MVO 选项，如图 4.1.10 所示。

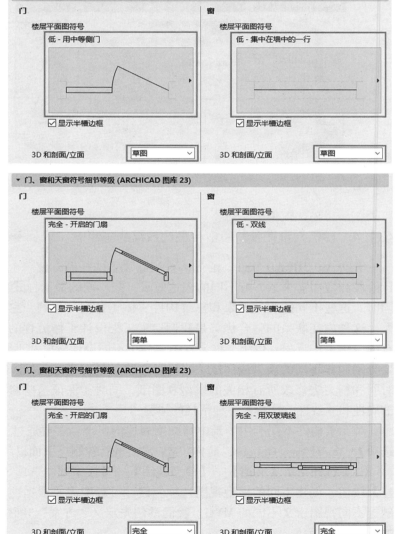

图 4.1.9　三种精细度的模型视图选项设置

当我们采用复合墙体制作石材幕墙构造，用窗工具模拟幕墙窗时，窗档的细节等级要设定为【完全】，才能模拟幕墙档料的表达样式。因此，MVO的设置要根据具体应用场景来灵活确定。

模型视图选项MVO，不仅可以控制门窗的二维三维模型的视图表达，同时还可以控制其他重要建筑元素（幕墙、楼梯、栏杆、图库对象）的二维三维模型的视图表达，功能非常强大，有非常灵活的应用方法。

ARCHICAD中还有一个视图控制功能"复合层部分结构显示"，常用于控制承重结构和非承重结构的显示。比如和结构专业配合时，如果希望忽略装饰层和非承重结构，只显示结构受力构件，那么就可以通过切换这个显示选项进行控制。

二维或三维视图中，在视图界面下方的快捷选项栏中，可以点击【复合层部分结构显示（3D）】的弹出式对话框，也可以通过菜单【文档】→【复合层部分结构显示…】，打开设置框，如图4.1.11所示。

【整个模型】：这是默认设置，显示模型的所有部分。

【无饰层】：不显示被定义为"饰层"的复合结构构造层以及被定义为"饰层"的柱子表面饰材。

【仅核心层】：仅显示定义为"核心"的结构，适用于复杂的或复合结构以及有表面饰材的柱。

【仅承重元素的核心】：考虑所有的结构元素，不仅仅是复合结构元素，此选项将隐藏已分类为"非承重"或"未定义的"的任何元素。

如图4.1.12所示为不同设置后的效果。

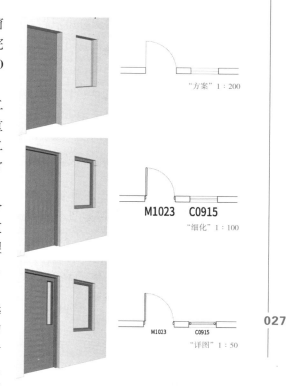

图 4.1.10　三种精细度在 3D 视图中的效果

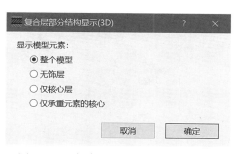

图 4.1.11　复合层部分结构显示对话框

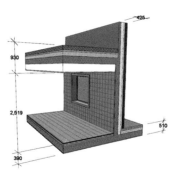

整个模型

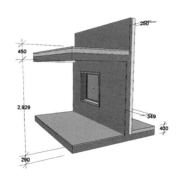

无饰层

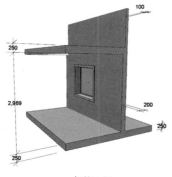

仅核心层

图 4.1.12　复合层部分结构显示

4.1.5 概念方案阶段的面积控制

我们在第 2 章提到过，在概念方案阶段对项目的数据（主要是建筑面积）进行整理校核是流程中的一个重要节点。那么在三维设计流程中，可以通过 ARCHICAD 自带的面积计算功能，快速得到项目的面积数据。这里先介绍概念方案阶段的两个简单应用。复杂的应用方法，详见 6.2 节。

1. 通过变形体自带的按照楼层设置提取面积清单的功能

设计的时候，先根据草图或大致的轴网布局，使用变形体工具 ，创建相应的建筑体量。

如果有镂空中庭等不计算面积的形体，需要形体真实建模表达。形体编辑使用变形体自身的编辑功能，其类似于 SketchUp，但没有 SketchUp 那么方便。形体之间的布尔运算，可以使用相应的布尔工具。

设置楼层数和楼层大致标高并将变形体的高度调整到需要的高度。比如，我们设定的建筑是 10 层，变形体的高度就调整到 10 层。这样变形体与虚拟的楼层设置是有关系的，如图 4.1.13 所示。

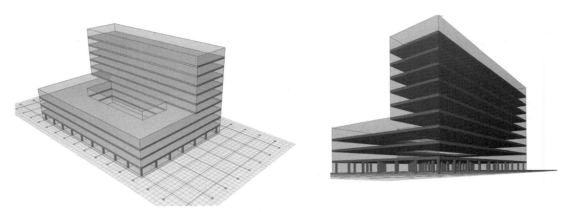

图 4.1.13 使用变形体工具创建基本形体

创建变形体面积的交互式清单，取名"面积估算"，然后按图 4.1.14 中的设置步骤操作。

①② 添加标准，选择元素类型为"变形体"，即我们的清单计算标准是针对变形体来的。③④⑤⑥ 添加针对变形体的字段，选择变形体下的【面积（按楼层）】。⑦ 点击面积（按楼层）字段后的求和符号"Σ"，这样我们生成的清单会针对该字段进行求和运算。⑧ 得到了项目的面积估算数据。交互式清单功能详见第 6 章相关内容。

我们可以进一步设置不同的比选方案，给变形体设置不同的 ID，以便在清单设置中列出不同方案各自的面积，生成各自不同的指标表，如图 4.1.15 所示。这可以大大提高建筑师的效率，减少指标复核的时间，并且还能提高准确性。

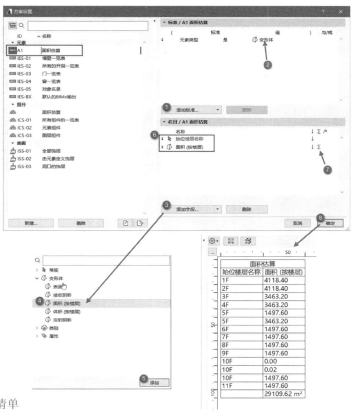

图 4.1.14　创建变形体面积的交互式清单

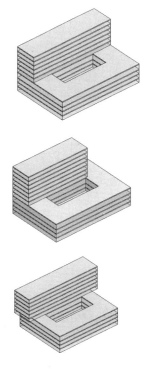

图 4.1.15　多个比选方案的指标表

面积估算		
元素ID	始位楼层名称	面积 (按楼层)
方案1		
	1F	3491.21
	2F	3491.21
	3F	2836.01
	4F	2836.01
	5F	1497.60
	6F	1497.60
	7F	1497.60
	8F	1497.60
	9F	1497.60
	10F	1497.60
		21640.04 m²
方案2		
	1F	4118.40
	2F	4118.40
	3F	3463.20
	4F	3463.20
	5F	1185.22
	6F	1185.22
	7F	1185.22
	8F	1185.22
	9F	1185.22
	10F	1185.22
	11F	1185.22
		23459.74 m²
方案3		
	1F	4118.40
	2F	4118.40
	3F	3463.20
	4F	3463.20
	5F	1497.60
	6F	1497.60
	7F	1497.60
	8F	1497.60
	9F	1497.60
	10F	1497.60
		24148.80 m²

2. 使用区域工具自身的面积计算功能

在概念方案阶段，根据任务书的要求来设定项目中各种空间的"区域对象"，这些区域对象的大小可方便地调节。

在三维视图中，区域元素默认是不显示的。打开菜单【视图】→【3D 视图中的元素】→【在 3D 中过滤和剪切元素…】，在弹出的对话框中勾选"区域"右侧的复选框，如图 4.1.16 所示。

根据设计布局，将所需功能的区域元素在各楼层中创建，并构建大致的建筑形体。通过点击矩形区域元素的边界，可以调出小面板，如图 4.1.17 所示，其中有一个【偏移边缘 – 固定区域】的功能，可以在保持区域面积不变的情况下变换轮廓，方便快速调整空间长宽比例的同时，保持面积不变。

图 4.1.16　三维视图中显示区域

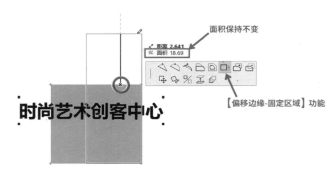

图 4.1.17　区域调整保持面积不变

结合形体造型的设计和区域面积的控制，可以在方案阶段获得比较准确的面积结果，这样后续不会出现大的面积偏差，为细化发展阶段的工作打下良好的基础。

4.1.6　多方案比选的应用

采用 ARCHICAD 进行三维设计，对建筑设计内容进行多方案比选时，一般有两种工作流程，一种是采用图层来控制多种方案的视图开关，另一种是采用 ARCHICAD 的翻新过滤器功能。

采用图层来控制的时候，将不同的方案内容分别放到不同的图层中，图层命名区分准确，通过设置不同的图层组来控制不同方案内容的显示。

本书案例项目的设计过程中，借助三维设计的可视化功能，对局部立面进行建模，比较多种方案的不同，推敲开窗的比例和尺寸。

这种借助图层的应用流程和使用 SketchUp 进行多方案比选的流程没有很大的不同，唯一的区别是 ARCHICAD 在推敲三维模型的同时，也能一并把二维图纸在同一个软件中形成。

但是用图层来管理比选方案有一个问题，就是会增加多余的图层，对于图层管理不方便；还有一个问题是关闭和打开图层的内容，如果有自动剪切关系，会发生干扰。这时就可以尝试使用 ARCHICAD 的翻新过滤器功能，会是一个很有意思的功能体验，如图 4.1.18 所示。

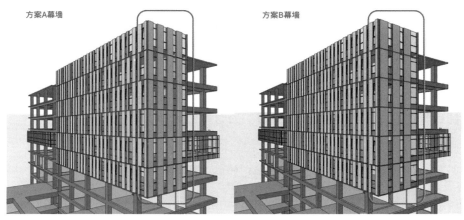

方案A幕墙　　　　　　　　　　　　方案B幕墙

图 4.1.18　翻新过滤器用于方案比选

如图 4.1.19 所示，翻新过滤器用于方案比选的工作流程如下：

①在【翻新过滤器选项】设置中，复制"00 显示所有元素"这个过滤器，重命名为"方案 A"；同理创建翻新过滤器"方案 B"。

②【过滤器设置】中的【现有的元素】、【要拆除的元素】、【新元素】三项的下拉菜单，均选择【显示】。

③选中"方案 A"的元素，在其元素设置里找到【类别和信息】卷展栏下的【翻新】项，将【在翻新过滤器上显示】项的内容从【所有相关的过滤器】改为"方案 A"。同理操作"方案 B"的元素。

④在视图右下角的【翻新过滤器选项】中，选择"方案 A"，此时，只有"方案 A"内容会显示在视图中，"方案 B"的内容是隐藏的。如果选择"方案 B"，则"方案 A"的内容会隐藏，而"方案 B"的内容会显示出来。

用翻新过滤器的好处是这些元素内容都在同样的图层中，便于项目的图层管理。

过滤器的这一特性，有时也会被用在某些房产项目"报建版"和"实施版"图纸上。我们虽然不赞同这种做法，但从侧面说明 ARCHICAD 的很多功能可以灵活应用。

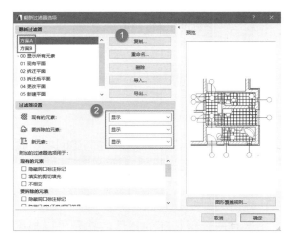

图 4.1.19　翻新过滤器设置

翻新过滤器这个功能更多地可用于改建项目的设计。未来我们会面临大量针对既有建筑进行的设计开发和改建业务。如果能掌握 ARCHICAD 的这个功能，对于未来的设计业务会有较好的应对能力。

改建项目中，针对既有建筑元素，可以在其元素设置里找到【类别和信息】卷展栏下的【翻新】项，将【翻新状态】项设定为【现有的】；针对要拆除的内容，设定为【要拆除的】；针对新建的内容，设定为【新的】，如图 4.1.20 所示。

图 4.1.20　设定元素的翻新状态

利用 ARCHICAD 设定一些过滤规则（可视化表达规则），在视图中选择相应的过滤器，即可对改建更新类项目的各阶段内容和图纸进行方便的可视化表达，如图 4.1.21、图 4.1.22 所示。

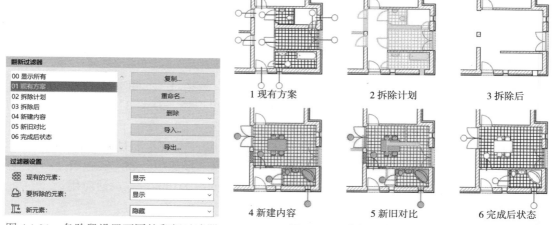

图 4.1.21　各阶段设置不同的翻新过滤器　　　图 4.1.22　翻新过滤器可视化表达示意

传统二维工作流程中，这类改建项目存在几个问题：

（1）既有、拆除、新建内容表达不清；

（2）内容核对不便，表达不专业；

（3）修改工作量大。

当我们采用 ARCHICAD 来操作改建项目的设计时，则可以很好地应对上述问题，提升效率和成果质量。如果碰到改建项目，建议大家试试"翻新过滤器"功能。

4.1.7　构造元素自动剪切与材料优先级的应用

ARCHICAD 的柱、梁、板、墙等主要构造元素有一个很智能的特性，就是可以根据"柱＞梁＞板＞墙"的顺序进行自动剪切。因此，在绘制墙体的时候，不需要也不应该在柱子角点处断开。按照建模要求，保证房间周边墙体连接封闭即可。同时，在绘制梁的时候若碰到柱子，这部分梁会被自动剪切掉，而这根梁也会自动剪切和它相交的墙体，如图 4.1.23、图 4.1.24 所示。这一特性，既有利于通过模型生成图纸的正确交接表达，同时也有利于后期通过模型进行算量时材料体积的准确计算。

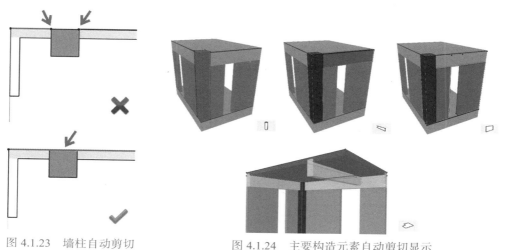

图 4.1.23　墙柱自动剪切　　　　图 4.1.24　主要构造元素自动剪切显示

ARCHICAD 中除了元素构件本身的优先级以外，还可以通过设置建筑材料的【交叉优先级】，来影响模型元素的自动剪切效果，如图 4.1.25 所示。比如，钢材的优先级高于混凝土材料，墙体材料的优先级高于装饰木地板等材料。需要注意的是，建筑材料的优先级设置需合理，并在项目中通过模板统一标准，避免出现模型剪切错误。一般来说，建筑材料优先级分级标准可按照：结构受力材料＞土建墙体＞面层构造材料＞自然泥土＞空气和水。另外，特殊场景应用时，有时可设置不同强度优先级的空气层（强空气、弱空气），来达到特殊的剪切效果。

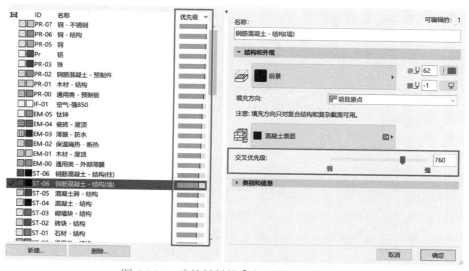

图 4.1.25　建筑材料的【交叉优先级】设置

小技巧：查看被选元素使用的建筑材料

当选中楼板或者墙体等元素时，打开【建筑材料】的属性设置对话框，该元素使用的建筑材料会在对话框中高亮显示，方便查看当前元素使用了什么材料，如图 4.1.26 所示。

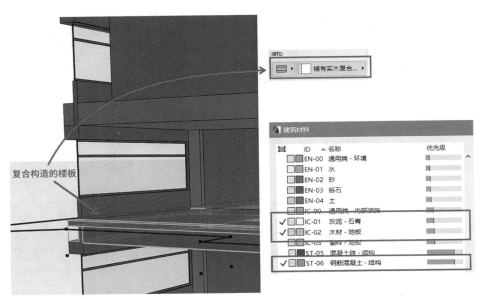

图 4.1.26　被选元素使用的材料

小技巧：灵活设置建筑材料的优先级

为了在平面图纸中的结构柱和剪力墙之间有分隔线这种表达方式，可以新建一个专为柱子使用的钢筋混凝土材料。为了达到一定的复杂截面剪切效果，可以新建多种优先级的空气材料（"强"空气、"中"空气、"弱"空气），自定义剪切其他的材料。为了使墙体和带混凝土面层的楼板剪切关系正确，可以新建一种比填充墙体优先级低的"弱"混凝土材料。

ARCHICAD 对于主要的建筑元素如柱、梁、板、墙等，内部设定了建筑材料后，在其表面可以设定"表面材质"（Surfaces），类似面层材料的设置。通过设置相同的表面材质，可以使元素表面融合在一起，自动消除元素之间的分隔线，如图 4.1.27 所示。立面、剖面和三维视图中的交界线都会自动处理，无需像其他 BIM 软件那样做额外的线条处理，方便设计方案的表达，尤其是概念方案阶段。同时，概念方案阶段的这种应用，也方便在发展细化阶段对同一个模型或元素进行深化操作，而不需要重起炉灶。

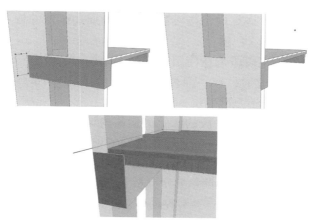

图 4.1.27 材料自动剪切和相同表面自动融合（无分隔线）

4.1.8 复合结构楼板的应用

前文提到的 ARCHICAD 中的元素可以逐步细化的特点，正是我们在各阶段都能方便应用三维设计工作流程的重要支持。比如，概念方案阶段，可以使用基本的楼板构造来创建楼板，赋予一定的厚度（甚至包含吊顶高度）；而进入发展细化阶段，可以将同一块楼板设定为复合结构楼板，设定它的详细构造和新的标高等。

这里最重要的两个特色功能是复合结构和复杂截面。在三维设计工作流程中可以充分运用这些特色做一些高效的应用。

在概念方案阶段，板工具创建的楼板可以选择基本构造方式赋予一定的厚度，这个厚度可以是概念性的，包含吊顶高度的总厚度。

如果需要进一步表达楼板和吊顶空间，可以设置一个"概念化的吊顶"元素来实现。这个概念化的吊顶可使用楼板对象，设定其为复合结构，构造层次中加上吊顶面层及空气层，表面可以设定为通用的白色涂料。这样既方便建模，同时在剖面上又能有很好的效果，如图 4.1.28 所示。

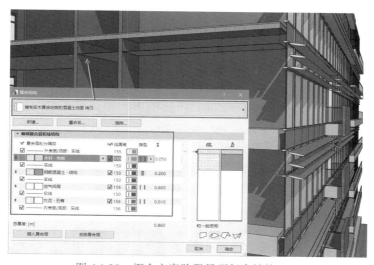

图 4.1.28 概念方案阶段吊顶复合结构设置

035

在发展细化阶段，需要详细构建楼板和吊顶以及周边梁柱的构造时，就可以把此楼板作为基础楼板，吊顶等独立创建。

一般情况下，概念方案阶段选择使用楼板基本结构时，没有构造层次的设定，板顶标高即为楼层建筑标高。此时，在平面视图绘制的墙体底部的标高也是建筑楼层标高。这样在方案阶段的表达和构造是准确统一的。

从概念方案阶段向发展细化阶段的深化流程需要顺畅，此时如果细化楼板构造，使用复合结构楼板，设置楼板面层50mm，结构楼板的顶面标高是楼层标高往下50mm。这样在概念方案阶段创建的墙体是落在50mm面层之上的，这显然不符合建筑构造。这里我们就要使用一个很实用的功能【调整元素到板】，可以自动把墙体的顶面和底面调整到复合结构楼板的相应标高位置，如图4.1.29所示。

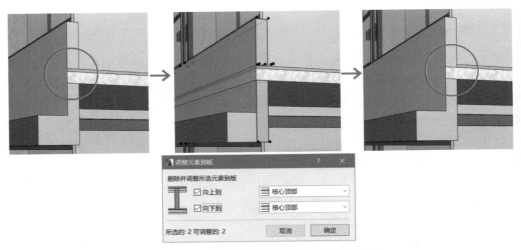

图4.1.29 墙体底面调整到复合结构楼板标高

这里要注意，设定楼板复合结构的时候，要区分构造层次中哪个是"核心"部分。另外，墙体的垂直方向上要有楼板元素，否则系统无法确定墙体的顶面和底面要到哪个楼板。

对于复合结构楼板和复合结构墙体在设计中的应用，还有一些有争议的地方需要说明：

（1）关于楼板面层使用复合结构还是分开不同构造层次单独建模，需要根据最终输出成果的要求确定。建议除了施工图阶段有特殊的出图和算量需求外，一般使用复合结构的楼板元素。

（2）关于墙体是使用复合结构还是分开不同构造层次单独建模，我们认为与复合结构楼板类似，除非施工图阶段对室内装饰层有特殊的设计需求，一般使用复合结构的墙体，甚至基本结构的墙体元素即可。

4.1.9 参数化复杂截面的应用

复杂截面是ARCHICAD中的一个强大的功能。通过创建丰富的构造截面，使用墙体工具、梁工具、板工具、柱子工具等进行调用，进行类似"放样"的操作，构建丰富而精致的三维模型。

在概念方案阶段，可以利用复杂截面功能，在一开始就建立比较精致的三维模型，比如精细的女儿墙或栏杆扶手。

下面以常见的女儿墙节点介绍复杂截面的应用。

（1）如果是简化的表达，那么就使用墙体的基本构造。选择墙体工具，借助魔术棒，可以快速创建女儿墙。这里需要注意，女儿墙的始位楼层设置为屋面，参考线按外墙设置在女儿墙的外侧（与外墙的参考线设置方式相同）。

（2）如果是细化的表达，那么就使用复杂截面功能，先绘制女儿墙的截面。选择墙体工具，调用绘制的女儿墙截面（一个项目可能有多个女儿墙的做法，注意命名区分），借助魔术棒，在屋顶平面视图创建女儿墙。这里需要注意，在制作截面的时候，定位点同样要选择在外墙的外侧，高度方向的定位点则建议设置在屋顶面层标高的位置，如图4.1.30所示。

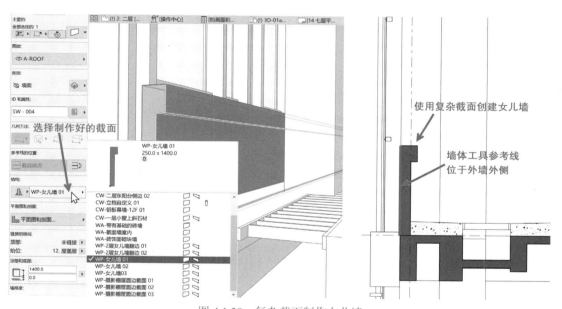

图 4.1.30　复杂截面制作女儿墙

小技巧：复杂截面的应用

（1）复杂截面的制作流程，一般是在截面管理器窗口中使用线条工具绘制出需要的截面形状，然后使用填充工具将此形状填充。**注意，截面管理器中只有填充对象可以有效生成形体，二维线条不会生成最终的形体**。因此，如果想在截面中出现分割线，需要做两个填充拼合，而不是在填充中间绘制一根线。

（2）使用复杂截面的构件，建筑材料及其表达由填充元素的材料设定和画笔决定，应根据需要设置合适的材料。

（3）绘制截面的时候，需要注意原点的位置，它确定了构件参考线的位置。

（4）在未编辑截面时，可以选中视图的元素，将管理器截面列表中的截面应用到选择的元素上。这种操作只针对选中的元素个体，而不是使用原截面的所有元素。如果希望原先的所有元素统一修改，就需要进入截面编辑器进行编辑，达到全局修改的目的。

（5）点击截面边，再点击弹出小面板右上角的【自定义边设置】图标，调出设置对话框，可对某个面的材质进行单独设定，如图 4.1.31 所示。此外还可以单独设置该分割线的画笔号，这在墙体的复杂截面中经常用到，如核心层的分割线为粗线，其余分割线为细线。注意此时的分割线其实是两个填充共用的，需要分别对两个组分都进行该面的单独设置。

（6）截面对象在相交的时候，端头的线条有时显示会出现如图 4.1.32 所示的问题。这里的问题是因为该截面的【显示剪切端线】没有设置正确。只要进入截面管理器，选中截面填充，在【显示剪切端线】中设置正确的线型和画笔号即可。

图 4.1.31 复杂截面的【自定义边设置】

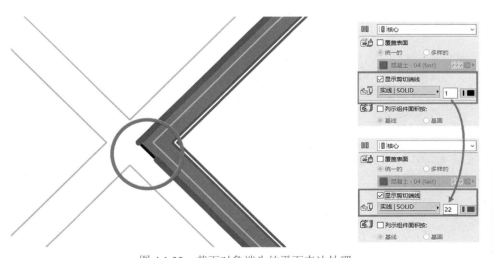

图 4.1.32 截面对象端头的平面表达处理

概念方案阶段的栏杆扶手也可以做得很有深度。方法也是一样的，先绘制一个栏杆的复杂截面，然后使用墙体工具调用该截面，接着在平面视图中绘制栏杆。如果我们积累了很多复杂截面的栏杆，那么在概念方案阶段可以轻松切换不同类型的栏杆，而且由于它是基于墙体或者梁的，编辑墙体的走向就可以改变栏杆的位置，快捷方便，如图4.1.33 所示。

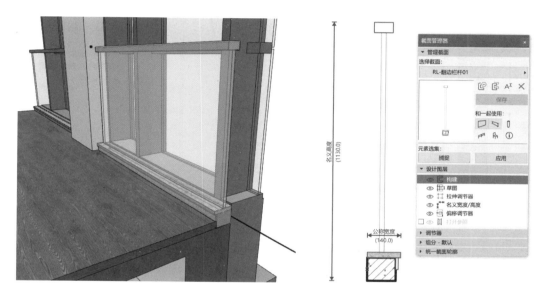

图 4.1.33　复杂截面制作栏杆扶手节点

复杂截面功能不仅能用在建筑设计单体范畴，还能应用于城市规划方面。即可以将一栋建筑的剖面作为一个截面来设计，应用于规划方案的设计阶段。首先确定功能分区和路网结构。在此基础上，研究地块道路规划和建筑形体，利用复杂截面功能，将街区的建筑单体剖面整个作为一个复杂截面。这个截面中设定了建筑的功能、高度和剖面造型。通过墙体工具调用多种设定好的剖面（定义的多种复杂截面），在三维空间把街区创建出来。

从 ARCHICAD v22 版本开始，复杂截面功能加入了参数化的控制方式——调节器，可以在复杂截面编辑器中对截面的特定边线和点进行参数控制。这样就使得一个截面可以应用到不同的部位。原先同样高度不同栏板厚度的女儿墙需要创建多个不同的截面，有了参数化控制功能后，只要设定一个控制栏板厚度的截面，就可以在模型中的不同部位输入不同的栏板厚度值，建立不同的女儿墙构件，如图 4.1.34 所示。这一功能可拓展广阔的设计流程应用场景。

在本书案例项目中，我们使用参数化的复杂截面功能做了一个矩形柱子截面，通过一个截面，可以创建不同截面尺寸的矩形柱，如图 4.1.35 所示。实现在视图中根据需要偏移柱子边线就可以直接调整柱子大小的效果。

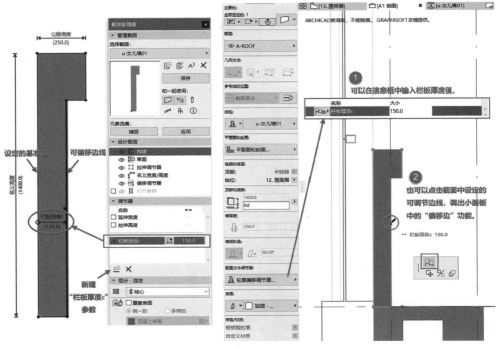

图 4.1.34　可调节的女儿墙

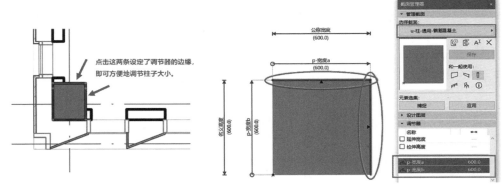

图 4.1.35　可调节的截面柱

小技巧：控制采用复杂截面的构件之间的交接关系

在创建本书案例项目的中庭钢梁时，使用了复杂截面建钢梁和保护层，发现在三维视图中进行显示和操作异常卡顿，都要经过漫长的"生成3D"的过程，基本无法工作。后来发现是因为相交的钢梁调用的复杂截面既有多个填充截面材料，而且还设置了多个调节器。这两种情况叠加后，造成每一步操作都产生巨大的计算量。解决的思路是：①删除不必要的调节器，或简化截面本身的复杂度。②先用简化的截面代替，等最终构件定型的时候，再细化截面，最终出图。③将钢梁放入单独图层，设定图层交叉组设置为0，强制不自动剪切运算。

4.1.10 热链接的应用

热链接是 ARCHICAD 中的特色功能。它通过引用 ARCHICAD 项目数据源文件或其中的部分内容，作为热链接模块（Hot Link Module，简称 HLM），嵌入到当前的项目主文件中使用。这个功能类似 AutoCAD 中的 Xref 外部参照功能。当外部参照文件更新后，在主文件中的外部参照模块会自动更新。不过，我们发现它和 AutoCAD 的外部参照功能有三个显著的区别：

第一，ARCHICAD 中的热链接模块可以和主文件中的元素对象发生互动关系。比如热链接模块中的墙体可以和主文件中的墙体进行链接，解决墙线交接问题；梁板柱墙之间的元素优先级剪切功能也可以正常运作。这和 AutoCAD 中的外部参照很不一样。

第二，ARCHICAD 中热链接模块的内容可以只选取源文件中的部分内容（源文件中的某一个楼层的内容）链接进入主文件中，而 AutoCAD 中的外参是不能局部引用的。

第三，ARCHICAD 中的热链接应用，可以采用一种自链接的方式插入热链接模块，即主文件可以链接自身 *.pln 文件中的某个楼层作为数据源。这种链接方式具有较好的灵活性。

下面我们分别讲一下几种主要的热链接模块的使用方式。

1. 简单热链接方式

最简单直接的方式就是将热链接模块源文件插入到主文件中，形成类似 AutoCAD 的外部参照的使用方式，如图 4.1.36 所示[①]。

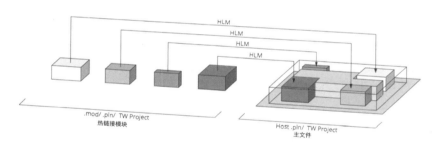

图 4.1.36 简单热链接方式

优点：简单灵活，可以根据自己的需要来链接；在模块文件不是很多的情况下使用会比较自由。

缺点：项目的属性管理会比较困难，尤其是当源文件中的属性不同、有额外属性以及属性冲突的时候，会比较难管理，源文件很多的时候尤其明显。推荐使用这种方式的时候，源文件的建立一定要使用统一预设的模板来做。

2. 热链接集合方式

这种方式是在外部做一个热链接模块的集合文件，在集合文件中绘制"零件"，发布成 mod 文件后，在主文件中组装。同时，也可以在集合文件中预装标准单位或者标准层，然后发布成 mod 文件，再链接到主文件中去，如图 4.1.37 所示。

优点：属性设置和管理都在集合文件中，方便使用。一个集合文件可以做得比较复杂和完善，包含各种"零件"，这样的集合文件可以服务于多个同类型项目。这种方式比

---

① 本节热链接应用部分所用的示意图均基于图软公司热链接使用指南制作。

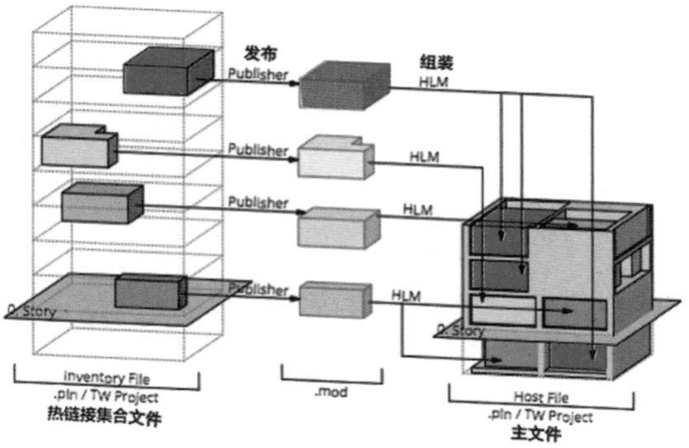

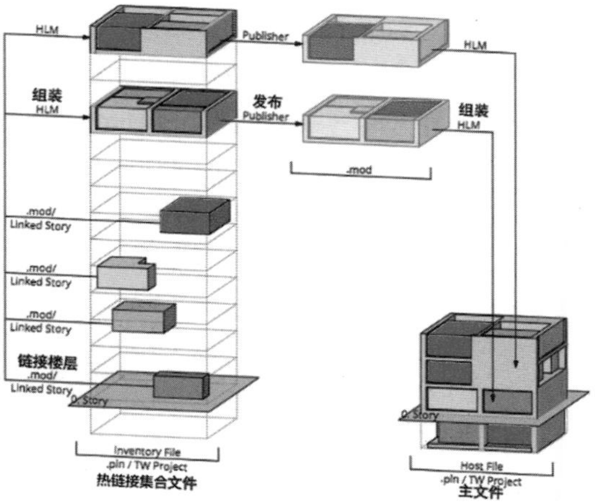

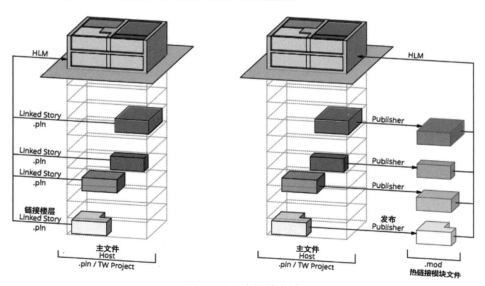

图 4.1.37　热链接集合方式

较适合于医院类建筑设计。

缺点：由于发布出去的模块文件的命名是带楼层 ID 编号的，因此一开始对于集合文件楼层的规划就很重要。后期如果要插入新楼层，会使编号变化，这样导出后，需要在主文件中一一重新链接更名后的热链接模块源文件，工作量会很大，因此适当留有一些空楼层是必要的。

3. 自链接方式

这种链接方式，图软公司官方形象地称之为"冰山模式"。建筑模型是冰山露出水面的尖部，而作为热链接源头的"零件"是水面下的本体，相当于"地下"部分。

下面对照图 4.1.38 所示，介绍一下自链接方式插入热链接模块的主要步骤和使用方法：

（1）主文件中地下很深的某处创建供热链接的楼层，建议这些楼层和建筑主体脱开远一些，如图 4.1.39 所示，创建了带有"mod"名称的楼层。

（2）在平面视图中创建设计内容，正常设计建模。

图 4.1.38　自链接方式

（3）**进行拆分规划**，确定哪些部分需要拆出来链接（参照），哪些是重复的，哪些是特有的。这关系到项目往下走的时候的效率和管理，这个过程对于能否顺利推进项目至关重要。

（4）把规划好的需要重用和参照的每一组内容选中，复制到新建的热链接楼层，每部分单独放在一个楼层上。

（5）切换到需要插入热链接模块的楼层平面视图，使用插入热链接功能，选择当前项目主文件，并选择需要热链接的楼层。热链接模块的插入操作应在平面视图中进行，以便于定位和管理。ARCHICAD 的很多功能更依赖于平面视图。

（6）如果此模块使用不止一处，可以直接选中模块后复制到需要的地方。

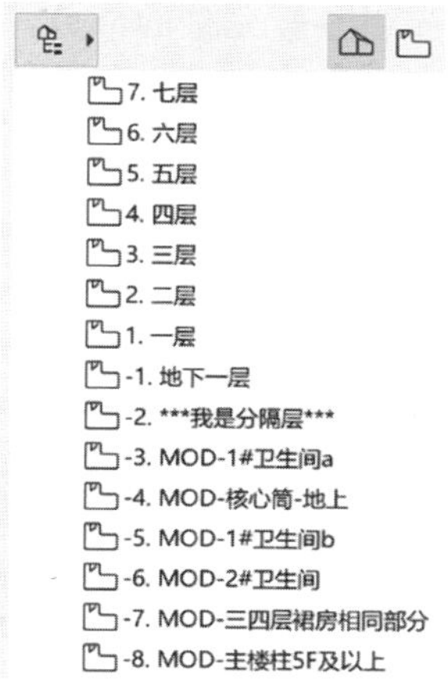

（7）当需要改变这些热链接模块的内容时，进入这些热链接模块原始所在楼层，编辑后保存主文件，然后对热链接模块进行更新即可。

图 4.1.39　创建热链接楼层

优点：这种热链接方式的好处是便于管理，热链接的源文件和属性都在同一个文件中，并且方便使用描绘参照功能，便于更新热链接源文件。另外，这种方式比较适合高层建筑。

缺点：由于热链接模块要依赖于楼层，一个楼层只能放一个模块，因此对于规划模块内容和创建具有逻辑的楼层组合比较困难。并且由于模块源文件的内容在主文件的"地下"，因此在统计清单数据的时候，需要将这些链接楼层过滤掉；同样的，对于平立剖面视图，也需要将这部分内容过滤掉。

这种自链接的方式还有更进一步的应用，如图 4.1.40 所示。使用"零件"在"地下"

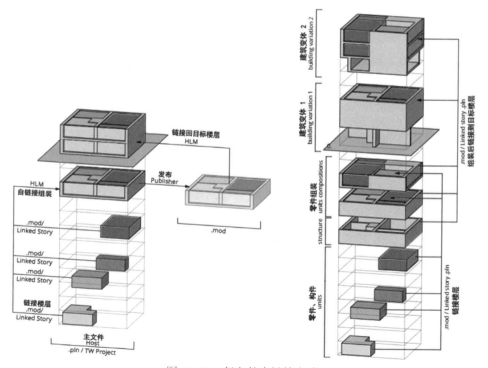

图 4.1.40　复杂的自链接方式

043

先组装好完整的部分，比如标准层。然后使用发布功能，输出 mod 外部文件。接着将发布出去的 mod 文件链接回主文件。这种方式甚至可以做到组装多个不同的标准层。

本书案例项目使用了简化的自链接方式，效果还不错。如图 4.1.41 所示，地下的部分楼层放置的就是可供热链接的源。

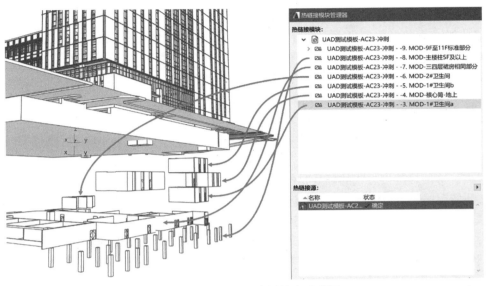

图 4.1.41　案例项目自链接方式截图

如果遇到比较大型或复杂的项目，可以试着根据图 4.1.42 所示来搭建项目文件。

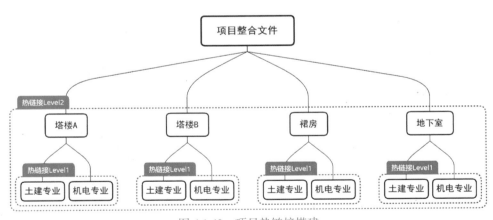

图 4.1.42　项目热链接搭建

小技巧：使用自链接方式的注意事项

（1）如果主文件重命名后，热链接功能仍然是指向原文件名的文件，此时需要在热链接管理器中重新链接到更名后的主文件。因此，备份主文件推荐采用复制备份的方式，不采用另存文件并改名的方式。否则新文件中的热链接功能指向的是旧文件名，会产生不必要的错误。

（2）要注意项目组协作人员的分工。如果需要多人协作，必须使用团队工作（Teamwork）方式的主文件进行自链接。否则只能是一个人同时操作主文件和热链接部分。

（3）采用自链接方式的文件，若当前视图为平面视图，每次保存时会提示是否更新热链接内容，可根据需要选择是否更新，如图4.1.43所示。可以在菜单【选项】→【工作环境】→【数据安全和完整性…】中，专门设定忽略检查热链接，在每次需要更新或者打印出图时，手动更新热链接模块即可。

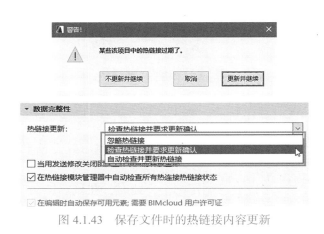

图 4.1.43　保存文件时的热链接内容更新

4. 放置热链接对话框的相关功能

如图4.1.44所示，①②③ <Ctrl+I> 键打开【放置热链接】对话框。选择从文件插入热链模块。注意，热链接文件的路径需要是绝对路径，无法设置相对路径的热链接文件。④⑤在mod或pln文件中选择要链接进来的楼层。⑥点击右下角的【放置热链接】按钮。⑦⑧在后续的粘贴对话框中，一般选择【初始位置】，如图4.1.45所示。

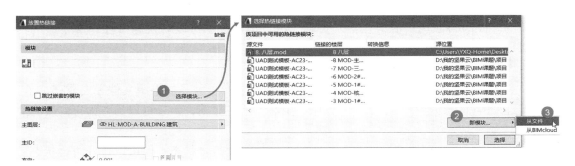

图 4.1.44　【放置热链接】对话框

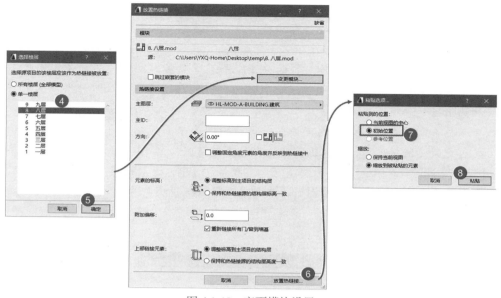

图 4.1.45　变更模块设置

【放置热链接】对话框还有几个功能：

（1）热链接是放置在主文件中的主图层上的，这里可以设置主图层。当该图层关闭时，热链接文件内容也会关闭。

（2）主 ID 默认为空，可以自己制定一个，此时，在该热链接中的元素 ID 前，就会自动加上这个主 ID 了。

（3）元素的标高可以根据主文件自适应，也可以保持源文件中的标高体系。

（4）上部链接元素比如墙体等，可以链接到主文件的楼层和标高，也可以保持源文件的链接关系。

5. 热链接管理器的相关功能

如图 4.1.46 所示，①热链接管理器上半部分是具体模块的信息，这里显示的是主文件中所链接的模块来自什么源文件、是哪一个链接楼层等信息。②变更模块按钮可以在这里将某一个模块替换成另外的模块。③可以将所选热链接模块另存为 mod 文件。④切断所选热链接模块，此时主文件中的该热链接会嵌入到文件中，变为本地的组。⑤热链接源中可以看到源文件状态，有叹号表示源文件已经更新过，而主文件中的引用是过期的。此时可以选中源，点击⑥更新，再点确定。⑦可以替换源文件，重新链接其他源文件。

6. 热链接的其他相关知识点

（1）热链接模块有个特点区别于 AutoCAD 中的外参，就是如果源文件丢失或移走了，热链接进来的部分还会存在于项目文件中，虽然不能再更新，但还可以另存为 mod 热链接文件。

（2）模块只能作为一个整体进行编辑，不能被取消组合状态，但可以打开组合状态。

（3）*.pln 项目文件和 *.mod 热链模组文件都可以用于热链接。但官方推荐的最佳格

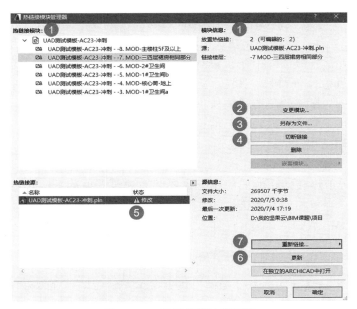

图 4.1.46　热链接模块管理器

式是 *.mod 文件，它是特别为了这个热链接功能开发的文件，相对较小，便于后期的管理。mod 文件不包含剖面图、立面图、工作图、详图、3D 文档以及布图信息，不包括图库链接信息，不包括没有使用的各类属性设置。官方推荐的最佳 mod 工作方式是不打开编辑 mod 文件，而是在集合文件或者主文件的"地下"楼层里进行编辑，然后通过发布器功能发布到固定的路径，再通过热链接管理器更新（不打开编辑 mod 文件的原因是怕带入不必要的属性设置和属性信息）。

（4）在插入该热链接文件时，可以选择是否插入嵌套的热链接，如图 4.1.47 所示。勾选该选项后，嵌套的热链接文件信息不会显示，但不会删除这个嵌套信息，后期可以通过热链接管理器重新打开嵌套的热链接。

（5）发布 mod 文件时，如果该楼层有嵌套的热链接模块，一般应勾选【断开嵌套热链接与外部参照】，如图 4.1.48 所示。这样可以避免在未来变更部分零件、主文件中的热链接模块更新时，发生不必要的混乱。

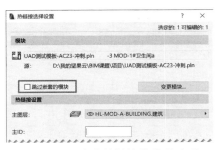

图 4.1.47　嵌套热链接模块的选项

图 4.1.48　断开嵌套热链接与外部参照

（6）一般情况下，地形、轴网、立面构件、属性设置等，应该放在pln主文件中编辑。链接楼层的时候，不属于该楼层（始位楼层不设在该楼层）的构件不会被链接。

（7）热链接还有一个特性：在【暂停组合】功能关闭的状态下，链接进来的模块是一个整体，可以进行整体移动、旋转等变换操作，同时整体复制的时候，在其他楼层粘贴，得到的是一个整体的热链接模块。在【暂停组合】功能打开的状态下，可以选择到热链接文件中的一个个独立元素，但这些元素是锁定的，无法编辑；此时选中其中的元素，可以复制粘贴出去，得到的元素就变成了可编辑的项目内元素，不再属于模块文件。

以上介绍的对于热链接功能的应用，主要针对建筑专业内部。热链接的功能不止于专业内部的文件。当与相关专业进行协作的时候，也可以通过热链接功能，引用其他专业提供的IFC、3DM、RVT文件进行协同。相关内容参见7.2数据交互和资料互提。

4.1.11 ARCHICAD 与 Rhino-Grasshopper 联动

Rhino作为一款超强的造型设计软件，越来越多地被应用于建筑设计工作流程中，尤其是三维设计工作流程。同时，借助基于其平台上开发的Grasshopper（以下简称GH）参数化设计插件，更是将Rhino推上了一个新的高度。越来越多的设计事务所和建筑师都在学习Rhino和GH，将参数化的设计理念应用到日常设计中，如图4.1.49所示。

图4.1.49 联动插件沟通ARCHICAD和Rhino

在这样的背景下，图软Graphisoft在原先已有的ARCHICAD和Rhino的接口插件基础上，开发了一个新插件，如图4.1.50所示。它能使Rhino-GH和ARCHICAD实时进行模型和数据交互，极大地提高了参数化设计和三维设计工作流程的结合度。

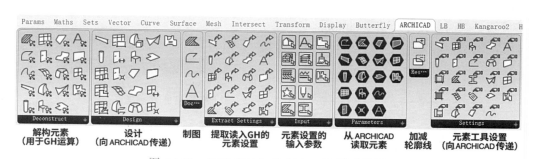

图4.1.50 ARCHICAD和Rhino-GH联动插件

本书案例项目在对共享中庭的吊顶形式进行设计的时候，应用了GH进行参数化设计和推敲的工作流程，并将这种流程与ARCHICAD结合起来，将设计的模型实时地导入到ARCHICAD中，进行可视化的推敲。最终确定了吊顶的形式，如图4.1.51所示。

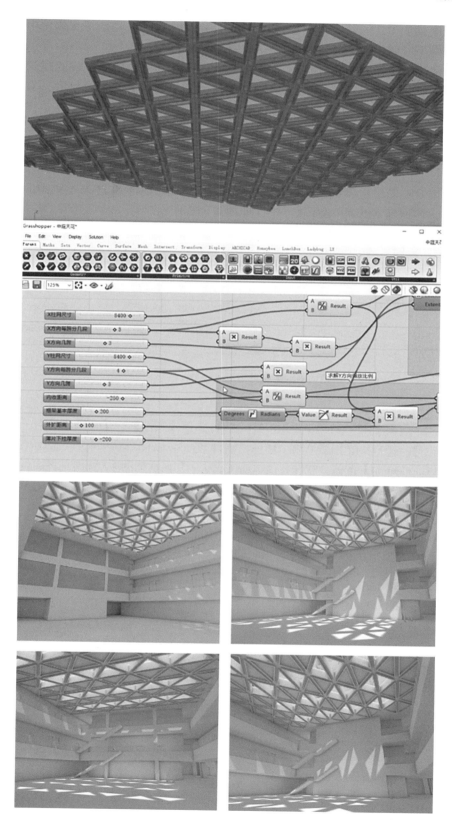

图 4.1.51　案例项目的共享中庭吊顶设计

扫码看图

这次测试更多的是偏向 GH 的参数化应用，与 ARCHICAD 的联动主要是将参数化生成的各种吊顶造型转换为变形体并输出到 ARCHICAD 中进行方案比选。

ARCHICAD 与 Rhino-GH 联动的设计流程非常灵活，而且通过联动插件生成的建筑元素，是能被 ARCHICAD 软件识别的原生元素，即所有的元素工具设置都是有效的，那些参数和设置都可以使用；元素之间的互动和信息输入、图纸生成同在 ARCHICAD 中建立和绘制是一样的。这也是这种工作流程的魅力所在。如果仅仅是输入几何信息，那么应用的价值就会低一些了。

1. 主要工作流程

在 Rhino 中，应用 GH 来建立参数化的模型或表皮，将生成的物体通过 ARCHICAD 联动插件提供的电池，传递到 ARCHICAD 软件中，如图 4.1.52 所示。

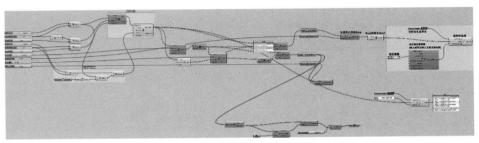

扫码看图

图 4.1.52　在 Rhino 中搭建的中庭天花造型电池组

本书案例项目的吊顶流程如下：

（1）打开 Rhino 并运行 GH 插件。打开 ARCHICAD，执行菜单【文件】→【互操作性】→【Grasshopper Connection…】，运行 ARCHICAD 和 GH 连接插件 ⊘ Grasshopper Connection... 。在弹出的对话框中按下【Start Connection】按钮，软件会提示连接成功，并显示如图 4.1.53 所示界面。

（2）在 GH 中搭建参数化模型，并将最后的 Brep 模型通过 Mesh Brep 电池[①]，转化为 Mesh（多边形）。

（3）在 GH 中找到 ARCHICAD 分组。在其下的 Design 页面选择 Morph Solid 电池 ⟨⬡⟩。根据输入端需要的参数，连接生成的 Mesh 物体到相应的输入端，并连接变形体设置（Morph Settings）电池的输出端至变形体生成电池的输入端，如图 4.1.54 所示。

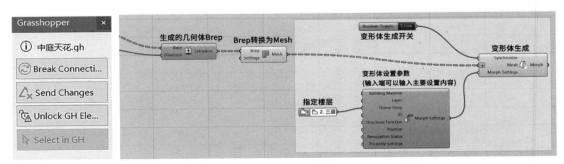

图 4.1.53　GH 联接插件对话框　　　　图 4.1.54　连接 MorphSolid 电池

---

① 电池是对 GH 中的运算器的昵称，因为每个运算器就像一个有头有尾的干电池。

（4）双击 Boolean Toggle 开关电池，生成变形体对象。这样，ARCHICAD 视图中就生成了变形体。

在吊顶推敲的过程中，尝试了几种图案进行比较，如图 4.1.55、图 4.1.56 所示。

核心区推敲 - Picture6.png

核心区推敲 - Picture9.png

核心区推敲 - Picture10.png

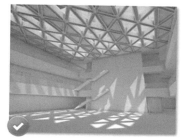
核心区推敲 - Picture11.png

核心区推敲 - Picture14.png

核心区推敲 - Picture15.png

图 4.1.55 吊顶推敲（一）

图 4.1.56 吊顶推敲（二）

更深入地应用这种流程，我们还可以增强 GH 和 ARCHICAD 的交互方式。在 ARCHICAD 中创建建筑的基本元素，比如楼板、墙柱和立面构建等，通过 ARCHICAD 联动插件提供的电池传递到 GH 中。从传递进入的元素里解构出控制边或控制面等，由此作为 GH 下一步参数化设计的参照系。当 GH 搭建完电池组后，将生成的物体再次传递回 ARCHICAD 中。这样所有的定位都是准确的。

小技巧：GH 联动插件的注意事项

（1）GH 联动插件新版中增加的 Deconstruction 系列电池，可以把 ARCHICAD 中的对象拆解成 Rhino 中的 Brep 对象，还可以在性能化设计方面进行很多应用：比如可以把区域（Zone）的表面提取出来生成房间，可以把楼板的轮廓提取出来在 GH 中生成房间。有了房间，就可以借助 Ladybug 和 Honeybee 进行性能模拟和分析。这样的流程是实时互动的，ARCHICAD 模型中改变了，Rhino 中的数据和房间也会更新。这样一来，工作流程就都串起来了。如果没有这个接口，那么就要额外建模和数据互导。

（2）如图 4.1.57 所示，当电池出现红色或者橙色警告的时候，可以点击电池右上角的气泡，看一下提示。"红色"一般为 GH 和 ARCHICAD 联系中断了。"橙色"一般是电池缺少必要的输入端或输入数据类型错误。另外，注意，目前联动插件一直在开发中，还存在某些不稳定的情况，容易出现崩溃。所以，应用的时候要注意多保存。

图 4.1.57　电池警告的处理

ARCHICAD 与 Rhino-GH 联动的设计流程在概念方案设计的过程中尤其具有优势，既能借助 Rhino 和 GH 的超强参数化设计能力，又能发挥 ARCHICAD 在三维模型、图纸输出、数据管理等多方面的能力。

2. 性能化设计应用前景

通过应用 GH 和 ARCHICAD 实时联动的工作流程，我们对推进建筑设计三维设计流程充满了期待。在 GH 插件平台有非常多的优秀性能化设计的插件，如 Ladybug 和 Honeybee 等，这些都是可持续建筑设计以及性能化设计的优秀工具，可以辅助做气候分析与可视化、建筑能耗分析、气流分析和气候模拟等，如图 4.1.58 所示。可以畅想一下，通过 ARCHICAD 和 GH 的联系纽带，将极大地拓展基于 ARCHICAD 的三维设计工作流程的应用场景。这方面的应用探索，是我们未来的一个研究方向，篇幅有限，以后有机会我们会做专门的研究。大家如果感兴趣可以自行去 food4rhino 插件平台的官方网站观看。

图 4.1.58　基于 GH 的性能化设计插件

4.2　高效的可视化应用

三维设计工作流程的一个最直接也是最容易被接受的应用价值，就是它提供了丰富而友好的可视化体验。对建筑师而言，在设计的全过程中应用可视化的流程，会对设计的自我演进有很大的帮助。同时，可视化的手段和成果，也能给业主、政府以及参与各方带来可观的价值，帮助项目的决策和推进。

本节介绍以 ARCHICAD 为平台的可视化应用。

4.2.1　真实效果渲染

1. ARCHICAD 内建渲染引擎

ARCHICAD 内建了与三维设计软件 Cinema4D[①] 相同的 CineRender 渲染引擎。这个引擎拥有全面的渲染功能，支持目前国际上主流的渲染技术，如真实材质（PBR）、全局光照明（GI）、高动态范围图像照明（HDRI）、模拟物理相机功能等[②]。使用自带渲染引擎，可以兼顾效果和效率，很适合建筑师的方案和图纸表现。同时与 ARCHICAD 的各项功能结合比较好，无需导入导出模型。

本书案例项目设计时，运用 ARCHICAD 自带的渲染引擎进行渲染输出，对设计的推进起到了较好的作用。使用软件提供的预设渲染场景和默认渲染参数已经能快速地得到满意的效果。

在概念方案阶段，我们可以在设计的同时，简单地渲染带材质的小样，帮助推敲空间，如图 4.2.1 所示。

随着设计的深入和模型精细度的提高，可以渲染精细的素模表现图和彩色表现图，如图 4.2.2、图 4.2.3 所示。以图 4.2.3 为例，使用了软件自带的预设渲染场景"室外日光，中等（物理）"，意思是室外日光下的中等质量的渲染图，使用的引擎是物理渲染引擎，

---

① Cinema4D 是 MAXON 公司开发的 3D 建模动画渲染软件，广泛应用于广播电视、动画制作等领域。Maxon 和 Graphisoft 同为 Nemetschek 公司的子公司。

② PBR = Physical Based Rendering. GI = Global Illumination. HDRI = High-dynamic-range image.

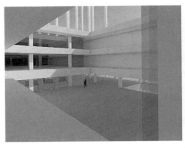

图 4.2.1 使用渲染小样进行空间推敲

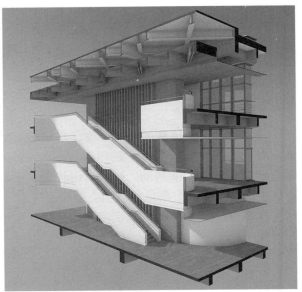

图 4.2.2 局部空间素模渲染图 　　　　　图 4.2.3 局部空间彩色渲染图

如图 4.2.4 所示。图片的分辨率为 2000×1500 像素，渲染时间为 1 分 23 秒（计算机 CPU 是 i7 6700K）。

扫码看图

　　图 4.2.5 是我们在设计幕墙分格时做的渲染图。右边是快速渲染的结果。左边虽然不是渲染图，但软件 3D 视图样式提供的白色模型效果也非常具有表现力。幕墙局部也渲染了一个特写，如图 4.2.6 所示。

　　在布置室内设备和管线的时候，也使用软件自带的渲染器进行了渲染，辅助室内效果的推敲，如图 4.2.7 所示。室内场景参数控制比较麻烦，而且渲染速度和效果不好把握，因此，我们主要选用预设的场景，省去调节渲染参数的时间，如图 4.2.8 所示。

　　ARCHICAD 的渲染功能比较人性化，软件自带了一些预设的渲染设置。常规的效果，建筑师可以自己从中选择合适的预设，设定图幅大小，点击【渲染】按钮即可，不需要深入设置。完成后，将渲染成果保存在布图中或存到外部文件夹中。

　　在使用 ARCHICAD 进行渲染表现的时候，需要注意一些问题。

　　（1）ARCHICAD 渲染模块的中文翻译存在较多不准确的地方，影响了渲染引擎的易用性。命令和功能的翻译与专业的渲染用语及常规 CG（Computer Graphic）术语缺乏一定

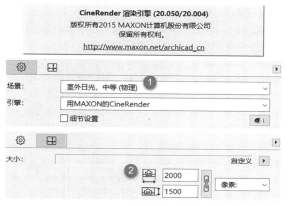

扫码看图

图 4.2.4 选用软件自带的预设渲染场景

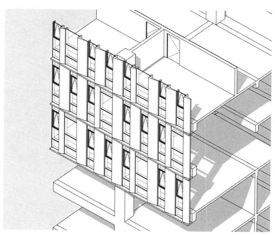 

图 4.2.5 幕墙分格推敲渲染图（一）

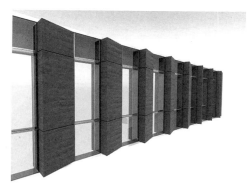 

图 4.2.6 幕墙分格推敲渲染图（二）　　　　图 4.2.7 室内渲染推敲图

扫码看图

扫码看图

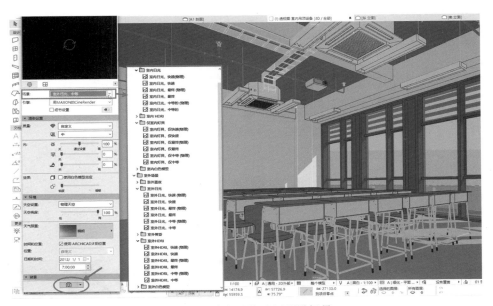

图 4.2.8　内部渲染选用预设场景

的关联性。造成即使是有一定的建筑表现知识的设计师都有点摸不着头脑，更别说是刚接触软件的设计人员了，希望后续版本能改善。

（2）CineRender 的材质系统，与自身的表面系统会有不对应的地方。三维视图中，材质贴图的显示效果与最终渲染得到的效果可以设置成不一样的，如图 4.2.9 所示，

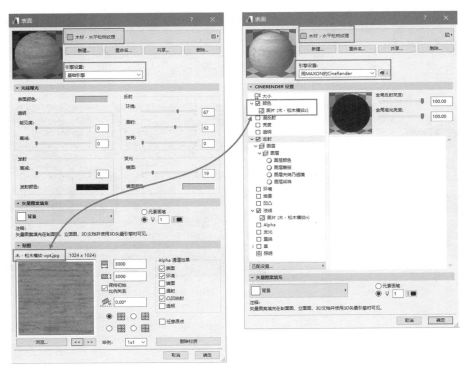

图 4.2.9　同一材料表面可以针对不同引擎使用不同贴图

同样是表面【木材 – 水平松树纹理】，左图用【基础引擎】显示时，贴图是【木 – 松木横纹 –opt.jpg】，右图用【CineRender 引擎】显示时，贴图用的是【木 – 松木横纹 c.jpg】。大家需要注意：材料表面编辑时，引擎设置有【基础引擎】、【用 MAXON 的 CineRender 引擎】、【OpenGL】这三个。CineRender 属于一类，基础引擎和 OpenGL 属于另一类。

（3）CineRender 渲染效果的物理真实性还有待提高，或者说要达到物理真实的渲染效果，需要耗费较多精力去设置和最终渲染输出，因此推荐大家使用预设的场景设置。

（4）HDRI 图像在 ARCHICAD 中的使用比较难控制，容易产生不可控的光斑，且容易出现曝光过度和纯度太高的情况。另外，ARCHICAD 中的 HDRI 贴图不支持 *.exr 格式，只能采用 *.hdr 的图片。因此，室外天空环境下的渲染，建议使用默认的物理天空；物理天空的设置中，把暖色和饱和度降下来，就可以得到比较好的效果了。

（5）ARCHICAD v23 版本把表面贴图从旧版本的低精度图片替换成了高精度图片，并增加了法线贴图等通道。因此，渲染的时间会相应增加。

小技巧：加快场景渲染的一个方法

尽量使用"室外场景"的预设，速度比较快。不过，我们也发现某些预设渲染速度很慢。可以试着在渲染设置中，把【草】这个选项取消勾选，如图 4.2.10 所示。这样大部分场景的渲染都会非常快。

小技巧：输出带有 Alpha 通道的图片

渲染后的图片如果要进行后期处理，则需要输出带 Alpha 通道的图片，方法是：在渲染设置的【常规选项】中，勾选"生产 Alpha 蒙版用于环境"的选项。图像渲染完成后保存图片的时候，选择 PNG 等支持 Alpha 通道的格式（JPEG 格式不支持 Alpha 通道），并在保存选项中选择【最佳深度】或两个带有 Alpha 通道的选项，如图 4.2.11、图 4.2.12 所示。用图像后期处理软件（Adobe Photoshop 或 Affinity Photo）打开后，就能看到 Alpha 通道了，如图 4.2.13 所示。

图 4.2.10　渲染细节设置

2. 输出至 Cinema4D 软件

ARCHICAD 可以方便地输出三维模型文件至 Cinema4D 软件中进行后期可视化渲染和动画制作。由于采用了和 Cinema4D 相同的渲染引擎，因此输出非常便捷，同时材质系统和基本的渲染参数也能很好地传递。借助 Cinema4D 最新的 CineRender 渲染引擎，可以有更强大的渲染表现以及动画工作流程，来应对建筑设计的可视化需求。

导出文件的方法是：在 ARCHICAD 中打开【照片渲染设置】对话框，底部相机图标右侧黑色三角按钮可以调出菜单，选择【导出至 Cinema 4D】，如图 4.2.14 所示，即可存

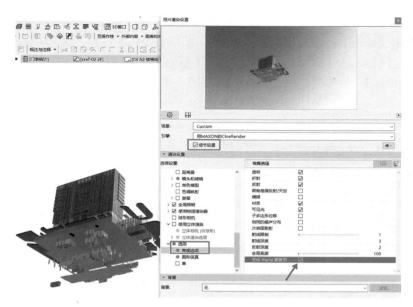

图 4.2.11 渲染设置选项中勾选"生产 Alpha 蒙版用于环境"

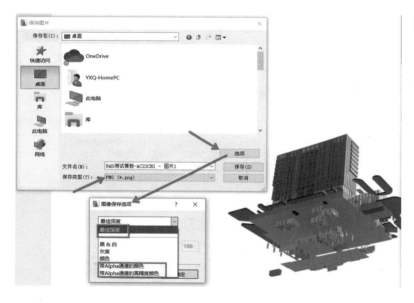

图 4.2.12 保存图像时选择带有 Alpha 通道的选项

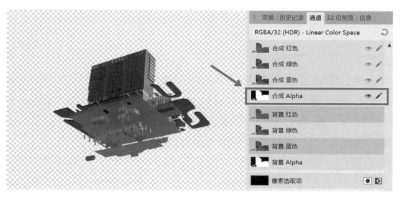

图 4.2.13 后期软件 Affinity Photo 中编辑 Alpha 通道

图 4.2.14 导出至 Cinema 4D

储 Cinema4D 的场景文件（*.c4d）。

3. 实时渲染的可视化引擎

目前建筑可视化技术发展迅速，利用类似游戏渲染引擎技术，已经可以进行实时的交互和表现。虽然在某些细节方面和传统的渲染器渲染的精致图像相比还有差距，但是，其强大的性能和交互的便利性，正越来越多地被建筑师接受。同时，由于它是借助类似游戏引擎的渲染模式，生成单帧图像的速度非常快，因此在动画制作方面有无可比拟的优势。

目前最常用的实时渲染可视化引擎有：Lumion、Twinmotion、Enscape。

（1）Lumion 是三者中最强大的，经过 10 个版本的开发，功能已经非常完善，出来的效果基本不输专业渲染器（例如 Vray）了。同时，最近几个版本提供了与 ARCHICAD 实时联动的插件（Lumion Live Sync），可以非常方便地和 ARCHICAD 的设计工作流程结合。在 ARCHICAD 中的任何改动，可以实时传递给 Lumion，并且视图操作也是同步进行，非常直观高效。缺点就是价格比较高。大家可以去 Lumion 官网了解相关的效果并下载联动插件，官网也提供了插件的使用教程。

（2）Twinmotion 是基于虚幻游戏引擎开发的建筑可视化引擎。目前，它已经被虚幻引擎母公司收购，并与图软公司有着战略合作关系。目前，图软官方推荐的实时可视化工作流程是使用 Twinmotion。Twinmotion 也同样具有联动的插件（Twinmotion Direct Link），可以实现上述的交互，同样非常直观高效。Twinmotion 相对于 Lumion，界面更加直观，配合工作流程设计的界面非常友好。唯一的不足是反射的准确性和玻璃的质感表现比较弱，不如其他两个引擎。

（3）Enscape 是更加轻量化的实时可视化引擎。最早它是在 SketchUp 平台上发布，现在已经支持 Revit、Rhino、ARCHICAD、Vectorworks 等软件平台。其简洁易用，效果清新，安装插件后，可以在软件视图中直接调用，省去了导入导出的麻烦，这是 Enscape 的最大优势之一。此外，Enscape 的环境光影效果细腻，玻璃的质感真实，尤其是室内效果快速准确，是建筑师推敲空间效果的利器，测试渲染效果如图 4.2.15～图 4.2.23 所示。

如果希望可视化表现的流程更加专业、更加强大，可以将 ARCHICAD 制作的场景三维模型导出到诸如 Cinema4D 和 3DS Max 等专业的表现软件中进行制作，不用纠结于所有的工作都在 ARCHICAD 中完成。

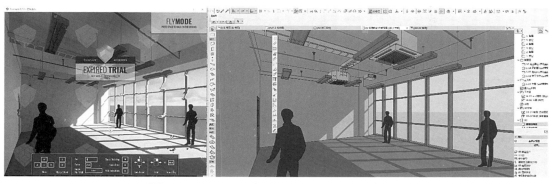

图 4.2.15　Enscape 窗口和 ARCHICAD 视图联动

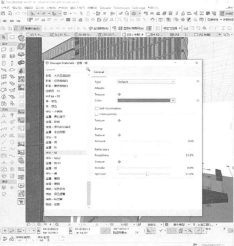

图 4.2.16　Enscape 材质调节对话框

图 4.2.17　傍晚时分的打灯渲染效果

图 4.2.18　立面细节推敲（一）

图 4.2.19 立面
细节推敲（二）

扫码看图

图 4.2.20 中庭
吊顶材质推敲

扫码看图

图 4.2.21 中庭
回廊空间效果
表达

扫码看图

扫码看图

图 4.2.22 办公室布局推敲

扫码看图

图 4.2.23 教室顶部设备初排效果

小技巧：渲染图和线框图的交互比较

　　我们有时候会需要比较渲染前后的效果差别，或者进行同一角度多个效果的比较。此时可以借助 ARCHICAD 自带的描绘参照功能来实现。①将需要比较的两张图纸放入不同的工作图或 3D 文档中。打开【描绘与参照】控制框，将两个图纸对位，缩放大小一致（通过调节活动层的透明度）。②设置参照层为【原色】💿▶模式。③打开【显示/隐藏分割器】。④调节视图两侧中部的调节拉杆，即可实现对比效果，如图 4.2.24 所示。

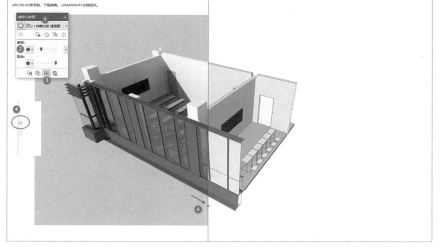

图 4.2.24 渲染图和线框图的交互比较

4.2.2 三维视图可视化

1. 3D 剖透视图

我们经常会在很多国外竞赛或者是书籍中看到剖透视图,它是一种非常好的表达空间关系的手段,兼有透视图和剖面图的优点,一般在方案阶段是用建模软件例如 SketchUp 和 Rhino 来绘制的。在扩初施工图阶段,由于进度的要求,不会绘制这类图纸,因为太费事。因此,一些复杂空间的关系就不能充分表达。现在通过 BIM 技术,有了一定精度的模型就可以做很多丰富的应用,同时模型的准确性和图纸的关联性也为整个建筑未来的完成度提供了有力的保障。

我们可以根据设计的需求来制作剖透视图,如图 4.2.25 所示。

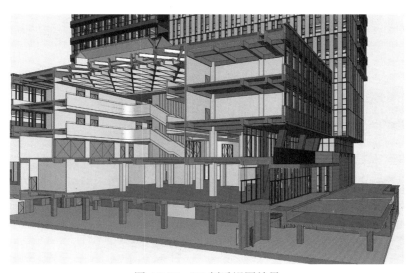

图 4.2.25 3D 剖透视图效果

需要用到 ARCHICAD 中的两个主要功能：选取框工具 [::] 和 3D 剖切功能 🔲 。

（1）选取框工具

在平面视图中，使用选取框工具选择需要显示的模型区域。框内默认是会显示的范围，框外是不显示的范围。框的边线就是切割面的位置。框线分单层（细虚线）和多层（粗虚线），可控制当前层显示还是所有层显示。

按 F5 即可进入 3D 视图。此时，在三维视图中控制内容的显示设置有一个重要的对话框。找到菜单【视图】→【3D 视图中的元素】→【在 3D 中过滤和剪切元素】，如图 4.2.26 所示，显示了设置内容：①可以控制视图中显示哪些楼层；②显示选取框内部的元素还是外部的，如图 4.2.27 所示，则是显示了选取框之外的内容；③剪切表面的材质显示；④按元素的类别控制其在 3D 视图中是否显示。它的设置非常灵活，配合折线选取框等不同的形式，可以变换出各种剖切样式。

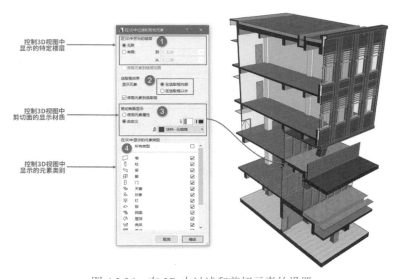

图 4.2.26　在 3D 中过滤和剪切元素的设置

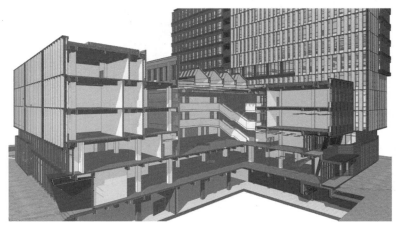

图 4.2.27　显示选取框以外的内容（隐藏选取框内的内容）

（2）3D 剖切功能

可以理解为用一个虚拟的剖切平面来切割模型。在三维视图中，按下 F7，激活剖切工具 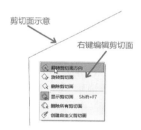，此时会看到视图的上下左右出现四个剪刀状的图标，是控制四个方向进行剖切的操作器。点击并拖动任一方向的操作器，可以生成一个虚拟的剖切面。剖切的位置实时显示。等移到合适的位置时，点击鼠标，会出现一组确认按钮，点击完成按钮，即创建了 3D 剖切视图，如图 4.2.28 所示。

需要注意，生成的 3D 剖切视图中，有一个剪切面在图中一直显示着，点击它可以继续拖动。

在其范围内点击鼠标右键，可以调出剪切面的编辑菜单，如图 4.2.29 所示，可以【翻转剪切面方向】、【旋转剪切面】或者【删除剪切面】，也可以切换开关【显示剪切面】。

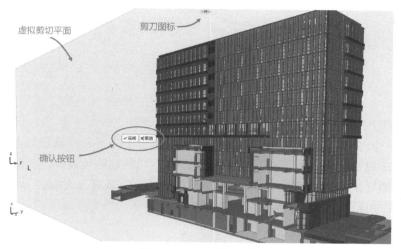

图 4.2.28　3D 剖切工具

图 4.2.29　剪切面编辑菜单

我们点选【旋转剪切面】，可以调节剪切面的角度，效果如图 4.2.30 所示。
另外，剪切面的材质显示同样可以在前述【在 3D 中过滤和剪切元素】中设置。

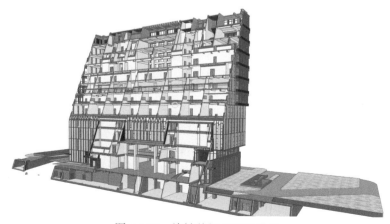

图 4.2.30　旋转剪切面后的效果

2. 轴测图

轴测图是建筑师非常喜欢的一种表达概念的方式，如图 4.2.31 所示。ARCHICAD 自身的轴测图功能很强大，而且还有不同形式的轴测图可供选择，为建筑师的方案表达提供了极大的便利。

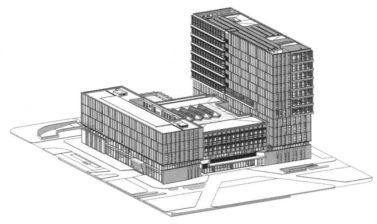

图 4.2.31　轴测图

在 3D 视图中，点击轴测图的切换按钮，即可将视图转换为轴测图。

轴测图图标旁边还有一个三向的图标，【3D 投影设置】，它包含了【平行投影设置】和【透视图设置】，如图 4.2.32 所示。平行投影设置中可以设置不同的轴测角度，给建筑师很大的表达自由。在左侧界面中的"房子"图标中，三个轴 X、Y、Z 有三个操作点，是可以拖曳的，可以随意变形视图，很有趣，大家可以动手试试。

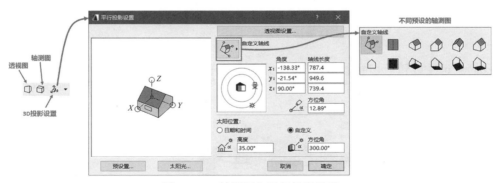

图 4.2.32　轴测图和平行投影设置

3. 爆炸图

爆炸图是建筑概念表达常用的手段。它在 Sketchup 等软件中制作，相对容易，毕竟有 3D 模型做基底即可。和前面所讲的一样，越到设计阶段的后期，越少出这种图纸，因为传统的工作流程做这些分析图太费事。而基于 ARCHICAD 的三维设计流程则会省力很多。

有了三维模型，爆炸图的制作就很简单了。

（1）先按照生成轴测图的方法，将模型设置好角度和范围（楼层），然后存成3D文档。

将需要"爆炸"的不同部分都存成不同的 3D 文档后，就可以将这些视图映射在布图中拼合在一起。此时要注意，所有视图的视角都要一样，这样拼合的时候才能对应。

（2）在布图中排列对齐的视图映射之间，采用绘制线条的方法，将有关联的元素之间画上虚线，如图 4.2.33 所示。

4. 在 3D 视图中显示 DWG 地形底图

我们有时候会拿到很多 DWG 的原始资料，包括地块现状或者用地条件图。如果采用直接导入，2D 线条是无法在 3D 视图中显示的。那么如果想要在 3D 视图中显示这些线稿怎么办？ARCHICAD 提供了一个将 DWG 导入成为 GDL（Geometric Description Language 几何性描述语言的简称）对象的选项。通过这个选项，导入后的 DWG 图形不仅能在 2D 视图中显示，还能在 3D 视图中显示。

点击菜单【文件】→【互操作性】→【合并】，选择需要导入的底图 DWG，如图 4.2.34 所示，选择合并对话框中的【输入模型空间的内容作为 GDL 对象】，点击【合并】，切换到 3D 视图中，就能看到 DWG 线图已经可以显示了，如图 4.2.35 所示。

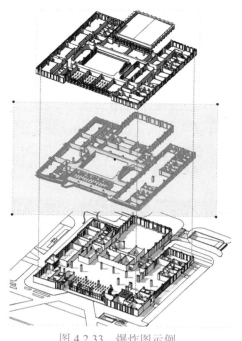

图 4.2.33 爆炸图示例

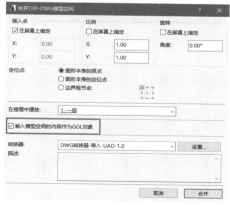

图 4.2.34 合并 DWG 文件到项目文件中

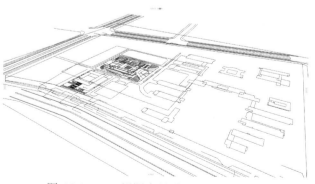

图 4.2.35 3D 视图中显示 DWG 地形底图

4.2.3　二维图纸可视化

这里说的二维图纸可视化，是指我们的二维图纸其实也是建筑师重要的表达和沟通内容。如果在设计过程中能即时可视化二维成果，对于建筑师的意义也是非常大的。这主要有两方面的应用：

一个是我们的传统流程，在 AutoCAD 中绘制平面，要导出线图，再到 Photoshop 等软件中进行填色，如图 4.2.36 所示，这是非常耗时费力的。而采用 ARCHICAD 后，平面填彩本身就整合在软件的工作流程中，可谓"所见即所得"，如图 4.2.37 所示。而且调整了平面后，填彩也基本完成了，导出图片即可。详见本书 5.2.2 节中关于平面填色图的制作方法。

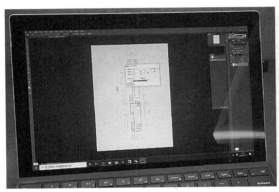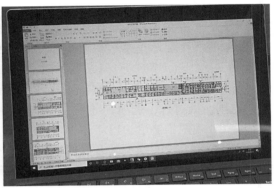

图 4.2.36　导出线图后 Photoshop 填色的传统方法

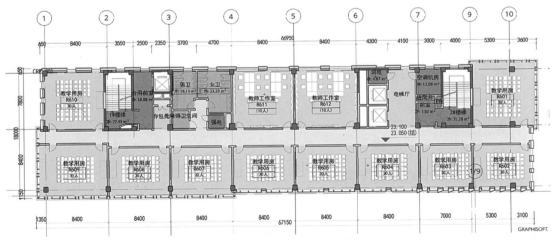

图 4.2.37　ARCHICAD 平面视图中的填色平面

另一个是在设计和生成图纸的过程中，借助 ARCHICAD 的"真实线宽"和"画笔集"功能，线条的粗细是可以实时反馈显示的，线条的色彩也是可以作为表达手段的，如图 4.2.38 所示。建筑师能清晰地知道图纸打印出来是什么样子的，而不必每次进行打印预览。

扫码看图

图纸和线条的配色可以体现出建筑师的审美素养，对于职业能力的提升也是相当有帮助的。

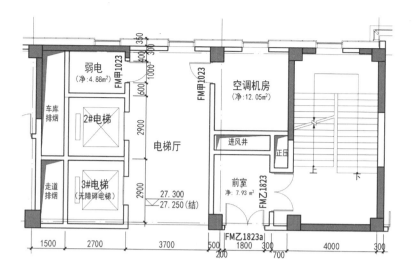

扫码看图

图 4.2.38　ARCHICAD 视图中实时显示真实线宽和线条色彩

4.2.4　数据信息可视化

　　ARCHICAD 天然地具有三维可视化的良好基因，同时模型元素默认就已经包含了丰富的数据信息。因此结合可视化的手段，可以将这些数据信息进行可视化，既可以用来表达和协同交流项目模型及数据，也可以用于自查纠错、质量审核等。通过数据和三维模型的整合，可以做很多设计相关的拓展内容。这部分的发挥空间比传统工作流程大得多。

　　数据信息的可视化主要用到 ARCHICAD 的图形覆盖功能，该功能非常强大，应用的场景也非常广，是三维建筑设计的利器。这里结合图形覆盖功能，简要介绍一下案例项目在数据信息可视化方面的几个应用点。

　　1. 结构构件和非结构构件的可视化

　　举例来说，我们想要将结构构件和非结构构件进行区分显示。

首先，在创建模型的时候，结构构件的梁、板、柱、墙等，【结构功能】属性设置为【承重元素】，如图 4.2.39 所示。

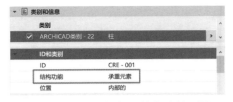

图 4.2.39 设置构件的结构功能属性

其次，在图形覆盖选项中设置相关的过滤条件。在图形覆盖规则中新建一个规则，将设定了【承重元素】的构件赋予红色的表面材质，而【非承重元素】则用透明的线框显示，如图 4.2.40、图 4.2.41 所示。

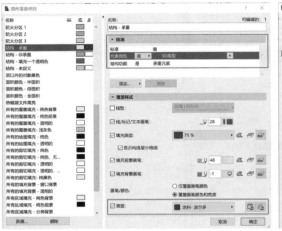

图 4.2.40 承重构件的图形覆盖设置示例

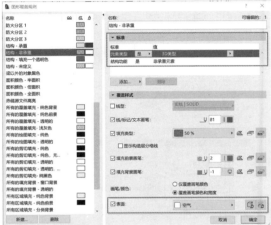

图 4.2.41 非承重构件的图形覆盖设置示例

设置完成后，在三维视图或者是平面视图中，我们就可以应用这个图形覆盖，得到想要的可视化结果，如图 4.2.42 所示。

这里只是提供了一个思路，项目推进过程中，这些应用规则是可以定制的。通过这些直观的内容，将有助于专业内、专业间以及各参与方的协作。

2. 防火门等级的可视化

通过设定项目中各级防火门的等级，不仅可以应用"防火门自动编号"（参见 6.3.1 门窗编号的自动化），同时，也可以把防火门等级设定的信息可视化表达出来，方便自查审核与交流协作，如图 4.2.43 所示。

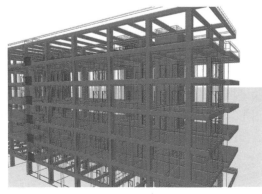

图 4.2.42 结构承重构件凸显表达

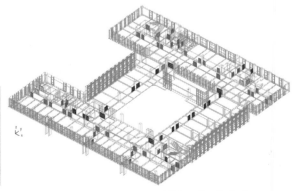

图 4.2.43 防火门不同等级可视化表达

首先，设定图形覆盖规则，将不同等级的防火门标识的表面颜色区分开来，如图 4.2.44、图 4.2.45 所示。

其次，将规则合在一起应用于所需要的视图，如图 4.2.46 所示。

我们在实际项目运行中，可以充分应用这种可视化的检查，发现没有设定防火等级的门窗和设定错误的门窗。这种应用远不止于防火门构件，还可以分析墙体的耐火极限，检查防火分区墙体的耐火等级等。

这是传统的技术手段不容易做到的，可以说是建筑师控制设计质量的一种手段，也是 BIM 技术在三维设计工作流程中应用的价值之一。

在应用图形覆盖的时候，需要注意以下几点：

（1）图形覆盖有较多限制，并不是所有内容都能实现覆盖，比如只能针对元素类型，而不能针对其中的组件；只能统一覆盖幕墙，而不能单独覆盖幕墙中的框或者玻璃；只能覆盖复合构造墙体或楼板的整体，不能覆盖其中的一个构造层次。

（2）材质的覆盖有三个层次（以下用 ABC 代表），最底层是构件的建筑材料 A（材料本身），第二个层次是构件的覆盖表面 B，覆盖表面可以覆盖掉 A 的表面材质，所以即使选的建筑材料 A 不是透明的，如果覆盖表面 B 选择一个透明的表面，模型就是透明的；第三个层次是图形覆盖 C，它的优先级最高，无论建筑材料 A 和覆盖表面 B 如何设置，只要设置了图形覆盖 C，就会按照 C 显示。

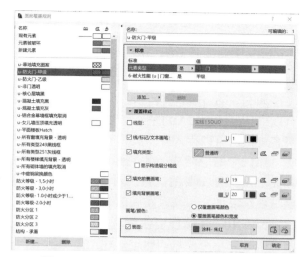

图 4.2.44　设置甲级防火门的图形覆盖规则

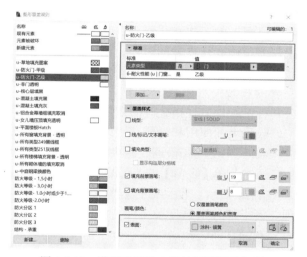

图 4.2.45　设置乙级防火门的图形覆盖规则

图 4.2.46　图形覆盖规则的组合

4.3　知识库的积累和应用对于工作流程的意义

我们在第 2 章讨论工作流程优化的时候提到，现有的设计流程，每一个项目重复利用的知识库内容很少，很多内容都必须重复计算，绘制，调整，再计算，再绘制，再调整；又比如 SketchUp 的建模，每个项目都要重新建表皮做法，无法重复用。而三维设计流程可以借助 ARCHICAD 的强大功能，从预设的模板和积累的知识库中调取资源，不同的建筑表皮做法可以存入收藏夹，不同项目可以调用收藏夹内的做法，快速重建多样的表皮。

知识库的应用还能体现标准化的内容，控制设计质量，对项目的设计深度、精细度和完成度都是重要的支撑。对于这种知识库的积累和重复利用，是三维设计工作流程甚至是建筑设计公司高效发展的迫切需要。

ARCHICAD 软件中非常重要的概念——模板和图库，是三维设计知识库积累和应用的核心功能。本章我们简单梳理一下相关的内容。

4.3.1　收藏夹

收藏夹属于模板系统的一部分。我们先从收藏夹功能切入，理解基于 ARCHICAD 的知识库的用法，然后再讲庞大的模板系统。

收藏夹的工作逻辑是将各种元素或对象的常用设置保存起来，下一个这种元素或对象需要使用同样设置的时候，就可以直接调用了。收藏夹里这些"工具预设"（即各个收藏项）集合在一起，就构成模板系统的重要组成部分，它对于提高效率帮助极大。一个完善的收藏夹可以减少很多手动设置的过程。同时，收藏夹里包含的其实是个人习惯、公司标准和地方性措施等的集合，是需要在日常工作中长期积累的知识库。

收藏夹的使用和管理有"集中"和"分散"两种方式。

1. 集中使用和管理收藏夹

通过菜单【视窗】→【面板】→【收藏夹】，打开收藏夹面板（也可设定快捷键调出），如图 4.3.1 所示。收藏夹的上半部分按照目录树的方式管理，可以根据需要建立目录并管理。下半部分则是目录文件夹中所包含的收藏项及其预览。收藏夹最上方是收藏夹工具栏：分别是搜索功能、预览显示模式、收藏夹高级设置。最下方：①左侧 按钮是将选中元素的设置添加入收藏夹的功能，点击后会要求输入收藏项名称。第二个图标为新建文件夹。第三个为删除收藏项。②是将收藏夹中选中的收藏项应用于当前选择的元素（根据当前的元素转换设置）。

收藏夹高级设置中：Ⓐ此两项勾选后，收藏夹只显示当前选择的工具相关的收藏项。这样就避免了所有收藏项全部看到，难以查找需要的项的问题。如果当前工具是【箭头工具】，则所有收藏项都会显示出来。Ⓑ设置元素的哪些设置会通过收藏夹传递给其他同类元素，非常实用的功能，【元素转换设置】用法详见后文。Ⓒ收藏夹的内容可以导出或导入，方便共享。Ⓓ收藏项的鼠标右键菜单。

在平面或三维视图中选择元素构件后，双击收藏夹内的收藏项，即可将当前收藏项的设置快速应用于所选择的元素。如果没有在视图中选择元素，那么在收藏夹内双击收藏项，此时会激活收藏项的工具和设置，然后在相应的视图中进行绘制和建模即可，非常快捷方便。

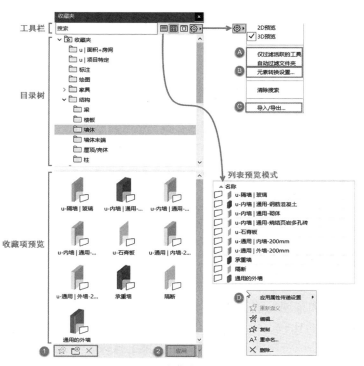

图 4.3.1　收藏夹设置界面

2. 分散使用和管理收藏夹

激活建筑元素工具后，在信息框的右上方工具图标旁，有个黑色小三角，点击后，即可调出简易收藏夹面板，如图 4.3.2 所示，在这里选择相对应的收藏项，然后就可以用这个收藏了的设置进行建模和绘制。另一个调用的位置是打开当前工具的设置对话框，如图 4.3.3 所示，点击左上角 ☆ 图标，调出收藏夹面板，也可以调用收藏项。这里可以点击面板左下角的 图标，添加当前工具的设置为收藏项。

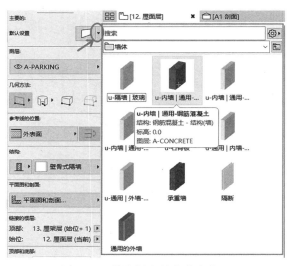

图 4.3.2　信息框中的收藏夹位置

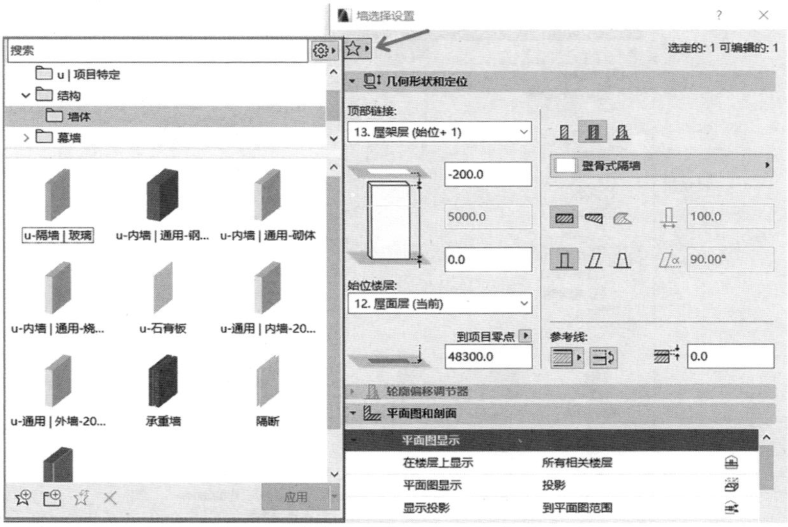

图 4.3.3　工具设置对话框中的收藏夹位置

　　结合收藏夹功能和幕墙功能，我们可以在设计工作中快速应用已经收藏好的幕墙工具预设来做立面效果的比较。做的幕墙工具预设越多，在方案推敲的过程中就越高效。我们在案例项目中也尝试将幕墙不同的【分格方案】预设，存到收藏夹，然后分别调用，作为比选方案，如图 4.3.4 所示。

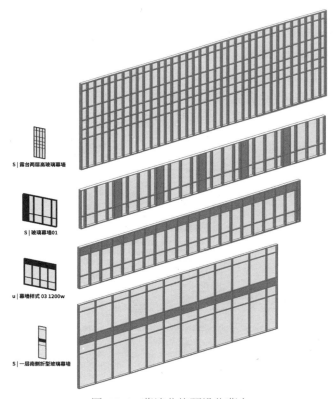

图 4.3.4　幕墙分格预设收藏夹

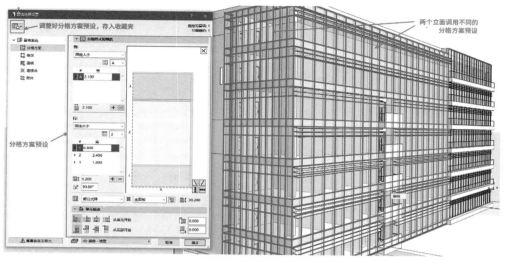

图 4.3.5　幕墙工具的分格设置对话框

　　幕墙工具的具体设置方法，详见 4.4.7 幕墙。

　　复杂的幕墙设计，也可把预设样式存为知识库的一部分，以备下次调用，如图 4.3.5 所示。

　　3. 元素转换设置

　　与收藏夹相关的一个功能是上文提到的【元素转换设置】，可以设置针对不同元素类型的不同参数转换方案。

　　如图 4.3.6 所示，设置对话框中，左侧为转换方案列表，右侧为转换参数列表，即该方案中针对各种元素，哪些参数需要转换。转换方案"排除 ID（不含门窗）/ 始位楼层"，就是设置了不转换 ID 和始位楼层，这样在使用属性传递工具的时候，不会把 ID 和始位楼层传递到新的构件上。门窗在转换属性的时候，如果希望门窗编号一起转换过去，可以单独设置门窗的 ID 传递过去。

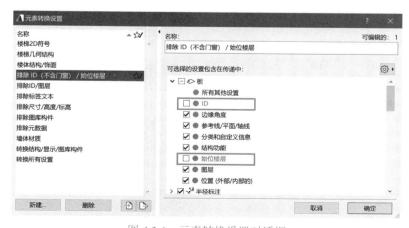

图 4.3.6　元素转换设置对话框

方案名称右侧的空心五角形图标，是收藏夹默认转换方案，可以根据需要设定默认转换方案。此默认方案会影响使用收藏夹时（双击收藏夹项）各种元素默认的参数转换设置。

点击左下角的【新建】按钮，可以新建元素转换设置方案，右侧的两个带箭头的按钮可以导入／导出这些方案，分享给他人。

右侧"齿轮"按钮可以选择转换设置时，是按工具类型还是按设置内容显示各项详细内容，如图 4.3.7 所示。

图 4.3.7　元素转换设置的显示方式

4.3.2　模板

模板的使用已经融入了整个设计行业，建筑设计行业也不例外。模板的重要性再怎么强调都不为过。模板的主要特点是：

（1）模板包含了项目设计需要使用的各种工具和流程的预设，包括极其重要的数据信息的创建和管理；

（2）模板能大幅提高项目应用的效率，减少建筑师的学习成本；

（3）模板可以整合团队和企业的知识库，并可将设计标准化的要求固化在模板中；

（4）模板的创建需要经过项目积累，不会一蹴而就；

（5）不存在万能的模板，需要针对不同公司、业务流程、项目类型和阶段等进行细致的设定。

1. ARCHICAD 项目文件的结构及数据关系

我们先来了解一下 ARCHICAD 项目文件的内容结构，这有助于我们了解各种功能、元素构建和设置之间的关系。使用 ARCHICAD 创建的每一个项目文件，都会基于一定的模板文件（可能是软件自带的，也可能是团队或企业自定义创建的）。创建并经过设计开始输入内容后，项目文件（*.pln）[1] 大致包含两部分数据信息：

第一部分，是当前项目所特有的数据信息，比如建筑设计内容、建筑元素几何体、注释描述和标注等内容。

第二部分，是使用的模板中预设的数据信息，包括预设的所有工具、各项特性（属

---

[1]　ARCHICAD 的项目文件格式为 *.pln，打包输出项目文件格式为 *.pla，项目备份文件格式为 *.bpn，模板文件格式为 *.tpl。

性）设置和元素构件的定义，也包括预设的成果文件结构和关联信息。

我们整理了一个框架图，如图 4.3.8 所示，大致梳理了项目文件中的内容结构，便于大家理解。除了上述第一部分是**特定建筑**的设计内容和元素几何体以及标准等内容外，第二部分基本上就是**模板**的内容，可以存成模板文件，供后续相关项目重复使用。

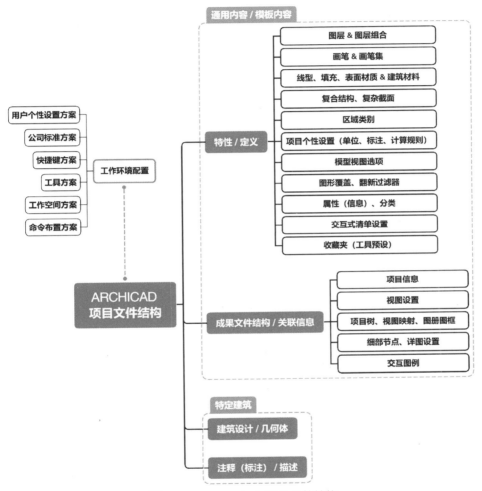

图 4.3.8　ARCHICAD 项目文件结构

2. ARCHICAD 中建筑元素构件和各项特性的关联

ARCHICAD 中常用建筑元素构件之间有着内在的逻辑。我们根据资料梳理了一个关系图，如图 4.3.9 所示，可以帮助大家理解软件的逻辑。建议结合操作实际和 ARCHICAD 中模板的相关内容一起学习，以便较全面地掌握这些内容。

墙、梁、板、柱等基本的建筑元素，它们的构造方式在 ARCHICAD 中一般有三种：基本构造、复合结构和复杂截面，它们的使用逻辑是类似的。

这些元素构造方式和建筑材料密切相关，所有的构造设定都需要选择相关的建筑材料。因此，建筑材料的设定和选择也需要有一定的逻辑性。

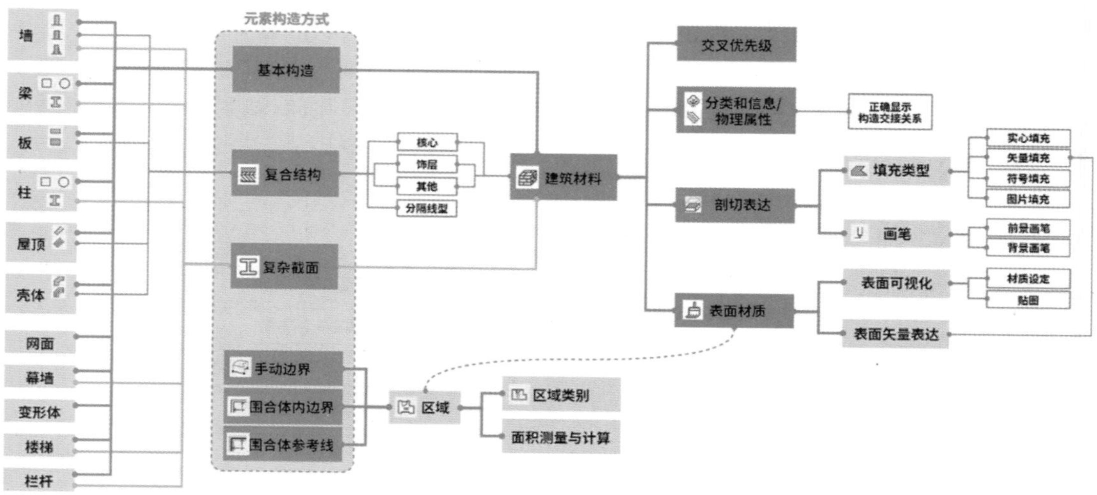

图 4.3.9　建筑元素构件和各项特性之间的关系

建筑材料有几个主要的特性：① ARCHICAD 中每一种建筑材料都会有一个交叉优先级的定义，使用数字的大小决定优先级的先后。优先级高（数字大）的材料，在和优先级低（数字小）的材料相交发生自动剪切效果时，会将优先级低的元素剪切掉。②建筑材料具有物理属性的设置，并且可以添加分类和特性信息。③每一种建筑材料都可以设置一种剖切的矢量表达效果和一种表面材质的可视化表达效果；其中表面材质又有矢量表达效果和可视化表达效果。

各种需要显示和表达的效果，都和填充、画笔有关。

这些元素和属性共同构成了模板体系的内容。

下面介绍模板组成的主要内容，以及我们在案例项目中对模板的设置方法，希望能帮助大家理解 ARCHICAD 的模板系统并应用到实际工作中。下文介绍的模板设置方法和内容并不完美，也不是既定的标准，它是我们初步整理的成果，供大家参考。

3. 图层和图层组合

使用 AutoCAD 的建筑师肯定对图层不陌生，也清楚图层管理对于设计和制图的重要性。图层的标准是团队或公司协同设计的基础。ARCHICAD 中的图层概念和 AutoCAD 非常类似，并且在协作过程中也非常重要，因此，我们在应用到项目中时，需要建立基于 ARCHICAD 的图层标准。

图层组合就是将每个图层的开关、锁定状态、线框显示控制、图层交叉设定等的状态记录下来，存储在图层组合中，可以随时切换到该图层组合设定的状态。这与 AutoCAD 中的"图层状态管理器"功能类似，不过应用更加灵活，也和项目中各个视图的关系更加密切。ARCHICAD 中的图层组合是视图显示、建模操作、布图排版、提高操作速度的关键功能。因此，在设定图层和图层组合的时候，要充分考虑各种因素，包括成果的表达等。

（1）图层的命名

图层的命名，应该尽量区分实体构件和二维制图需要的图层，以便对建筑模型进行有效的管理。如果公司存在既有的 AutoCAD 图层标准，可以在制定 ARCHICAD 图层标准的时候进行协调，以便设计师顺畅过渡到三维设计工作流程，同时也可照顾使用传统二维工作流程的专业之间的协同。

常用的专业代码一般为"建筑 A""结构 S""总图 G"。机电专业加入后，使用"M、E、P"等代码。建筑构件类内容所在图层，按"专业代码 – 实体名称代码 – 部位 / 用途分类代码"进行命名。如"A–WALL–FINISH"是指"建筑专业 – 墙体元素 – 饰面层"使用的图层。在实际工程使用中，我们会遇到需要放置二维绘图信息的图层，为了简化起见，暂定在图层管理器的"扩展"栏中标识"2D"。

建筑注释类内容所在图层，按"专业代码 –A– 部位 / 用途分类代码 – 备用代码"进行命名，如"A–A–AXIS–DIMS"。此部分沿用公司二维协同标准图层的命名方式。

系统辅助类内容所在图层，按"专业代码 –X– 部位 / 用途分类代码"进行命名，如"A–X–TEMP"。其中特例为"A–ZD–BOX"和"A–ZD–TEXT"，主要是放置图框图签相关的内容。

总图相关内容所在图层，按"G–A– 部位 / 用途分类代码"进行命名，这里使用 A 是因为主要是建筑专业的总图内容，机电专业介入后，这个代码可以使用约定的专业代码代替。

（2）图层组的命名规则

图层组命名，按"专业代码 | 阶段 / 应用场景 – 部位 / 用途分类"进行命名，如："A | 细化 – 平面图"、"A | 通用 –3D 外部"，如图 4.3.10 所示。

（3）图层交叉数约定

默认状态下，图层的交叉数均为"1"；不需要和建筑构件进行交叉计算的构件，其图层的交叉数可以设定为"2～8"，目前的设置如表 4.3.1 所示。交叉数"99"用于图层分类。一般情况下，图层交叉数不应设置为"0"。

```
00-图层全开
01-图层全关（除ARCHICAD图层）
A | zpm - 3D文档顶视图
A | zpm - 场地平面视图
A | 计算 - 防火分区
A | 计算 - 面积平面
A | 通用 - 3D外部
A | 通用 - 梁建模
A | 通用 - 主体结构
A | 细化 - 吊顶画
A | 细化 - 平面图
A | 细化 - 剖面图
```

图 4.3.10　图层组命名示例

图层交叉数约定　　　　表 4.3.1

图层交叉数	类别
2	屋面类
3	幕墙类
4	室内卫生间、家具等
5	总图类

（4）目前案例项目初步整理的建筑专业图层标准，如表 4.3.2 所示。

初步整理的图层标准　　　　表 4.3.2

序号	类比 AutoCAD 标准图层	BIM 图层名称	用途及说明	分类	备注
1	0	ARCHICAD 图层	ARCHICAD 默认图层	系统	不放东西
2	—	0-HIDE & OP	隐藏层、实体操作	—	隐藏或者实体布尔等操作

续表

序号	类比 AutoCAD 标准图层	BIM 图层名称	用途及说明	分类	备注
标注类					
3	A-A-AXIS、A-A-DOTE	A-A-AXIS①	轴号、轴线	2D	轴号和轴线是一体的，通过画笔颜色区分
4	A-A-COOR	A-A-COOR	坐标标注	2D	—
5	A-A-DIMS	A-A-DIMS	第三道尺寸、其他尺寸标注	2D	—
6	—	A-A-DIMS-XT	详图视图绘制的尺寸	2D	—
7	—	A-A-DRAWINGS	放置外部图形或布图图形	2D	—
8	A-A-ELEV	A-A-ELEV	平面标高、立面标高、详图标高	2D	—
9	—	A-A-ELEV-XT	详图视图绘制的标高	2D	—
10	A-A-IDEN	A-A-IDEN	详图索引、图名	2D	—
11	—	A-A-LAYOUT	布图视图中绘制的内容	2D	—
12	A-A-LEAD	A-A-LEAD	做法说明、引出注释	2D	—
13	A-A-NAME	A-A-NAME	房间名称、编号、楼号	2D	仅为非区域对象的房间名称文字
14	A-A-SYMB	A-A-SYMB	平面符号、箭头符号、坡度标注、上下走向标注	2D	—
15	A-A-TAB、A-A-TEXT	A-A-TEXT	文字、表格	2D	—
建筑元素					
16	—	A-BEAM	梁	—	—
17	—	A-BEAM-VIS	梁-平面图纸可见	—	—
18	A-P-CEILING	A-CEILING	建筑吊顶	—	—
19	A-P-CONCRETE，A-S-CONCRETE	A-CONCRETE	结构柱、剪力墙	—	—
20	—	A-CONCRETE-PLOFF	建筑用混凝土构造部分、吊板、门槛、翻边、构造柱、过梁	—	平面视图关闭
21	A-P-CURTWALL-…	A-CURTWALL	幕墙	—	—
22	—	A-CURTWALL-PLOFF	幕墙附属构件	—	单独建的线脚或造型，平面中关闭
23	A-P-DRAIN	A-DRAIN	散水、面层排水沟	—	—
24	A-P-ELEVATOR	A-ELEVATOR	电梯、扶梯、自动步行道	—	—
25	A-P-EDGE	A-FLOOR	结构板	—	—
26	—	A-FLOOR-FINISH	楼地面面层	—	通过画笔色导出
27	—	A-FOUNDATION	桩、基础	—	—
28	—	A-FOUNDATION-MEP	设备基础	—	—

序号	类比 AutoCAD 标准图层	BIM 图层名称	用途及说明	分类	备注
29	A–P–FURNITURE–FIXED	A–FUR–FIXED	固定家具	—	—
30	A–P–FURNITURE–MOVE	A–FUR–MOVE	活动家具	—	—
31	A–P–HANDRAIL	A–HANDRAIL	扶手、栏杆	—	—
32	A–P–GROUND	A–GROUND	结构集水坑、结构	—	—
33	A–P–LVTRY	A–LVTRY	洁具、卫生隔断、隔断门、厨房设备	—	—
34	—	A–MORPH	变形体建模层	—	主要用于方案
35	A–P–PATTERN	A–PATTERN	图案填充、详图填充、降板填充	2D	—
36	A–P–PARKING	A–PARKING	车库停车位	—	—
37	A–P–ABOVE	A–P–ABOVE	上层投影线	2D	顶部投影对象复杂时手动绘制
38	A–P–HOLE	A–P–HOLE	开洞符号	2D	—
39	A–P–ROUTE	A–P–ROUTE	车库行车线	2D	—
40	A–P–AIR–DEFENCE	A–DEFENCE	人防战时设施	—	—
41	A–P–WALL–EXPLODE	A–WALL–EXPLODE	人防抗爆单元隔墙	—	—
42	A–P–ROOF	A–ROOF	屋面、雨篷、女儿墙、顶板看线、屋顶构件 / 屋面分水线、落水口、过水孔	—	—
43	—	A–ROOF–FINISH	屋面面层	—	—
44	—	A–ROOM & ZONE	区域、房间对象	—	—
45	A–P–STAIR	A–STAIR	楼梯、步行道、台阶、踏步、坡道	—	—
46	—	A–STAIR–OUT	室外的楼梯、步行道、台阶、踏步、坡道	—	—
47	A–S–STEEL	A–STEEL	钢结构	—	—
48	A–P–WALL	A–WALL	外墙	—	—
49	—	A–WALL–FINISH	墙面面层	—	—
50	—	A–WALL–INTERIOR	内墙	—	—
51	A–P–WALL–MOVE	A–WALL–MOVE	轻质隔墙、玻璃隔断	—	—
52	A–P–WINDOW	A–WINDOW	门窗洞口、百叶、格栅	—	仅放置非系统门窗对象
辅助类					
53	A–X–AREA	A–X–AREA	面积计算辅助线 / 辅助计算楼板	2D	—
54	A–X–CLOUD	A–X–CLOUD	修订云线	2D	—

081

续表

序号	类比 AutoCAD 标准图层	BIM 图层名称	用途及说明	分类	备注
55	A–X–TEMP	A–X–TEMP	临时放置、不打印	2D	—
56	A–X–XREF	A–X–XREF	外部参照放置层	2D	—
57	A–ZD–BOX	A–ZD–BOX	图框	2D	—
58	A–ZD–TEXT	A–ZD–TEXT	图框文字	2D	—
总图类					
59	A–G–BASEMENT	G–BASEMENT	总图地下室轮廓线	2D	—
60	—	G–BUILDINGS–EXISTING	总图已建建筑		—
61	A–G–BUILDINGS	G–BUILDINGS–OUTLINE	建筑轮廓线	2D	—
62	A–G–CONTROLS	G–CONTROLS–LINE	建筑控制线、地下室控制线	2D	—
63	—	G–ELEV	总图场地标高	2D	—
64	A–G–FENCING	G–FENCING	围墙	2D	—
65	A–G–FIELD	G–FIELD	各类硬质场地	—	—
66	A–G–FIRE	G–FIRE	消防登高场地、消防车道	2D	—
67	A–G–GREEN	G–GREEN	绿地	—	屋面和地面
68	A–G–PARKING	G–PARKING	总图停车位	—	—
69	A–G–PATTERN	G–PATTERN	总图图案填充	2D	—
70	A–G–PROPERTY–LINE	G–PROPERTY–LINE	征地、用地红线	2D	—
71	A–G–ROAD	G–ROAD	总图道路、平面示意道路		—
72	A–G–ROAD–CENTER	G–ROAD–CENTER	总图道路中心线	2D	—
73	A–G–ROAD–CURBS	G–ROAD–CURBS	人行道		—
74	A–G–SOLID–HATCH	G–SOLID–HATCH–2D	总图建筑填充	2D	—
75	—	G–SYMB	总图图例、指北针、符号	2D	—
76	A–G–TOPOGRAPHY	G–TOPO	原始地形	—	—
77	—	G–TREES	三维植物		—
78	A–G–TREES	G–TREES–SYMB	树、灌木	2D	—
79	A–G–VISIBLE	G–VISIBLE	总图可见线	2D	—
80	A–G–WATER	G–WATER	河道、水体	—	—
81	A–G–RESERVE1	G–Z–RESERVE1	总图预留层	—	—

续表

序号	类比 AutoCAD 标准图层	BIM 图层名称	用途及说明	分类	备注
82	A–G–RESERVE2	G–Z–RESERVE2	总图预留层	—	—
热链接类					
83	—	HL–MOD–A–ANNO	二维注释信息	—	—
84	—	HL–MOD–A–BUILDING	建筑热链图层（外部图形、图片、PDF、DWG）		
85	—	HL–MOD–PL	规划	—	—
86	—	HL–MOD–E	电气	—	—
87	—	HL–MOD–M	暖通	—	—
88	—	HL–MOD–P	给水排水	—	—
89	—	HL–MOD–S	结构	—	—
90	—	HL–MOD–ETC	其他	—	—
MEP 类					
91	—	MEP–E	配电箱、桥架	—	—
92	—	MEP–M	风管、风机、末端	—	—
93	—	MEP–P	地漏、立管、消火栓	—	—
自定义					
94	—	U–XXX	自定义增加图层	—	—

注：①由于 ARCHICAD 的轴号对象是一个整体，即轴号标记和轴线整合在一个元素中的，因此在轴号和轴线的图层设置中，无需单独设置轴线（DOTE）层，统一放置在 A–A–AXIS。轴线部将画笔颜色设定为特别的颜色（暂定 5 号画笔）。当需要导出 DWG 文件时，在 DWG 转换器中设置根据画笔颜色导出特定图层，将 5 号画笔导出为"A–A–DOTE"图层。

关于图层和图层组合的操作内容，参见 8.3 ARCHICAD 别具特色的效率工具。

4. 画笔 / 画笔集

画笔和画笔集，控制了视图中所有对象的轮廓线和剖切线以及填充图案、填充颜色的显示及打印粗细等，是一个非常重要的功能。画笔的不同颜色可以制作不同效果的图纸。

画笔色卡中共有 255 个格子。每个格子有一个编号，一种颜色和宽度。按照矩阵横竖代表不同的构造功能和使用工具来大致区分。图纸中不同材料、构件和打印粗细的内容需要独立设置。部分画笔用于三维实体，部分用于纯绘图功能。另外有些用于区分同一工具的不同部分，未来通过 DWG 转化器的画笔设定，可以单独导出到独立的图层。

可以说画笔的应用非常灵活，规划完整丰富的画笔设定是很复杂的工作。在本书案例项目设计过程中，我们根据需求调整画笔的用途、颜色、宽度。目前使用的画笔主要有两套，一套彩色的，一套黑白的，如图 4.3.11 所示。彩色画笔的设定规划需要在使用

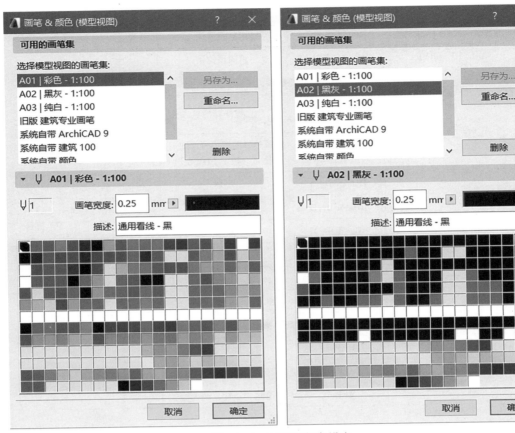

图 4.3.11　画笔和颜色设定

扫码看图

过程中进行，便于形成公司标准，如图 4.3.12 所示。

　　ARCHICAD v20 版本加入了图形覆盖的功能，使得画笔的设置简单了很多，不需要建立大批的画笔集，只要通过不同的图形覆盖设置，即可实现丰富的表达效果。不过，图形覆盖同样依赖特定的画笔设定。因此，在设定图形覆盖时，需要配合使用的画笔设定。

　　5. 线型

　　ARCHICAD 自带了比较丰富的线型，基本够用。使用方法和传统工作流程一样。案例项目模板中的线型设置如图 4.3.13 所示。

　　另外，如果有特殊需要的图案线型，制作也非常方便。我们在天正或者浩辰软件中也会用到的线图案，在这里可以自己制作，例如，素土夯实、草地、围墙等。

图 4.3.12　画笔设定规划

扫码看图

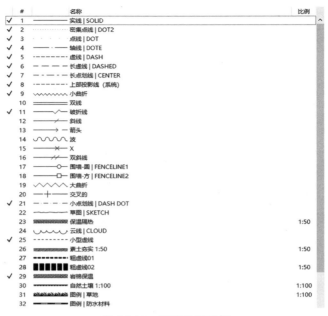

#	名称	比例
✓ 1	实线 | SOLID	
✓ 2	密集点线 | DOT2	
✓ 3	点线 | DOT	
✓ 4	轴线 | DOTE	
✓ 5	虚线 | DASH	
✓ 6	长虚线 | DASHED	
✓ 7	长点划线 | CENTER	
✓ 8	上部投影线（系统）	
✓ 9	小曲折	
10	双线	
✓ 11	破折线	
12	斜线	
13	箭头	
14	波	
15	X	
16	双斜线	
17	围墙-圆 | FENCELINE1	
18	围墙-方 | FENCELINE2	
19	大曲折	
20	交叉的	
✓ 21	小点划线 | DASH DOT	
22	草图 | SKETCH	
23	保温隔热	1:50
24	云线 | CLOUD	
✓ 25	小型虚线	
26	素土夯实 1:50	1:50
27	粗虚线01	
28	粗虚线02	1:50
✓ 29	岩棉保温	
30	自然土壤 1:100	1:100
31	图例 | 草地	1:100
32	图例 | 防水材料	

图 4.3.13　线型设定示例

小技巧：线型使用的注意事项

（1）这些线型即使和 AutoCAD 中的线型一样，导入 AutoCAD 后，名称相同，也不是同一个线型。

（2）多段线的线型如果是符号类型时，例如素土夯实，在线段转折处会产生变形。需要"炸开"多段线后，才能显示正常，如图 4.3.14 所示。使用图案方式创建的粗虚线、粗双点划线等，也有这个问题。

图 4.3.14　多段线符号线

6. 填充

填充图案是 ARCHICAD 项目中的基本属性 Attributes 之一，应用的场景非常多，比 AutoCAD 中的填充复杂得多，因此也比较容易搞混。

填充使用的部位有三个：绘制填充、覆盖填充、剪切填充。

填充的类型有四类：实心填充、矢量填充、符号填充、图片填充。

设定模板中各种填充的图案和名称非常重要，我们在测试过程中发现，在长长的列表中有时很难找到自己需要的填充图案。因此，对于日常的设计施工，种类不宜过多。

另外，我们的模板是基于软件默认的预设填充图案，建议这些图案的设置保持不变，以免在文件交流和团队合作的过程中发生同名、同 Index 但不同样式的情况。除命名外，填充的 Index 不要去改变。需要修改填充图案设置的时候，尽量另存一个新的填充图案。

关于填充的命名，不同的公司有不同的习惯，原则是便于选取想要的填充样式。本书采用的命名方式是字母加名称的方式。用 M 表示材质剖切相关的填充图案，用 S 表示和材料表面贴图相关的填充图案，用 P 表示纯图案性质的填充，如图 4.3.15 所示。

填充工具的使用方法参见 5.1.4 填充工具。

图 4.3.15 填充命名示例

小技巧：改变模板中属性项的索引号

在制作模板的过程中，属性项的索引号是一个重要的控制性参数，项目中的元素构件调用哪种属性，在软件内部都是按照索引号排序的。因此，编辑属性项的时候，调整索引号以及保持重要属性的索引号不变是重要的工作。但在 ARCHICAD v24 版本以前，无法直接编辑索引号，只能通过繁琐的方法实现。v24 版新增了【重新索引…】的功能，可以方便地指定索引号，如图 4.3.16 所示。

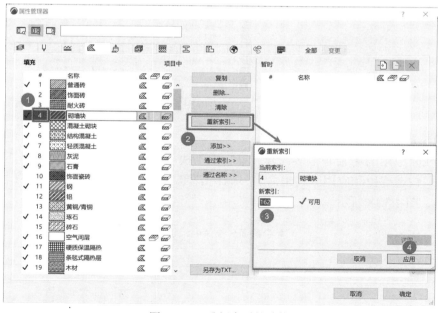

图 4.3.16 重新索引的功能

7. 建筑材料和表面材质

建筑材料的设置是 ARCHICAD 的特色之一，同时从前述的 ARCHICAD 元素和属性的关系图中可以看到，建筑材料涉及模型交互和显示的重要功能，包括墙梁板柱等的构造方式设置、元素间交叉优先级的设置、复杂截面的应用、剖切面的显示和表达，都有关联。

软件自带的建筑材料种类基本够用了。但在项目应用中，我们需要根据元素构件的用途新建建筑材料类型，材料的命名和分类也应该和用途、构造相关。

同样的建筑材料，表面的材质可以不同，这就可以实现同样的混凝土有光滑表面和粗糙表面的区别。同样的砌体墙表面，可以涂刷不同颜色的涂料。这些都通过表面材质来设定。

8. 复合结构

复合结构主要用于墙体、楼板、屋面、壳体这 4 个工具，也是按照构造部位和应用工具来命名。案例项目用到的复合结构大致有 6 种，如表 4.3.3、图 4.3.17 所示。

复合结构分类命名示例表　表 4.3.3

RO	Roof 屋面
FL	Floor 楼板、楼地面
CW	Curtain Wall 幕墙
WA	Wall 外墙
WA- 内墙	内墙
WA- 地下	地下室内墙

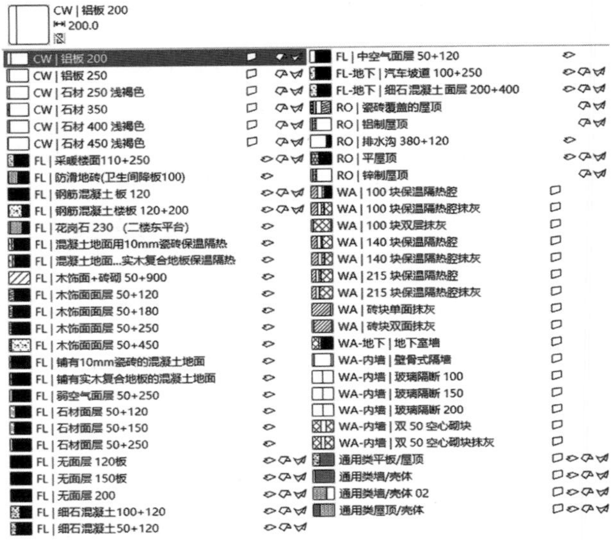

图 4.3.17　复合结构分类命名示例图

9. 复杂截面

复杂截面应用的场景非常多，墙、梁、柱、扶手等都可以调用复杂截面。所以，一般应该根据构造部位和应用工具来命名，如：工具 / 构造部位 – 截面名称 – 序号 / 尺寸，如表 4.3.4、图 4.3.18 所示。

复杂截面分类命名示例表　　　　　　　　　　　　表 4.3.4

BE	Beam 梁
CO	Column 柱
CW	Curtain Wall 幕墙
FB	Floor Board 翻边类
FL	Floor 楼板、楼地面
ID	Interior 室内
RL	Rail 栏杆
ST	Stair 楼梯类
WA	Wall 墙
WP	Wall Parapet 女儿墙类

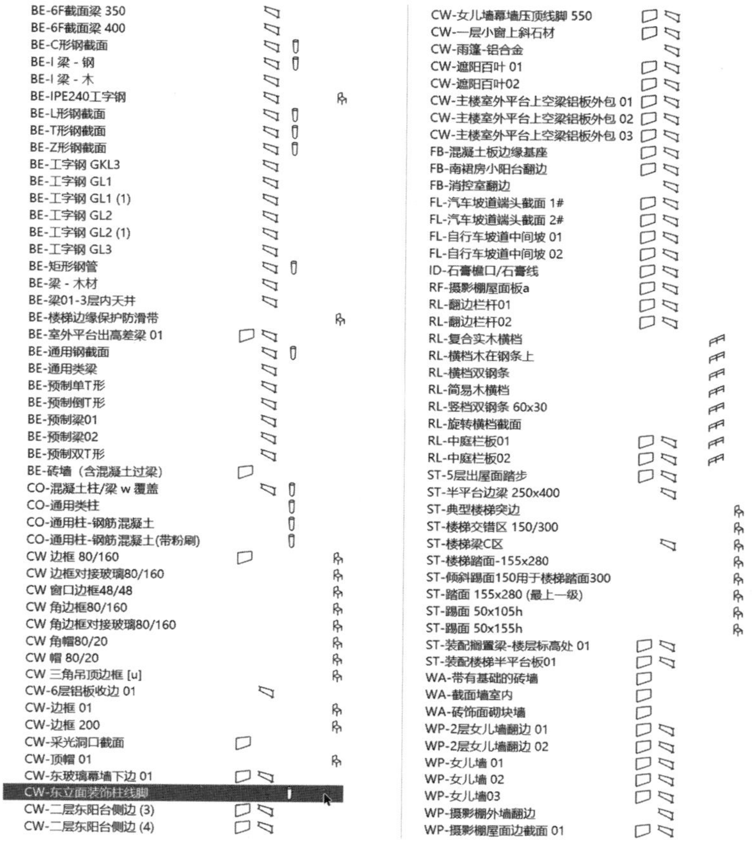

BE-6F截面梁 350
BE-6F截面梁 400
BE-C形钢截面
BE-I 梁 - 钢
BE-I 梁 - 木
BE-IPE240工字钢
BE-L形钢截面
BE-T形钢截面
BE-Z形钢截面
BE-工字钢 GKL3
BE-工字钢 GL1
BE-工字钢 GL1 (1)
BE-工字钢 GL2
BE-工字钢 GL2 (1)
BE-工字钢 GL3
BE-矩形钢管
BE-梁 - 木材
BE-梁01-3层内天井
BE-楼梯边缘保护防滑带
BE-室外平台出高差梁 01
BE-通用钢截面
BE-通用类梁
BE-预制单T形
BE-预制T形
BE-预制梁01
BE-预制梁02
BE-预制双T形
BE-砖墙（含混凝土过梁）
CO-混凝土柱/梁 w 覆盖
CO-通用类柱
CO-通用柱-钢筋混凝土
CO-通用柱-钢筋混凝土(带粉刷)
CW 边框 80/160
CW 边框对接玻璃80/160
CW 窗口边框48/48
CW 角边框80/160
CW 角边框对接玻璃80/160
CW 角帽80/20
CW 帽 80/20
CW 三角吊顶边框 [u]
CW-6层铝板收边 01
CW-边框 01
CW-边框 200
CW-采光洞口截面
CW-窗帽
CW-东玻璃幕墙下边 01
CW-东立面装饰柱线脚
CW-二层东阳台侧边 (3)
CW-二层东阳台侧边 (4)

CW-女儿墙幕墙压顶线脚 550
CW--层小窗上斜石材
CW-雨蓬-铝合金
CW-遮阳百叶 01
CW-遮阳百叶02
CW-主楼室外平台上空梁铝板外包 01
CW-主楼室外平台上空梁铝板外包02
CW-主楼室外平台上空梁铝板外包 03
FB-混凝土坡口缘基座
FB-南裙房小阳台翻边
FB-消控室翻边
FL-汽车坡道端头截面 1#
FL-汽车坡道端头截面 2#
FL-自行车道中间坡 01
FL-自行车道中间坡 02
ID-石膏槽口/石膏线
RF-摄影棚屋面板a
RL-翻边栏杆01
RL-翻边栏杆02
RL-复合实木横档
RL-横档木在钢条上
RL-横档双钢条
RL-简易木横档
RL-竖档双钢条 60x30
RL-旋转横档截面
RL-中庭栏板01
RL-中庭栏板02
ST-5层出屋面踏步
ST-半平台边梁 250x400
ST-典型楼梯突边
ST-楼梯交错区 150/300
ST-楼梯梁C区
ST-楼梯踏面-155x280
ST-倾斜踢面150用于楼梯踏面300
ST-踏面 155x280 (最上一级)
ST-踢面 50x105h
ST-踢面 50x155h
ST-装配撞壁梁-楼层标高处 01
ST-装配楼梯半平台板01
WA-带有基础的砖墙
WA-截面墙室内
WA-砖饰面砌块墙
WP-2层女儿墙翻边 01
WP-2层女儿墙翻边 02
WP-女儿墙 01
WP-女儿墙 02
WP-女儿墙03
WP-摄影棚外墙翻边
WP-摄影棚屋面板边翻边 01

图 4.3.18　复杂截面分类命名示例图

复杂截面的应用参见 4.1.9 参数化复杂截面的应用。

10. 区域类别

区域类别中可以设置区域的分类及填色的方案，用于平面填色和分类统计的需求。这里的设置可粗可细，可以设置概念方案阶段使用的一套分类和配色方案，也可以设置其他用于细化发展阶段使用的分类和配色方案，如图 4.3.19 所示。这只是一个初步示例，离完善还有较大差距，大家还是需要根据实际需求来设定。

11. 项目个性设置

项目个性设置包括以下内容：工作单位设置、标注样式设置、计算单位和规则、区域内面积扣减规则、标高参考层设置、老版本兼容性（Legacy，中文软件翻译为"衍生"）设置、楼梯规则和标准、项目位置、项目正北方向设置，如图 4.3.20 所示。

12. 字体

ARCHICAD 不支持 shx 形字体文件，因此，三维设计中使用的字体均采用 TrueType 类字体。

设计文件中的字体选用，需要考虑字体文件的版权问题。其他制图文字要求还要参照国标制图规范执行。

图 4.3.19　区域类别示例　　　　　图 4.3.20　项目个性设置

13. 模型视图选项

模型视图选项的内容是控制元素构件在二维和三维视图中如何显示的选项。通过不同的设置方案，可以控制最基本的元素构件的显示方式，如图 4.3.21 所示，主要控制 7 类元素的显示：①建筑元素选项（柱、梁、板、门、窗、天窗、洞口、批注、区域）；②幕墙选项；③楼梯选项；④栏杆选项；⑤楼梯及栏杆符号细节等级；⑥门、窗和天窗符号细节等级；⑦图库部件其他设置；

第三方编写的 GDL 对象中，如果设定了 MVO 控制选项，也会以卷展栏的方式显示在这里。

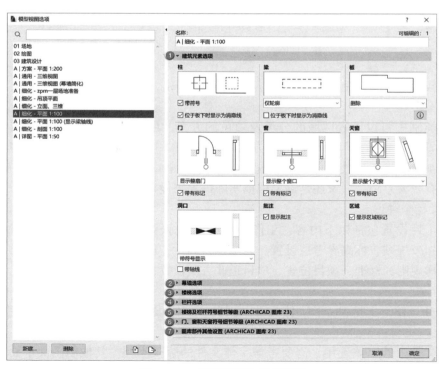

图 4.3.21　模型视图选项对话框

14. 图形覆盖

图形覆盖功能是 ARCHICAD v20 版本加入的实用功能，是通过设定规则，将视图中对象的显示方式替换为设定规则内的显示方式。图形覆盖的内容包括线型、填充（表面填充、剖切填充）、表面材质。设定模板中的图形覆盖规则的时候，需要注意以下两点：

（1）图形覆盖规则涉及模板中的元素分类、画笔、建筑材料、表面材质等特性，关联性很强，因此在设定规则的时候，需要进行一定的统筹。应用图形覆盖时如果失效，大概率是上述特性的设置没有协调好。

（2）一个图形覆盖能作用于二维视图和三维视图，因此，图形覆盖的命名需要区分不同的视图或应用场景，方便各视图映射的设置及管理。

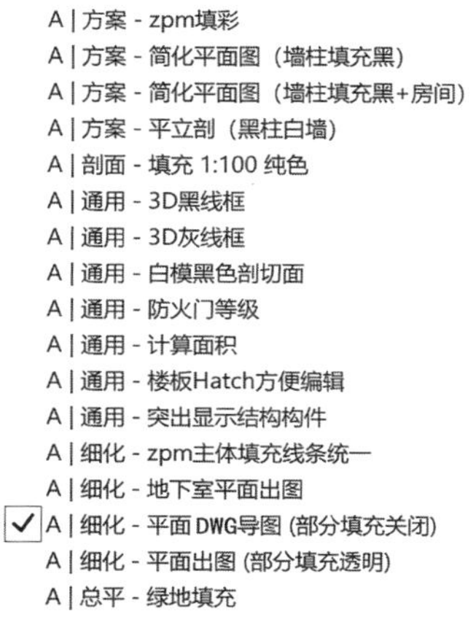

A | 方案 - zpm填彩
A | 方案 - 简化平面图（墙柱填充黑）
A | 方案 - 简化平面图（墙柱填充黑+房间）
A | 方案 - 平立剖（黑柱白墙）
A | 剖面 - 填充 1:100 纯色
A | 通用 - 3D黑线框
A | 通用 - 3D灰线框
A | 通用 - 白模黑色剖切面
A | 通用 - 防火门等级
A | 通用 - 计算面积
A | 通用 - 楼板Hatch方便编辑
A | 通用 - 突出显示结构构件
A | 细化 - zpm主体填充线条统一
A | 细化 - 地下室平面出图
☑ A | 细化 - 平面DWG导图（部分填充关闭）
A | 细化 - 平面出图（部分填充透明）
A | 总平 - 绿地填充

图 4.3.22　图形覆盖命名示例

如图 4.3.22 所示，是通过案例项目的应用，积累的一些图形覆盖组合。

15. 翻新过滤器

翻新过滤器最大的用途在于改建项目的应用，可以方便地对设计的不同阶段、构件的不同状态（原始保留、拆除、新建）等进行控制。同时，方便建筑师把握各阶段之间的关联，更好地设计和表达项目的内容。

翻新过滤器的设置随模板文件保存。翻新状态是构件元素默认的属性。一般新建项目按照默认设置即可。但是要注意，如果视图中有些内容不见了，可以看看翻新状态是否正确设置了。对于应用翻新状态的构件，需要在元素构件设置框中，设定翻新状态及其在翻新过滤器上的显示，如图 4.3.23 所示。

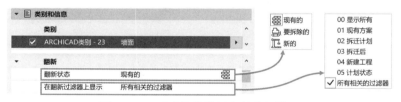

图 4.3.23　元素构件设置中的翻新设置

翻新过滤器中的状态如图 4.3.24 所示（不包括方案比选设置的翻新过滤器），打开菜单【文档】→【翻新】→【翻新过滤器选项…】进行设置。

16. 属性与分类

属性和分类是对元素构件进行分类和信息化应用的基础，主要体现了 BIM 技术中"I"的应用途径。通过元素的属性和分类，配合 ARCHICAD 提供的自定义和管理信息的功能，可以进行数据信息的输入、整理、交互、提取和输出等应用。属性和分类需要搭配使用，不同的属性对特定分类的元素才有效。

应用方法参见第 6 章。

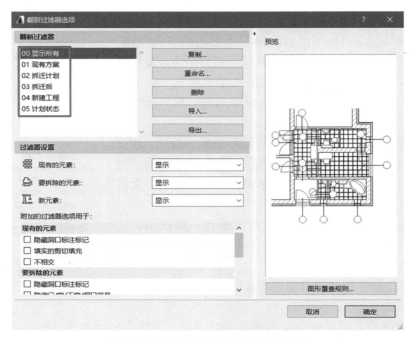

图 4.3.24　翻新过滤器选项设置对话框

17. 交互式清单设置

交互式清单的设置可以固化到模板中，可以设定好常用的交互式清单设置，方便不同项目的快速应用、提取数据、生成清单表格。常用的交互式清单设置有：

（1）面积相关（建筑面积、元素构件面积、绿地面积等）的统计清单；

（2）门、窗、设备等数量统计的清单；

（3）区域和房间内容的统计清单；

（4）装修做法表；

（5）自定义属性的统计清单；

（6）合规性检查用的统计清单；

（7）建筑专业门窗等相关构件的统计清单。

18. 收藏夹

通过案例项目的积累，形成了一定的收藏夹内容，如图 4.3.25 所示。这些内容不仅可以给本项目使用，也可以给后续的所有项目使用。随着收藏夹的丰富，将会对团队的设计效率和设计质量起到很大的促进作用。收藏夹的使用和管理参见 4.3.1 收藏夹。

19. 项目信息

项目信息设置对话框中，可以设置项目相关的信息字段，如图 4.3.26 所示。当制作图框、标注数据和写说明文字的时候，可以使用自动文本来调用。项目信息列表中支持增加自定义字段。

20. 视图及视图映射设置

视图和视图映射设置，可以固化视图的显示样式和出图的表达样式等，如图 4.3.27 所示。我们根据三维设计流程，设置了不同的文件夹，以便管理各类视图映射：

093

图 4.3.25 收藏夹示例

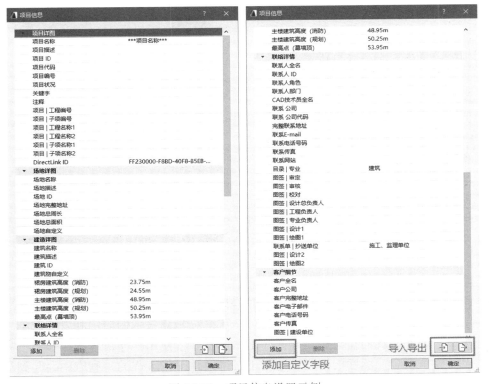

图 4.3.26 项目信息设置示例

（1）"操作视图"里存放设计过程中的平面和三维视图，可以快速切换到工作位置，不用经常进行框选、切换到三维视图、设置过滤显示等操作，从而提高效率，同时也方便未来从这些视图中挑出需要放到图纸中的内容。重点建模和设计的位置，也是建造过程中需要重点关注的位置。

（2）"SD方案设计""DD初步设计""CD施工图设计"分别放置不同阶段的设计内容。

（3）"面积计算""表单+统计""提资图"分别针对不同的应用场景进行划分。

视图浏览器中的内容设置完善后，只要切换到相应的平立剖视图，即可得到预设的表达效果的图纸，极大地提高效率。

21. 图册与样板布图设置

图册和样板布图设置，可以将公司图框或者文本排版的格式等固化下来，存为预设的样式供调用，如图4.3.27所示。根据设计阶段和交付成果的需求设定不同的图册，里面建立各个布图（类似 AutoCAD 的图纸空间）。样板布图就是布图的底版模板，针对不同图幅和图框内容需要制作不同的样板。

ARCHICAD 这类软件天然地基于矢量设计和绘图，在很多设计表达的场景中，完全可以当作排版软件来使用。而且优势是图纸和模型是联动的，当模型改变后，不需要重新导出图片到其他软件中排版等，这种快捷的工作流程省去建筑师很多来回导图的繁琐劳动。同时，由于 ARCHICAD 输出 PDF 非常高效，对建筑师输出矢量图和制作文本也是非常友好的。

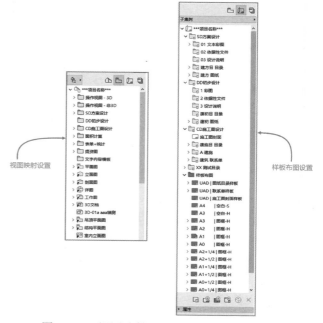

图 4.3.27　视图映射、图册、样板等内容示例

4.3.3　图库

在建筑设计和制图的过程中，各种构件、对象、元素等图库对象是工作中不可或缺的重要资源。桌椅等室内家具，门窗、栏杆等建筑构件，机房设备、开关插座、标志、图例等，都是一个个图库对象。这些对象是个人、企业的知识经验积累，是宝贵的财富。在三维设计流程应用和 BIM 技术应用的过程中，图库的重要性不言而喻。

早期 BIM 软件应用的障碍之一，就是符合国内使用习惯和标准的图库非常匮乏。经过十多年的发展，目前的图库对象已经相对丰富，对 BIM 技术的应用和发展起到了很大的促进作用。因此，我们在应用三维设计工作流程中，使用软件自带图库和第三方图库之外，也需要重视企业图库的搭建。这对于三维设计工作流程的顺利应用会起到很大的促进作用；反之，会增加工作量，降低设计人员使用的便利性和积极性，并对应用新的流程产生抗拒心理，这些都不利于三维工作流程的推广。

1. 图库概念

每个软件的图库概念都有所区别。在 Revit 软件中，这类图库称之为"族 Family"。在 ARCHICAD 软件中，这类图库称之为"图库 Library"，它们是预先配置的、可编辑的、本地化的参数对象的集合，也称为图库对象或图库部件。图库的管理和应用，实际上是通过将图库对象放入相应的文件夹中，进行组织和调用。

ARCHICAD 中使用的对象都是高度参数化的，我们可以更改它们的大小、颜色和许多其他参数，使它们适合项目的实际需要。这些对象可以通过视图中的元素组合创建，也可以通过使用 GDL 代码来创建。如图 4.3.28 所示，是一套组合办公家具的图库对象，我们可以通过调节预设的参数，变换出多种不同的样式。

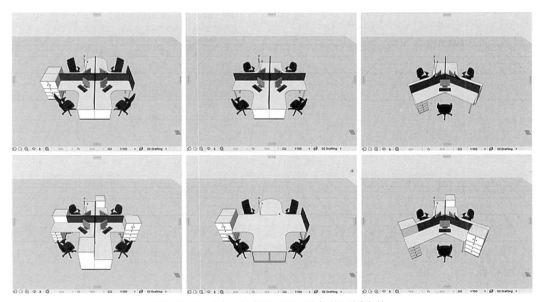

图 4.3.28　同一个家具 GDL 对象的不同变换

在 ARCHICAD 中，有一些工具在使用的时候，需要调用软件自带图库中的对象，这些工具名称见表 4.3.5。其中有些工具使用的时候，每次放置的实例是单个对象，比如门、窗工具；有些工具每次放置的时候，使用多个对象，这些对象相互组合在一起，形成内部有层级嵌套的结构，比如幕墙工具、楼梯工具等。

使用 GDL 对象的常用工具　　　　　　　　　　　　　　　　　　　　　表 4.3.5

门、窗 （含天窗、角窗）	〇 〇 〇 〇
楼梯	〇
栏杆扶手	〇

续表

幕墙	▦
图库对象	�🏃
标签	↙A1
区域	🏴
灯	💡
MEP 构件	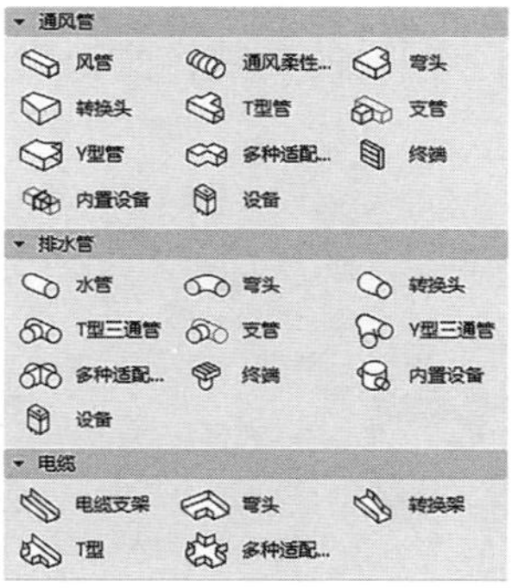
立面、剖面、尺寸标注等工具的内置标记	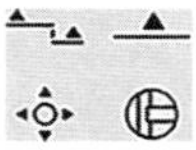

2. 图库类型

上面提到图库的管理方式是通过文件夹进行管理，因此根据图库使用的场景和方式，ARCHICAD 中的图库类型主要有 4 种：链接图库、嵌入图库、BIMcloud 网络图库、自定义图库对象。

（1）链接图库：是计算机或公司服务器上的图库对象文件夹，对象存储在那个文件夹中。当我们将它添加到项目中时，实际上是将图库链接到项目中，这就是为什么称之为链接图库。

（2）嵌入图库：这个图库是用于存储本项目文件中使用的特定图库对象，在其他项目中是访问不到的。嵌入图库的内容也可以通过文件夹的结构进行管理，同时，由于图库对象是存储在本项目中，因此即使没有加载其他图库，嵌入的元素也会在项目中可见。建议保持嵌入图库的轻量化。

（3）BIMcloud 网络图库：当我们使用团队工作（Teamwork）功能时，图库是集中在服务器端管理的。团队合作项目中使用的图库被上传到 BIMcloud 服务器，所有团队成员都可以访问。

（4）自定义图库对象：我们在设计和建模的过程中，都会创建和保存个人或者企业的自定义图库对象。因此需要掌握一定的图库对象制作技术。图库对象的制作比 AutoCAD 软件中"块（Block）"的制作要复杂一些。不过，GDL 对象可以达到的功能和参数化程度是"块"所达不到的。

3. 图库管理

每个版本的 ARCHICAD 软件都附带一个包含数百个对象的标准图库。ARCHICAD 图库是特定于版本号的，比如"ARCHICAD 图库 23"。当我们安装了软件后，标准图库就在安装目录下。项目文件和它使用的图库之间需要建立联系，这可以通过"图库管理器"进行设置，打开【文件】→【图库对象】→【图库管理器】，如图 4.3.29 所示。

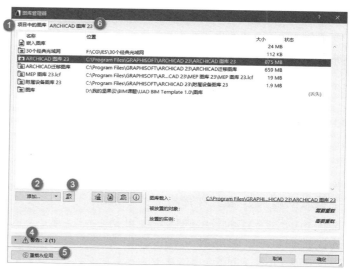

图 4.3.29　图库管理器（一）

图 4.3.29、图 4.3.30 中①管理器上方为两个图库页面，【项目中的图库】页面会显示当前项目链接的图库文件夹的名称和位置。当某个图库文件夹地址无效时，窗口右侧"状态"处会显示红色"丢失"字样。当需要添加新的图库时，可以点击②【添加…】按钮，指定包含图库内容的文件夹即可。添加按钮右侧的黑三角点击后可以选择是链接本地图库还是链接 BIMcloud 服务器图库。③此按钮为删除选定的图库（不是真实删除，是从当前项目中删除这个图库的链接关系）。④警告卷展栏里

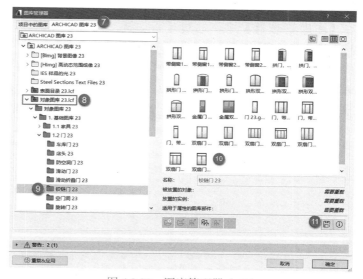

图 4.3.30　图库管理器（二）

会列出当前项目文件中关于图库错误的警告，包括图库内容丢失和冲突等。⑤【重载 & 应用】按钮用来重新加载选定的图库。⑥当在管理器中选择某个图库后，该图库会出现在第二个页面中，这里可以进入该图库进行更多的管理操作。⑦点击第二页面，切换到 ARCHICAD 图库 23，左侧树状列表中即为该图库的文件夹结构，它和计算机硬盘里图库位置的文件夹结构是一致的。不同的地方是 lcf 图库文件是单一文件，在此处可以解开里面的内容进行查看⑧。⑨选择某个文件夹，在右侧会出现其中包含的对象预览⑩，可以选择其中的内容，导出为单独的 gsm 文件⑪。

项目文件中除了链接外部图库，还可以将对象内嵌到文件中，组成"内嵌图库"，它们随当前的 pln 项目文件一同保存。在图库管理器中，点击顶部【嵌入图库】页面，可

以查看当前文件内嵌的对象，这些对象可以是 gsm 格式的 GDL 对象，也包括使用到的贴图文件等，如图 4.3.31 所示。

4. 图库内容丢失处理

当打开项目文件，链接的图库地址不可访问或引用的外部图库文件找不到时，项目中使用的图库对象就会丢失。软件会给出警告，并在视图中显示为粗黑圆点，如图 4.3.32 所示。丢失后的解决方法主要有两个：一个是找到该图库对象的正确位置，重新链接到项目中；另一种处理，就是清理掉丢失的图库对象，使用新的替代图库对象。举例说明：重新链接图库的方法最简单，找到正确的图库路径，在【图库管理器】中，通过【添加链接图库】命令添加。然后点击【重载 & 应用】按钮，即可载入新的图库。清

图 4.3.31　嵌入图库管理界面

理的方法是：在视图中选择"粗黑圆点"的对象，查看其【信息框】中显示的对象名称，或者在图库管理器中的警告窗口查看丢失的图库部件名称（名称后面括弧中的数字表示项目文件中该对象实例的个数），使用〈Ctrl+F〉调出【查找 & 选择】工具，设定查找条件，然后切换各视图，点击【+】号按钮来查找。对话框左边出现数字，说明找到了。在视图中，这些丢失的对象一般都会显示成明显的圆点，把它们删掉即可。

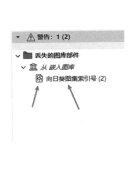

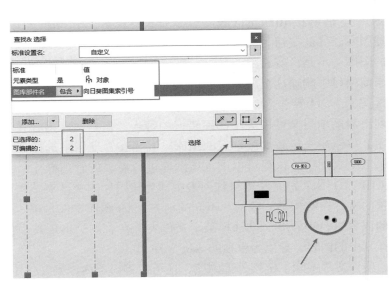

图 4.3.32　图库对象丢失处理

如果是提示"属性"丢失，如图4.3.33所示，推测是图片丢失。因为，图片丢失的明显特征是紫红色的棋盘格。ARCHICAD有个功能，缺失的贴图会显示"红色"图标，在属性管理器中的材料表面页面里找。找到后，就可以重新指定新的贴图了，如图4.3.34所示。

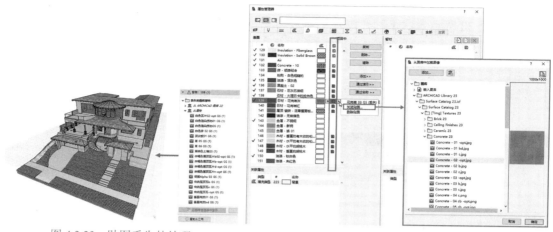

图4.3.33　贴图丢失的处理　　　　　　　图4.3.34　重新指定丢失的贴图

ARCHICAD v23版本新增的【操作中心】功能，可以检查图纸问题。这里会罗列6个方面的问题，如图4.3.35所示，"图库"图标上有叹号，说明存在问题，点击后，在右侧对话框中会出现问题描述。在右下角有相关的功能按钮，比如我们可以打开图库管理器，检查图库部件丢失的问题。当问题都解决后，该项会显示绿色的"√"，表示模型中没有错误了，如图4.3.36所示。

图4.3.35　操作中心显示存在警告的项

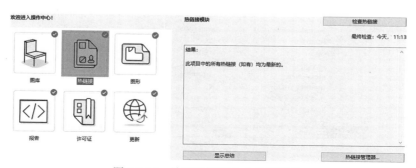

图4.3.36　处理后操作中心各项正常

小技巧：内部插件错误处理

有时我们会遇到软件提示内部插件错误，如图 4.3.37 所示，这时可以尝试使用修复文件的功能，如图 4.3.38 所示，在【打开文件】的对话框中，选择出错文件后，勾选【打开 & 修复所选文件】的选项，在打开文件的同时会进行修复。当修复完成后，可以查看修复报告，如图 4.3.39 所示。

图 4.3.37　内部插件错误

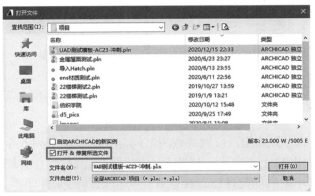

图 4.3.38　修复所选文件

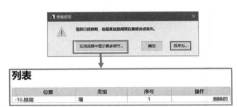

图 4.3.39　修复后查看报告

5. GDL 对象的制作

虽然 ARCHICAD 自带了相当丰富的图库，涵盖了很多的范围，但是毕竟不能包罗万象，针对本地化的需要和项目的不同需求，未来必须拥有制作 GDL 图库对象的能力，即使用 GDL 编写符合本地化、公司标准、项目特需的对象。

虽然这个能力我们现在还不具备，但是我们也试图通过简单的 GDL 语法学习，做一些简单的 2D 对象，用于制图表达。下面的例子是我们做的一个开洞符号，这里不展开讲解如何编写 GDL 代码，仅介绍一下思路和使用到的知识点：

（1）创建控制线框显示的参数以及控制填充三角大小的参数，如图 4.3.40 所示；

图 4.3.40　创建 GDL 对象中的控制参数

（2）在 2D 脚本中创建线条边框和填充多边形，如图 4.3.41 所示；

（3）使用热点功能，控制填充三角的大小。

编号后，对象就可以保存并放置在视图中了，如图 4.3.42 所示。

另一个例子是在"LU_Parking Single1.0"停车位对象的基础上修改了一下，增加了不同的停车位图例，如图 4.3.43 所示。

使用 GDL 语言可以使三维设计应用的深度和广度得到很大的延伸，希望我们后续能有时间继续做更多这方面的探索。

图 4.3.42　在视图中的 GDL 对象

图 4.3.41　编写 2D 的 GDL 代码

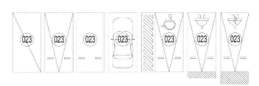

图 4.3.43　平面停车位对象

6. 使用 Param-O 插件制作 GDL 对象

我们知道，与 ARCHICAD 息息相关的 GDL 编程语言非常古老，虽然很强大，但是对于初学者和普通建筑师来说，要掌握它并创建出自己想要的图库对象不容易。大家都希望能有比较方便的方法。

从新版 ARCHICAD v24 开始，一种新的可视化编程插件出现了。它的名字叫 Param-O，插件界面如图 4.3.44 所示。它很像 Grasshopper。Grasshopper 深入人心的一个重要方面就是它直观地搭建编程逻辑的模式，使得设计师能够相对容易地搭建自己的逻辑，不需要学习编程语法，而是通过操作各种预设的"电池"来创建参数化的几何形体。

（1）要使用 Param-O 必须使用 ARCHICAD v24 版本，其他版本目前不支持。我们可以去图软公司官网下载插件，将下载的 Param-O.apx 文件拷贝到 ARCHICAD v24 安装文件夹下的 Add-Ons 文件夹。启动软件后。就能在菜单【文件】→【图库和对象】中找到它，如图 4.3.45 所示。如果安装了新版本（5004）升级包，那么 Param-O 已经包含其中了。

图 4.3.44 Param-O 插件编辑界面

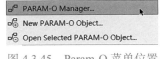

图 4.3.45 Param-O 菜单位置

（2）插件的三个菜单项分别是【Param-O Manager】（Param-O 管理器）、【New Param-O Object】（新建 Param-O 对象）和【Open Selected Param-O Object】（打开选中的 Param-O 对象）。点击【New Param-O Object】，创建新的 Param-O 对象，会弹出空白的编辑器界面。

（3）最基本的流程如图 4.3.46 所示，从左侧①节点树中，拖曳 Block 节点到②画布中，即可在③预览窗中出现一个立方体。此时立方体的 X、Y 和 Z 三个方向的数值是固定的。接着我们从节点树中双击 Number 节点，画布中就出现了该节点，我们创建 3 个 Number 节点。④分别点击 3 个 Number 节点右侧的半圆符号，拖曳至 Block 节点 Size X、Size Y 和 Size Z 左侧的半圆符号，把它们连接在一起，这样就将 Number 节点的数值赋予在了

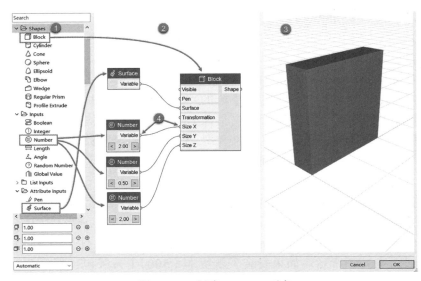

图 4.3.46 创建 Param-O 对象

Block 节点 X、Y 和 Z 三个方向的尺寸。最后，拖入 Surface 节点，将它连接到 Block 节点的 Surface 字段上。此时在右侧的预览窗中就可以看到立方体的表面发生了变化。通过这样创建和连接各节点，即可编织出一个大的数据网络，从而创建出我们需要的对象。

（4）点击编辑器右下角的【OK】按钮，弹出保存对话框，起个名字，保存。接着就可以通过对象工具来在视图中插入创建好的 Param-O 对象了。

限于篇幅所限，无法在这里详细讲述插件所有功能，这里我们把图 4.3.44 中桌子案例的节点连接图和其中涉及的一个算法公式截取出来，如图 4.3.47、图 4.3.48 所示，留给大家去探索。

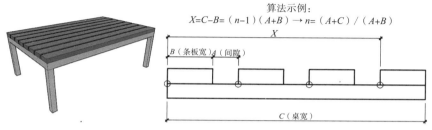

图 4.3.47　桌子案例条板的算法示例

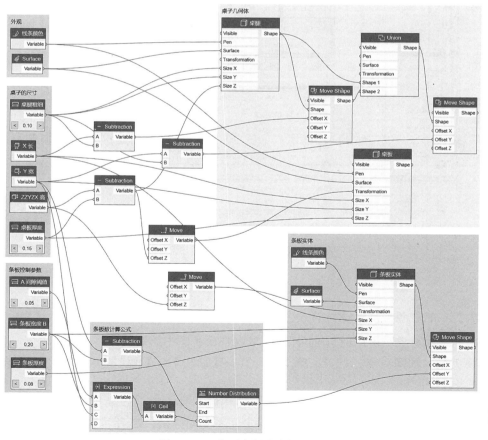

图 4.3.48　桌子案例节点树示例

扫码看图

4.4　常见建筑构件的创建

本节主要介绍建筑设计过程中常见建筑构件的创建方法。这些常见的建筑构件也称为虚拟建筑的元素。

4.4.1　轴网

ARCHICAD 中，轴号元素共同构成轴网系统，每个轴号元素由轴线、轴号以及连接两者的引线组成，每个轴号元素是一个整体，如图 4.4.1 所示。这和我们在使用 AutoCAD 绘图的时候，轴线和轴号分开不同图层管理是不同的。

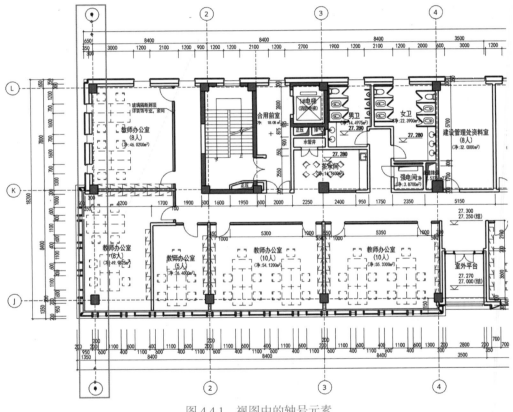

图 4.4.1　视图中的轴号元素

在项目中，一般有两种创建轴号的方法：

（1）单个的轴网对象，可以通过轴网工具 ⬆ 在平面视图中绘制创建。

（2）关联成组的轴网系统，点击菜单【设计】→【轴网系统】。设置方法和天正软件中类似。

一般来说，如果是从方案开始，从无到有，使用第一种方法；如果是已经有成熟的轴网规划了，那么用第二种方法。当然，这两种方法不是对立的，二者其实是相通的。

创建轴网系统时会弹出设置对话框，如图 4.4.2 所示，其中的参数设置比较好理解。

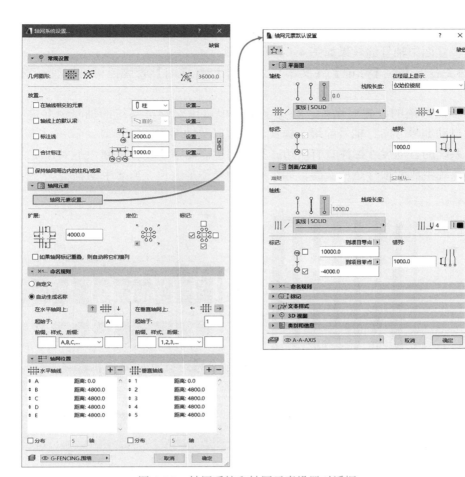

图 4.4.2　轴网系统和轴网元素设置对话框

在常规设置中，首先选择是【直角坐标轴网】⊞还是【极坐标轴网】✕。

【标注线】和【合计标注】两个勾选项，就是常规制图中的第一、第二道尺寸标注，勾选后能自动生成。通过右侧的设置按钮可以设定尺寸标注样式，这里建议通过收藏夹选择模板中的标准尺寸标注样式。

在轴网元素卷展栏中，勾选【如果轴网标记重叠，则自动将它们错列】，就开启了轴号避让的功能。点击【轴网元素设置】按钮，就可以对轴网元素个体进行设置。

在轴网元素设置对话框的平面图卷展栏中可以设置轴线如何显示、轴线的线型、轴线的笔号、避让线长度等。

在轴网对象的设置面板中，轴网默认是在所有楼层都显示。不过，我们可以通过设置【在楼层上显示】，来控制轴网在哪些层显示，哪些层不显示，如图 4.4.3 所示。

在剖面和立面卷展栏中，设置和平面图类似，不同的是在标记部分，可以设置立（剖）面中轴号显示的位置，一般的习惯是轴号显示在建筑的下方，因此勾选下

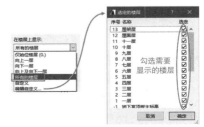

图 4.4.3　轴网在楼层上显示的开关

部的轴号，不勾选上部的轴号。右侧的"距离"用于控制轴号和轴线在立面中的位置和轴线高度。立面中轴号的效果如图 4.4.4 所示。

图 4.4.2 右下方的【标记】、【文本样式】和【3D 视图】卷展栏可设置轴号对象的样式和显示。

回到轴网系统的设置对话框，在命名规则中可以对整个系统的轴号命名进行设置，可以设置自动编号方向、轴号前缀、样式、后缀以及轴网间距等。

轴网系统的自动尺寸标注只有两边，另外两边需要手动镜像复制，不太方便。

轴网系统生成的轴号是通长的，如果某些轴号不是通长，需要手动调整。

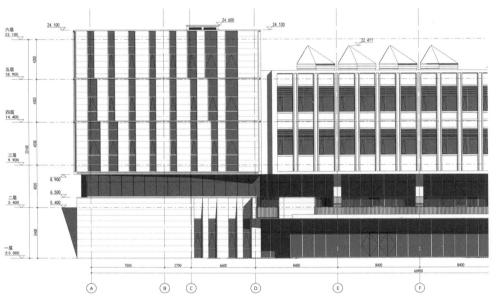

图 4.4.4 立面中的轴号显示效果

小技巧：轴网注意事项

ARCHICAD 中的轴网，在平面视图中，无法设置一个楼层平面中长一些，到另一个楼层短一些，遇到地下室、裙房和主楼不一样大的时候就会有这个矛盾，出图时要注意。目前，我们采用的变通方法是在布图中切割拼贴视图，以达到想要的出图效果。

我们选中立面、剖面元素符号，或者在视图中点击鼠标右键，在弹出菜单中选择【立（剖）面图选择设置】，弹出对话框，如图 4.4.5 所示。其中的【轴网工具】卷展栏中，可以选择是否显示轴号。【按楼层显示轴网元素】选项可以控制哪些楼层的轴号不显示在此立（剖）面图中，哪些显示。【按名称显示轴网元素】选项则是控制哪些轴号不显示。

ARCHICAD 的轴网系统功能虽然比较完整，但目前本地化还不够强大，细化调整的功能欠缺，比如"I""O"轴号没有自动过滤，需手动；重排轴号、增减轴号和添加副轴号等都没有方便的功能，希望后续能有二次开发的插件。

4.4.2 墙体

墙体是三维建筑模型中最主要的实体元素之一，墙体工具的使用非常关键。

ARCHICAD 的墙体元素，既可以表达为简单的双线墙体，也可以按照建筑构造层次设置复合墙体，而且这两种墙体构造方式在各个阶段都可以灵活切换，而不必纠结于墙体的类型。墙体的厚度和构造方式也可以随时调整，不用麻烦地选择类型，这一点在概念方案阶段尤为高效。在掌握基本的墙体工具使用方法后，还可以应用更加灵活的复杂截面工具来创建特殊构造形体的墙体。

1. 墙体的图层和图层交叉数设置

墙体的创建，首先要注意图层设置，因为墙体所在的图层不同，会影响到墙体的自动连

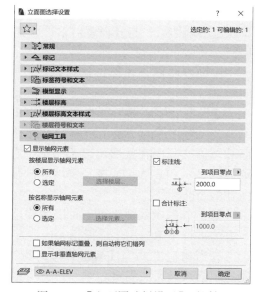

图 4.4.5 【立面图选择设置】对话框

接和图面表达。为了方便管理和控制墙体的显示和连接，我们应该将不同部位或用途的墙体分别放到不同的图层里，例如外墙、内墙、轻质隔断墙、剪力墙、女儿墙等。不同图层中的墙体，只要图层交叉数设置为相同，则都会自动连接。如果有不需要自动连接的墙体，就把它们的图层交叉数设成不同值。打开菜单【视图】→【屏幕视图选项】→【墙 & 梁参考线】，黑色带箭头的参考线会显示出来，如图 4.4.6 所示。不同图层或相同图层的墙体可以自动连接，但交叉数不同的图层上的墙体不会自动连接。这里注意一点，当菜单【视图】→【屏幕视图选项】→【清除墙 & 梁交叉点】 ![清除墙 & 梁交叉点(I)] 的选项关闭时，墙和梁在视图中不会显示为自动连接，如图 4.4.7 所示。

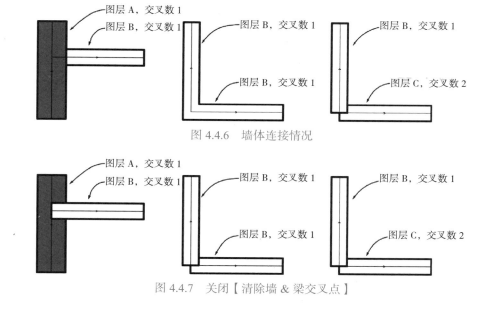

图 4.4.6　墙体连接情况

图 4.4.7　关闭【清除墙 & 梁交叉点】

2. 墙体工具的参数

选中墙体后，打开设置对话框，如图 4.4.8 所示，第一部分是【几何形状和定位】卷展栏：

①设置墙高，顶部链接可以联动到楼层标高，设置墙体顶部与上部楼层标高间的间距。

②设置墙体底部与楼地面标高之间的距离，即可以悬空。

③设置墙体的"始位楼层"，即给墙体一个归属楼层，定义它属于哪个楼层。这个楼层和墙体实际所在楼层可以不一样。它主要控制墙体在平面上显示的样式，特别是跨层墙体的显示和表达，或者顶部墙体的显示和表达。默认都是将墙体的始位楼层设置在它所在的当前楼层。

④三个图标分别代表三种墙体构造方式：【基本】、【复合结构】、【复杂截面】。图标下方的下拉菜单，用于选择相关构造方式下的墙体材料设定。

⑤当构造方式为【基本】时，墙体宽度直接在此设置。如果是其他两种构造方式，则这里会灰显无法编辑。

⑥这里可以设置墙体是垂直的还是倾斜的。

⑦墙体参考线是一个重要的控制参数。参考线可以自由变换，变换的时候，参考线位置不变，墙体位置改变。如果墙体已建好，不想改变墙体位置，只想调节参考线的位置时，可以使用【修改墙的参考线】命令（位置在菜单【编辑】→【参考线和面】→【修改墙的参考线】），调整参考线。

第二部分是【平面图和剖面】卷展栏，如图 4.4.9 所示：

①【平面图显示】，这里是墙体在平面上的显示状态，绝大部分墙体都按照默认设置即可。

②【剪切面】，这里显示设置墙体剖切线，可以设置线型和画笔粗细。如果是复合结构和复杂截面的墙体，剖切线在复合结构和复杂截面中设置，不在此处，但可以通过【覆盖剪切填充画笔】来覆盖掉。

③【轮廓】，这里设置墙体的外轮廓线条的显示样式，即墙体的非剪切部位。在三维视图和立面视图中轮廓线条的显示效果。其中【墙端线型】可以设置墙体两端的短线是否显示，类似天正软件里的"墙端封口"命令。

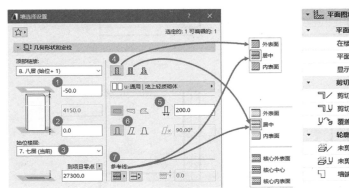

图 4.4.8　墙体【几何形状和定位】卷展栏

图 4.4.9　墙体【平面图和剖面】卷展栏

第三部分是【模型】卷展栏，如图 4.4.10 所示。

①覆盖表面，可以分别设置墙体不同部位的表面材质，比较常用，可以根据设计的表面做法自由设定。

②端部表面，在墙体表面材质不同时，需要勾选此选项，使交接部位的表面材质正确显示（图 4.4.11）。

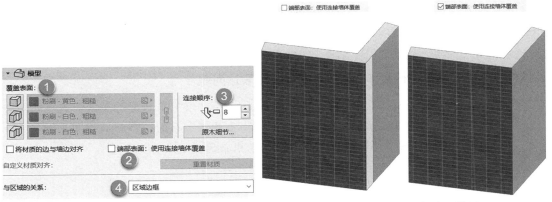

图 4.4.10　墙体【模型】卷展栏

图 4.4.11　墙体端部表面设置

③连接顺序，多段墙体相交，平面和模型效果会有差异，可能会出现不同的墙体交接效果。一般墙体连接时其连接顺序是相同的，默认是 8（类似于优先级的概念）。此时调整部分墙体的连接顺序，可以改变其三维连接效果（图 4.4.12）。

④与区域的关系，这里设置该墙体是否作为区域的边界来识别。一般房间的墙体都选择默认作为区域边界，除非是矮墙等情况。

最后一部分是【类别和信息】卷展栏，如图 4.4.13 所示。这个卷展栏是几乎所有三维实体构件都有的。

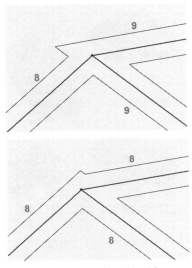

图 4.4.12　墙体连接顺序

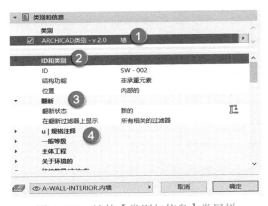

图 4.4.13　墙体【类别与信息】卷展栏

①【类别】，这里选择墙体对象的类别，可以指定其他类别，方便算量以及加载不同的属性。这体现了 ARCHICAD 元素构件分类的灵活性。当导出 IFC 模型的时候，可以按照指定的分类类别导出。

②【ID 和类别】，这里可以设置每一个墙体的"元素 ID"。结构功能可以设置其是否为承重元素，以及位置是内部还是外部，以便后续数据信息应用的时候可以分别过滤和提取。

③【翻新】，这里设置墙体的翻新状态和翻新过滤器显示状态。

④从翻新设置以下开始，就是墙体所加载的属性信息设置区域。这里显示的内容是根据属性管理器中设定的该分类拥有的有效属性。

小技巧：墙体进行实体元素操作后的平面表达问题

墙体进行实体元素操作（Solid Edit Operation，以下简称 SEO）后，在平面视图中是无法完美显示操作结果的。比如墙上掏了一个洞，平面剖切高度即使剖到这个洞口位置，平面视图中也是表达不出来的，这点需要注意。

小技巧：跨层窗的设置

对于需开跨层窗的墙体，可设置为跨楼层高度，此时除设置正确墙体高度外，楼层显示项应选择"所有相关楼层"。同时，跨层墙体也应用在窗户正好开在跨层位置上的情况下。

小技巧：墙面装饰条的创建

墙面装饰条一般可采用复杂截面墙体创建，装饰条部分要设置为"饰面"功能，而不是"核心"功能。墙面装饰条还可以使用菜单【设计】→【设计插件】→【附件】→【墙附件…】功能创建。

---

3. 墙体的应用

当我们需要建坡屋面建筑的山墙面时，如何方便地根据坡屋面的角度调节山墙面的轮廓呢？这就要用到一个"将元素修剪到屋面"的命令，如图 4.4.14 所示。

①首先将墙体的高度设定到超过屋脊线。②然后选择该墙体，执行菜单命令【设计】→【连接】→【将元素修剪到屋面】。此时鼠标指针变成小房子的图标。③点击屋面元素，屋面投影范围会显示透明红色，鼠标指针变为图钉的图标，点击要保留的部分墙体，软件会显示这部分墙体的蓝色轮廓线。④点击完成后，超出屋面的墙体就被剪切了。

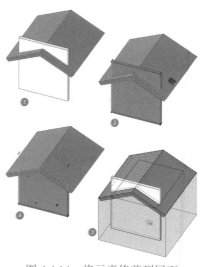

图 4.4.14 将元素修剪到屋面

4.4.3　柱子、楼板和梁

1.柱子的创建和编辑

柱子一般采用软件自带的柱子工具来创建，基本可以满足设计中的常规形状或倾斜的柱子。创建柱子时，根据需要对柱子的形状和材料进行相关设定。

矩形和圆形柱子，可以在信息栏中快速调整，也可以通过柱设置对话框中的【分段】页面选取基本形状；需要其他轮廓形状的柱子时，使用构造方式为复杂截面的柱子，选取合适的复杂截面即可。本书案例项目设计时，使用了一部分基本的矩形柱，另一部分用了自定义的复杂截面的柱子，便于随时拉伸柱子边界、改变柱子大小。相关内容参见4.1.9参数化复杂截面的应用。柱子的设置内容如图4.4.15所示。

【分段】页面：①此处设定柱子的尺寸。②这里可以选择是统一直柱还是梯形收分的柱子。点击梯形图标后，可以设定上下两个断面的尺寸，如图4.4.16所示。③覆盖表面，可以设置柱子表面的材质贴图，常规会给出涂料的材质。需要注意的是，当柱子靠外墙时，柱子外侧和内侧无法涂刷不同的材质，除非使用复杂截面柱，然后在截面管理器中对每个面指定不同的材质。④柱子的图层设置，一般模板设定后，不会轻易变动。⑤在页面中点击【多重分段】 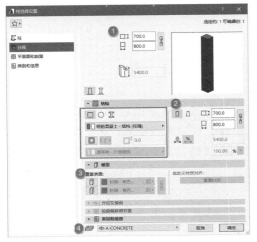 图标按钮，可以切换柱分段模式，如图4.4.17所示。此时可以对柱子进行切分，每个分段可以进行不同的设定，相当于多个柱子叠在一起，可以做出很多有意思的柱子造型。⑥点击【添加】按钮，增加段数。⑦每个段可以设定不同的截面形状。⑧每段的长短比例，可以在这里通过百分比和固定数值进行设定。

在【柱】页面可以设置柱子的基本参数，如图4.4.18所示。①【始位楼层】和【顶部链接】与墙体的设置是类似的，这里就不赘述了。②若要设置斜柱，点击斜柱图标，输入倾斜角度。或者在视图中点击柱顶的控制点，在弹出小面板中进行斜柱的编辑（图4.4.19）。③当需要快速设置柱子的包裹面层和所在墙体的复合构造一致时，按下【包裹】选项。④【与区域的关系】控制柱子在计算区域面积时扮演的角色。⑤如果柱子的顶面或地面呈非水平关系时，可以在这里控制柱顶面的角度。

图 4.4.15　柱子的设置内容

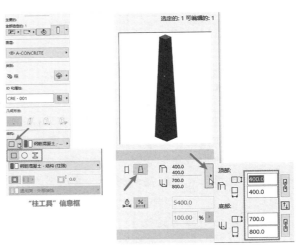

图 4.4.16　梯形柱设置

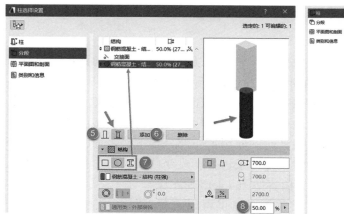

图 4.4.17 柱子分段模式的设置

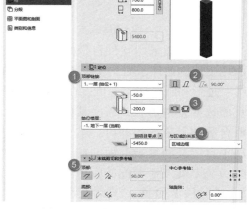

图 4.4.18 柱子的基本参数设置

【平面图和剖面】卷展栏，用于控制柱子在视图中的显示效果，如图 4.4.20 所示。【剪切面】是设置平面的显示效果，加粗实线。【轮廓】是设置未剪切状态下的平面看线和顶部投影线的显示效果。【平面图符号】这里，符号类型建议把默认的【十字准星】改为【普通】，因为常规柱子不需要这个准星符号。在 MVO 中可以全局设置柱子的符号是否显示，如果希望柱子的符号有特殊的表达用途，可以不在 MVO 中设置，而在单个柱子的设置中控制。

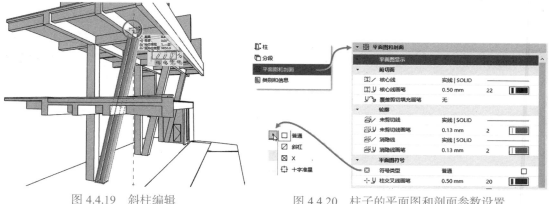

图 4.4.19 斜柱编辑

图 4.4.20 柱子的平面图和剖面参数设置

小技巧：柱子的平面表达

（1）平面图中柱子和剪力墙交接的时候，一般习惯柱子的轮廓线与剪力墙有所区分，如图 4.4.21 所示。当我们设置两者都是"钢筋混凝土"建筑材料时，柱子的边线是融合的。因此，创建两种不同优先级的钢筋混凝土建筑材料，柱子使用优先级较高的材料，以达到表达目的。

（2）ARCHICAD v23 版开始，新增了柱子的一个显示效果选项【位于板下时显示为消隐线】，可以在板下显示虚线的表达效果，需要在模型视图选项 MVO 中开启，如图 4.4.22 所示。

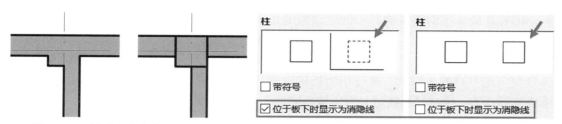

图 4.4.21　柱子和剪力墙的交接表达　　　　图 4.4.22　板下柱子的虚线显示设置

2. 楼板的创建和编辑

选中楼板后，打开设置对话框。

（1）【几何形状和定位】卷展栏，如图 4.4.23 所示。①②楼板元素是以参考面到始位楼层标高的距离来定位的。参考面一般选择第一种【顶部】【▨】。③当选项是基本构造时，厚度在①的位置设定；如果是复合结构构造时，楼板厚度由复合构造的厚度决定，此界面中的相应位置灰显。④楼板边沿可以设置成一定角度，如果楼板某一个边要特殊设定，则需要结合小面板中的设置。

（2）【模型】卷展栏。楼板的【顶部表面】【▱】、【底部表面】【▱】和【边缘表面】【▱】是可以分别指定材质贴图的。用法和其他对象类似。

（3）【平面图和剖面】卷展栏，如图 4.4.24 所示。类似于其他对象，控制平面图和剖面图中的显示效果。①【在楼层上显示】，控制楼板在平面图中的显示，有五种给定的方式和一种自定义方式。【仅始位楼层】：楼板仅在始位楼层显示，其他楼层不显示；【始位并上一层】：楼板在始位楼层及其上一层显示，轮廓线是③中【未剪切线】的线型；【始位并下一层】：楼板在始位楼层及其下一层显示，下一层的显示轮廓是③中轮廓线的【消隐线】的线型，这符合制图习惯，顶部雨篷这类的投影线是虚线；【始位并上与下一层】：是上面两种显示方式的集合；【所有的楼层】：所有楼层都显示这块楼板的轮廓线。②【覆盖剪切填充画笔】，这里可以用一种新的画笔颜色替代默认材料的剪切填充颜色。④对于楼板来说，我们经常需要对其填充样式进行多样性的设定，这是区别于柱子和梁的地方。因此楼板的【覆盖填充】设定应用较多，可以设定特殊房间的填充样式，如卫生间的地面等。如果不同视图需要不同的填充样式，那么可以通过图形覆盖功能来实现。

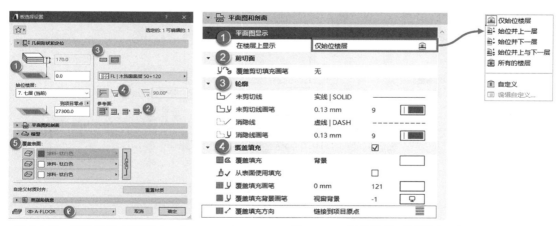

图 4.4.23　板的设置对话框（一）　　　　图 4.4.24　板的设置对话框（二）

　　楼板是最常用的建筑构件，创建楼板的快捷方法：激活楼板工具后，按住〈空格〉键激活魔术棒来拾取边界并创建楼板。这个边界可以是多义线，也可以是墙体围合的区域等。对楼板的编辑主要通过小面板来实现，如图 4.4.25 所示，点击楼板的边缘和角点，会分别出现不同的小面板，通过小面板提供的功能来实现增加节点、直线变弧线、偏移单边或所有边、增减楼板区域、编辑楼板侧面、倒角／倒圆角等。

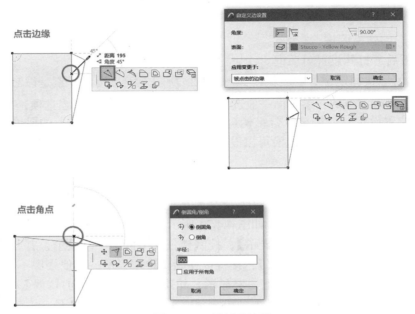

图 4.4.25　楼板的编辑

　　上空区域、楼梯间、电梯井等空间，一般会编辑楼板边界，删除这部分楼板。

　　楼板上一些管井和留洞，除了采用楼板自带的扣减功能开洞外，还可以使用 ARCHICAD v23 版本新增的【洞口工具】。洞口工具主要用来在墙、梁、板上开洞，可以开设矩形和圆形的洞口，如图 4.4.26 所示。用来开设管线穿越的留洞时很好用，但对于不是矩形和圆形的洞口，使用是受限制的。在未来版本中，洞口工具会支持多边形的洞口。洞口工具的设置比较常规，如图 4.4.27 所示。

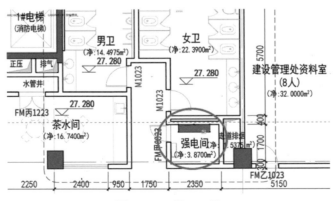

图 4.4.26　洞口工具

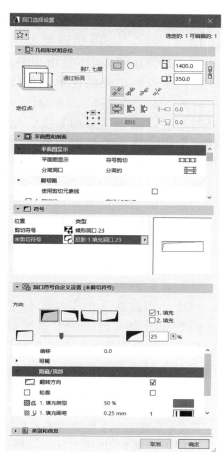

图 4.4.27 【洞口工具设置】对话框

小技巧：楼板拼接线

在 ARCHICAD v23 版本之前，两块楼板拼接的时候，中间的拼接线无法隐藏。现在软件提供了处理这个交界线的平面显示功能，非常实用。我们可以在模型视图选项中进行设置，如图 4.4.28 所示。需要注意，两块楼板的顶面标高必须相同；另外，即使是相同的标高，如果楼板表面的材质不同，那么分界线还是会显示出来。

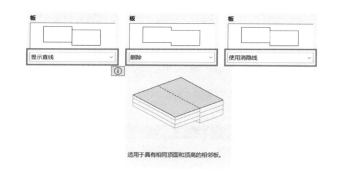

图 4.4.28 楼板拼接线的显示设置

3. 梁的创建和编辑

结构梁的建模工作量很大，它对于空间设计、专业间协同以及剖面的表达都至关重要。本书案例项目中的结构构件，全部由建筑专业对照结构提资完成建模。对于团队探索阶段问题不大，但如果到了推广实施阶段，则必须要协调这部分工作量的合理释放，也就是说要将结构专业拉进来，一起协同设计。

梁工具的设置和柱工具有类似的地方，其创建和编辑又和墙体工具类似。

（1）【梁】页面，如图 4.4.29 所示。①梁的尺寸输入，信息框中也可以方便地输入梁的尺寸。此处注意，上方是梁高，下方是梁宽，和常规表达梁的尺寸方式（先梁宽再梁高）不同，输入数据的时候要注意。②⑥梁定位，和楼板类似，"始位楼层＋标高"的方式，一般也是定位在梁顶的中间，梁偏移也可以设置。③此处设置斜梁和弯曲梁的造型。④连接顺序，是控制当多段梁相交的时候，如何处理交接显示的，尤其当梁的交接是成角度而不是正交的情况下，数字越大，越先连接。⑤设置梁的末端面的方向。

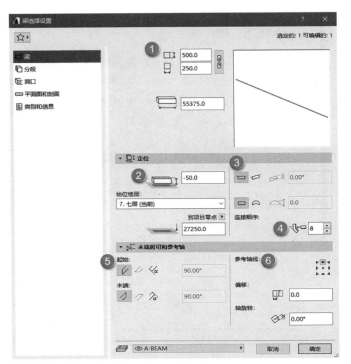

图 4.4.29 【梁选择设置】对话框（一）

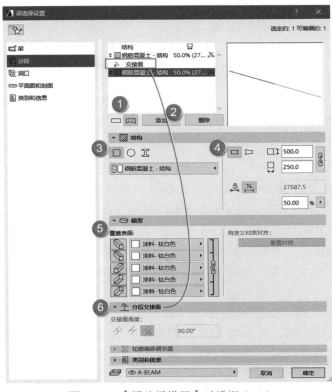

图 4.4.30 【梁选择设置】对话框（二）

（2）【分段】页面，如图4.4.30 所示。分段的设置也是 ARCHICAD v23 版本新增功能，类似于前面讲到的柱子的分段设置。①②当选择"多重分段"时，可以点击【添加】按钮增加分段。③每个分段的构造方式有三种：矩形、圆形和复杂截面。④梁截面收分的设置，和柱子的收分设置相同。⑤覆盖表面设置中，有五个方向可以进行覆盖。⑥当我们在分段窗格中选择了某个交接面时，可以在这里设置交接面本身的角度，即默认这个交接面和梁的截面方向一致，如果要倾斜角度，就调节这里的角度参数。

（3）【平面图和剖面】页面，如图 4.4.31 所示。设置梁在各视图中的显示方式，最复杂的部分是【平面图显示】卷展栏。①【在楼层上显示】，如图有 8 种选项，显示的位置从字面意思即可理解，其中【所有相关楼层】指的是梁对象所经过的楼层空间，不管它的始位楼层在哪里。②【平面图显示】，控制具体的梁显示成什么样子，是按照从顶部观看完整的梁显示轮廓，或者按照楼层水平剪切平面来显示剖切关系，或者按顶部显示投影线，或者仅显示剪切面。③【投影模式】，主要有符号和投影两种方式，"符号"显示的是轮廓或者截面形状，"投影"会根据梁的真实形状显示投影的轮廓或截面形状。④【显示投影】，设置梁元素是否完整显示。梁的显示参考示意图如图 4.4.32 所示。

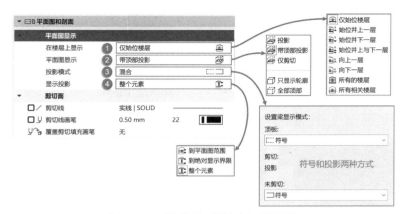

图 4.4.31　梁的平面图和剖面卷展栏

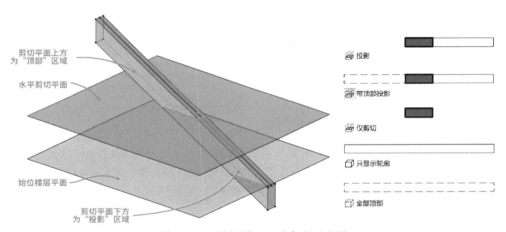

图 4.4.32　梁的平面显示参考示意图

小技巧：梁的平面填充显示

梁在平面图设置中的【覆盖填充】部分，是 ARCHICAD v23 版中新增加的功能，可以更加直观地表达梁的设计。但需要注意，覆盖填充是否显示和梁的平面图显示设置很有关联。

梁的平面显示与结构专业的平法表达有很大的关联性，在应用时需要和结构专业充分协调。当前层的结构梁图是站在楼板上往下看，表达的是当前楼板下的结构梁，而不是抬头看。这种表达方式对建筑师是有好处的，因为可以看到本层墙体和梁的对应关系。此时设定梁要注意梁的始位楼层设置好后向下偏移的距离等于楼板面层的厚度。

从另一个方面看，当进行室内吊顶设计建模以及布设 MEP 管线的时候，需要关心的是当前楼层向上看的梁高度等，此时需要结合剖面视图和三维视图来协作。

小技巧：修剪元素构件到屋顶

【修剪到单平面屋顶】，是一个很有用的命令。不仅墙体可以修剪到屋面，梁对象也可以修剪，如图 4.4.33 所示。

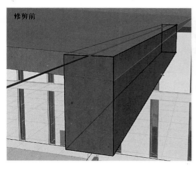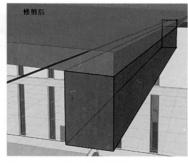

图 4.4.33　梁修剪到屋顶

小技巧：非直角相交的多梁交接问题

非直角相交情况下的多根梁交接，可能会有一些不容易解决的模型问题，如图 4.4.34 所示，当梁延伸到参考线时，平面上显示正常，但三维模型中会出现尖角。有时，这种情况可以通过改变参考线位置和调整元素连接顺序解决。实在解决不了时，只能做一些妥协。

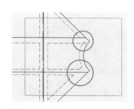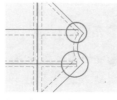

图 4.4.34　非直角相交的多梁交接问题

4.4.4　门窗

门、窗是 ARCHICAD 中重要的工具，也是相当复杂的工具。工具本身的设置参数非常多，这也是为了满足实际应用时千变万化的门窗形式，其中大部分是欧美的门窗做法，常规设计的门窗其实只需要用到很少的基本参数。同时，ARCHICAD 提供了非常丰富的门窗对象库，基本能满足日常的设计需求。

1. 门、窗对象的参数设置

这里简单介绍一下门对象的参数设置，如图 4.4.35 所示。

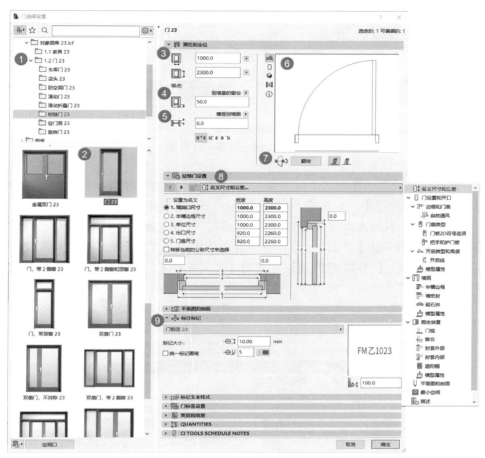

图 4.4.35　门对象的参数设置

在图 4.4.35 中，① ARCHICAD 默认的图库自带了丰富的门窗对象库。在"1.2 门23"目录下，有各种门的类型。常用的平开门在"铰链门 23"目录下。②选择单扇或者双扇等不同形式的门对象。③设定门的高度和宽度。④设定门洞底到相对标高的高差。⑤设定门框到墙边（软件界面中翻译为"槽框到墙面"）的距离。在 ARCHICAD 里面，这个设置称为"半槽边框"，是比较常用的选项。⑥这里可以预览门的平面、立面、三维状态下的显示。⑦【翻转】按钮可以设置门窗的内外翻转。但这个设置不会改变门窗的半槽边框设置。⑧元素设置对话框中的第二个卷展栏（名称会随选中门窗对象的类别而变化），是每个类型的门窗对象主要参数的设置，有非常多的选项设置。⑨【标记标注】卷展栏用于设置门窗编号，可以通过标签对象来设置门窗编号。

窗的设置对话框的逻辑和门类似，这里就不再赘述了。

2. 门、窗的平面视图显示设置

在平面视图中插入门、窗元素时，都会提示选择门、窗的外侧，如图 4.4.36 所示，粗线和太阳符号表示外侧。点击确定内外侧后，会提示选择门扇、窗扇的开启方向。此时光标的样子也会变化。再次点击后，即完成插入门、窗的操作了。

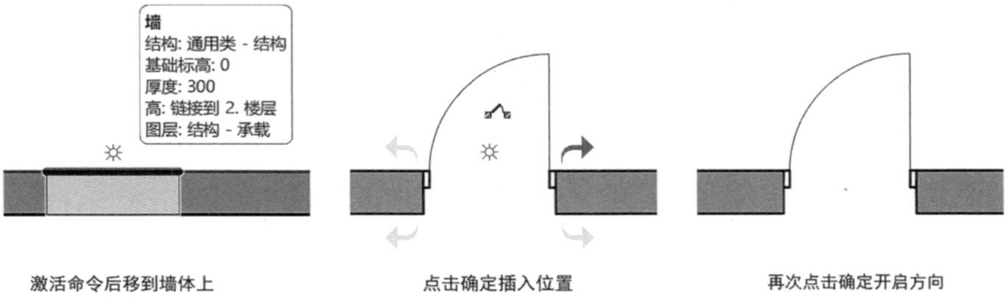

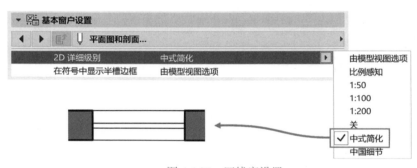

墙
结构: 通用类 - 结构
基础标高: 0
厚度: 300
高: 链接到 2. 楼层
图层: 结构 - 承载

激活命令后移到墙体上　　　　点击确定插入位置　　　　再次点击确定开启方向

图 4.4.36　门、窗插入的步骤

门、窗平面显示详细程度的设置，参见 4.1.4 建筑元素在各阶段多种表达效果的应用。

传统二维绘图流程中，对于窗户的平面表达，一般采用四条细线。很多初学者在使用 ARCHICAD 时，不习惯窗框的细致表达，此时，可以在窗的【基本窗户设置】卷展栏中，翻到【平面图和剖面】页面（注意不是设置对话框内下方的【平面图和剖面】卷展栏），如图 4.4.37 所示，将【2D 详细级别】设定为【中式简化】。平面视图中的窗户即显示为四线窗。

基本窗户设置

◀ ▶ 　平面图和剖面...

| 2D 详细级别 | 中式简化 | ▶ | 由模型视图选项 |
| 在符号中显示半槽边框 | 由模型视图选项 | | 比例感知 |

1:50
1:100
1:200
关
✓ 中式简化
中国细节

图 4.4.37　四线窗设置

需要注意的是，三维设计流程的逻辑是平面图与三维模型相对应一致，而上述这种改法只是将就着原先传统二维绘图的逻辑。切换到三维视图中观察，可以发现，改为"中式简化"的窗户，窗扇实际的位置仍然在墙外侧，而不是墙中，如图 4.4.38 所示。如果需要将窗户改为墙中，需要调节设置对话框中的半槽设置，这其实增加了工作量。所以，既然采用三维设计工作流程，对于窗线的平面表达，直接深化表达即可，不用刻意将就二维制图的某些表达方式。如图 4.4.38 中左侧的窗户表达方式，完全没有任何问题。

门、窗等在应用时还要注意几点：

（1）门、窗（含天窗）、洞口元素没有单独的图层，必须依附于墙体或屋面元素。这些元素移动或删除时，门、窗（含天窗）、洞口元素也会一起被删除。

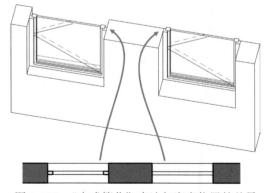

图 4.4.38　"中式简化"表达与窗扇位置的差异

（2）门、窗在插入墙体后，要想翻转左右开启方向，并不是使用信息框或设置对话框中的"翻转"功能，而是使用菜单【编辑】→【移动】→【镜像】命令，点击门窗中心点进行翻转。

（3）门、窗在插入墙体后，是无法拷贝到其他墙体的，除非两段墙体在同一条直线上，这是和其他软件区别较大的地方，需要适应。我们可以使用吸管工具，吸取需要拷贝的门窗元素，然后在新的位置插入。

小技巧：选择门窗

（1）初学者一开始可能不太容易选择到门窗元素。在 ARCHICAD 中，元素都是带有热点（控制点）的，所以我们只要将鼠标移到这些热点上，光标的样子就会改变，同时元素会蓝色高亮显示，此时按下鼠标左键即可选中门窗元素了。

（2）按住〈Shift〉键进行上述操作的时候，会加快元素的高亮显示速度。

（3）在二维图纸绘制过程中，对于门、窗及其标签，我们一般会开启它们各自工具属性中的【使用填充】选项，目的是便于在视图中选择门、窗对象。

---

3. 定垛宽插入门、窗

天正软件中有一个比较常用的功能是按照给定的垛宽插入门、窗。在 ARCHICAD 中，这一功能可以通过打开控制智能捕捉点的设置来实现。

（1）打开菜单命令【视窗】→【面板】→【控制框】，如图 4.4.39 所示，①点击【分半】右侧的黑三角，将捕捉点的方式改为【距离】，就可以按设定的距离来捕捉。输入捕捉的距离，这里暂按 200mm 设置。②点击【分半】左侧的黑三角，将捕捉点计算位置由【节点之间】改为【在交点之间】。

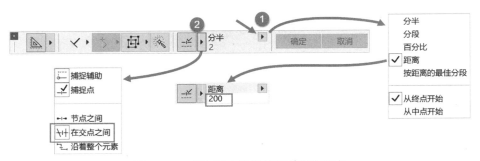

图 4.4.39 控制框中设置捕捉点固定距离

（2）选择门、窗工具，设置【定位点】方式为门洞的一边，将光标移动到墙角，此时墙体的边线上会出现很多等距的短线标记，如图 4.4.40 所示。在这些短线上，光标可以吸附捕捉。在第一个短线位置（200mm）点击鼠标左键，插入门、窗元素，这时的垛宽就是 200mm。

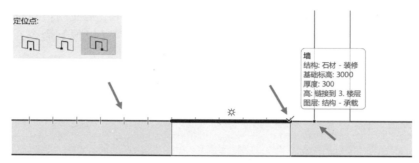

图 4.4.40　定垛宽插入

4. 双扇门的平面开启形式

双扇门的常见开启形式有几种，可以通过设置对话框中的【门设置和开口】页面，选择【开口类型】里的不同选项，如图 4.4.41 所示。

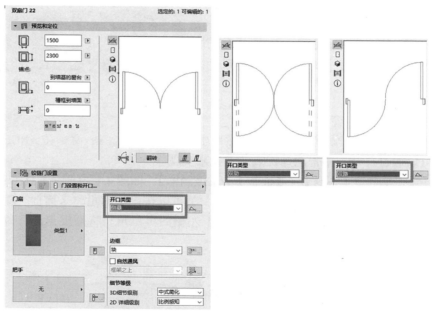

图 4.4.41　双扇门的平面开启形式

小技巧：门窗洞口底标高的基准问题

默认插入的门，门底标高是会有很多不同的参考标高体系的，如图 4.4.42 所示。当我们在编辑过程中执行了【调整元素到板】 命令后，墙体本身的底部会落到结构板的顶面，而门的底部会保持原来的高度。但要注意，【门槛 / 窗台或门 / 窗楣高度】的参考标高可以设置很多选项，一般这个选项选择【到楼层的窗台 n】（n 为楼层号，指的是按楼层标高定位），而不要选择和"墙基"有关的定位，因为墙体落到结构板上，定位就不准了。如果发现门被埋到面层里的时候，如图 4.4.43 所示，可以检查一下这个高度定位的设置。

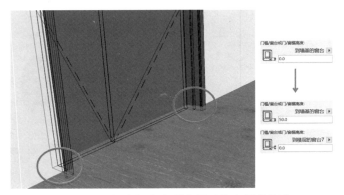

图 4.4.42　门底标高的参考标高　　　　　图 4.4.43　门底标高参照出错时检查标高基准

5. 自定义门窗对象的创建

有时候项目中会设计一些非常规形状的门窗，ARCHICAD 提供了一种创建自定义门扇、窗扇对象的方法，下面以自定义门扇为例介绍一下方法：

（1）在平面图中通过自带工具（如墙梁板柱等）创建自定义门扇的几何形体和样式，并为各部分设定建筑材料和表面材质，如图 4.4.44 所示。注意，需要将门扇平放在地面正负零平面标高上。

（2）正负零平面所在位置代表门朝外的一面。

（3）使用楼板工具创建一个额外的元素，这个楼板的轮廓和门洞口的轮廓要完全一致，这个楼板的轮廓就是未来门扇在墙体上开洞的轮廓。然后，将它的元素 ID 设置为 wallhole，如图 4.4.45 所示，这个命名很重要，必须一字不差（如果不是想把洞口穿透，而是要创建一个类似壁龛的门，那么 wallhole 要改为 wallnich）。

图 4.4.44　创建自定义门扇　　　　　　图 4.4.45　创建 wallhole 元素

（4）将自定义门扇的几何体和作为 wallhole 的楼板元素一起选中，然后运行菜单【文件】→【图库和对象】→【将选集另存为…】→【门…】，将其保存 GDL 对象（如果不是在平面视图中保存，会弹出确认定义平面的对话框，一般选择水平平面即可）。为了方便管理，一般会给对象起一个方便辨认的名称。创建后的对象，一般会保存在项目文件的嵌入图库中。

（5）通过门工具调用刚创建的门对象。在墙体上插入刚定义的门，如图 4.4.46 所示。要注意，这种自定义门的做法，平面视图的表达不符合制图表达习惯。另外，如果需要开启线等，需要进一步用 GDL 语言编辑对象文件。

123

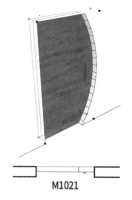

图 4.4.46　插入自定义的门

制作自定义形状的窗，和上述过程类似，大家可以自己试试。

6. 高窗

ARCHICAD 不会自动根据平面剪切高度来判断此窗是否为高窗。因此，高窗的表达需要手动设置。按照一般的表达习惯，高窗在平面上以虚线显示，且墙线不打断。打开窗的设置对话框，如图 4.4.47 所示，只需将【平面图显示】的方式改为【全部顶部】即可。进一步地，可以把这个高窗存到收藏夹中，放入个人或公司模板中，方便后续项目使用。

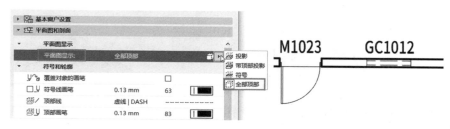

图 4.4.47　高窗的设置

7. 跨层窗

一般在施工图建模过程中，每层墙体在楼层标高附近是断开的，即每层的构件归当前层，这样便于管理。此时，如果插入的窗户高度跨越层高线，是不会在上方的墙体上剪切出窗洞的。

因此，跨层窗的设置，首先需要将该窗范围内的墙体和旁边连接的墙体断开，然后将该墙体的顶部高度设定到高于窗顶标高或上一层的顶板位置。最后，再插入这个跨层的窗构件，如图 4.4.48 所示。

8. 门窗的编号和统计

门窗编号和统计的应用，详见 6.3 门窗编号及其统计。

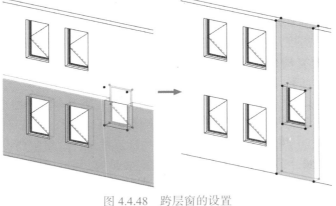

图 4.4.48 跨层窗的设置

4.4.5 竖向交通

1. 楼梯

ARCHICAD 从 21 版开始，推出了全新设计的楼梯工具，用来创建不同需求的建筑楼梯。

楼梯作为一个复杂的 GDL 集合体，将楼梯三维形体的各种形态和设置，以及楼梯在平面图、立面图和剖面图中的显示都包括在内，应用的时候要特别注意模型对象和图纸表达之间的关系。

我们先来熟悉一下楼梯的设置界面。如图 4.4.49 所示，找到左侧工具栏中的 楼梯工具图标，点击后，即可进入绘制楼梯的状态，此时打开参数设置对话框。

①设置对话框分为左右两列，左侧为楼梯对象的树状图，这个和其他复杂工具类似。楼梯的设置分为【结构】【饰层】【平面显示】和【天花平面图显示】四项。

图 4.4.49 楼梯设置对话框

②与其他构件类似，都有【始位楼层】和【顶部链接】等定位设置。这里要注意，默认的设置上下都留了100mm，不符合我们的设计习惯，需要调整为0。如果只是做局部踏步或台阶，顶部链接可以设定为【未链接】。

③这两个图标控制楼梯起步和终点是踏面还是踢面，根据习惯和平面图表达需要，一般设置为【踢面起点】、【踢面终点】为宜。

④⑤此处设置梯段的土建宽度和踏步高宽的数值，是影响楼梯造型的主要参数设置区域。注意，这些设置和⑨【规则和标准】卷展栏中，【踏步板 & 踢面板】的前3项设置密切有关。"2踢面板+1踏面=650"是当前设置的计算结果，这里主要设置的是人的步幅。在图中设置了最大650，最小600，这些可以自定义设置，但只要设置了，就会受到踏步规则设置的约束。因此我们会发现，踏步高和踏步数下拉菜单中的选项，是会根据这些规则设置的改变而变化的。应用到项目中时，我们一般根据规范中各功能场所的楼梯踏步高宽限值，进行相应的设定。

⑥此处设置踢面是否垂直。

⑦设置楼梯转角踏步或者梯段半平台等是平的还是有踏步的。

⑧这里控制楼梯"基线"[1]的位置。

⑩这里设置平面上显示的步行线的表达。

⑪净空高度是楼梯设计的一个重要内容，《民用建筑设计统一标准》GB 50352—2019中对此有强制性规定，可以按照2.2m设置进行净高复核，同时还可以开启可视化的净高控制框，只需在模型视图选项中勾选"净空高度"即可（图4.4.50）。

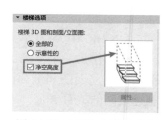

图4.4.50　MVO中开启"净空高度"

"楼梯"主干展开则是"结构"分支，如图4.4.51所示。这里控制楼梯结构的组成和组成部分的各项设置。

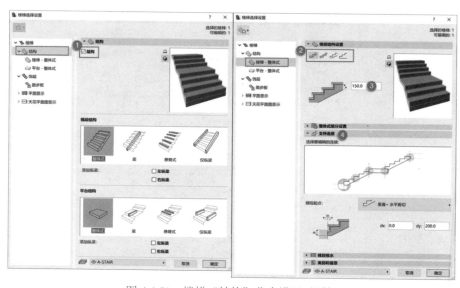

图4.4.51　楼梯"结构"分支设置对话框

---

[1]　"底线"在这里应为翻译问题，Baseline应为"基线"的意思。

①【结构】分支内勾选【结构】后，楼梯结构实体才会建立，并在页面设置梯段结构是混凝土还是钢结构等。平台的结构也同样设置。

②进入【楼梯 – 整体式】分支下，设置梯段的结构形式。

③设置梯段板的厚度。

④此处为梯段各个连接处的支撑方式，这里的设置对于平面图、剖面图的表达有较大的影响。常规现浇楼梯可按照图 4.4.52 中ⒶⒷⒸⒹ所示的连接方式设置。

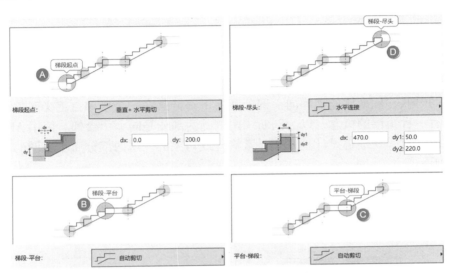

图 4.4.52　连接处的支撑方式选择

2. 梯段梁的创建

楼梯对象的梯段梁一般是用梁工具单独建。但是梁和半平台的交接，如果移动梁使其顶面和平台结构的顶标高一致时，剖面不能正确显示，如图 4.4.53 所示。此时需要调整，将梁的顶面移动到结构板的底面，使其融合，虽然构造上有一点问题，但剖面显示正常了。

楼梯建模的时候，由于楼层梁和墙柱的遮挡，半平台的位置在剖面中可能更清楚。如果需要在剖面中编辑平台板的宽度，可以在剖面视图中进入楼梯对象的编辑状态，如图 4.4.54 所示，点击平台端点热点位置，出现"绿色"编辑线的时候，可以对平台宽度等进行调节。这样就省去了频繁切换平面视图和剖面视图的麻烦。

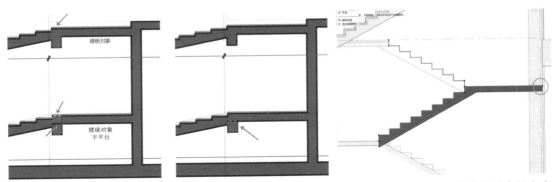

图 4.4.53　梯段梁的调整　　　　　图 4.4.54　剖面中调整楼梯半平台的大小

小技巧：三跑楼梯的创建

　　楼梯工具无法在单个楼梯元素里实现重叠梯段，也就是说，传统的三跑楼梯无法直接整体建模，需要分成一个单跑和一个双跑楼梯，再在空间内拼合而成。

3. 楼梯的平面表达

　　楼梯的平面表达，尝试了很多种方案后，得到了一种符合我们制图和表达习惯的设置方法。

　　首先需要转变的是传统 AutoCAD 绘图时代的概念，我们在天正或者浩辰软件中绘制楼梯平面的时候，标准层的楼梯向上部分和向下部分是在一个楼梯自定义对象里的，这使得我们有一种错误的概念，以为剖断线两侧的两部分是同一个楼梯。使用 ARCHICAD 进行三维设计时，要理解设计是基于元素构件或对象的。这两部分属于不同的梯段，如图 4.4.55 所示。

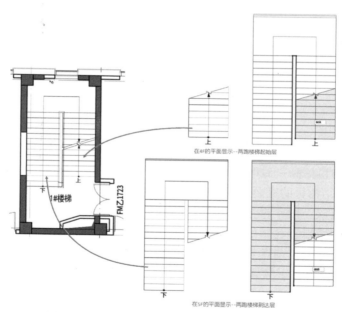

图 4.4.55　平面中显示的楼梯是两部分拼合而成

　　理解了这一点，在 ARCHICAD 中设置楼梯的平面显示时，就按照剖断线两侧分属不同梯段设置，然后平面上组合的思路来制作。

　　如图 4.4.56 所示，以常用的两跑楼梯为例，从起始层（4F）往到达层（5F）去。在 4F 的平面上显示剖断线（标高）下方的梯段，而在 5F 的平面上显示剖断线（标高）上方的梯段。如图中①的位置【显示在：】选项，选择【始位并上一层】。②【相关楼层之上的楼层（5.五层）】选项，选择【破折号以上：显示】；【相关楼层（4.四层）】选项，选择【破折号以下：显示】。这样就可以把中间层的楼梯正确显示了。

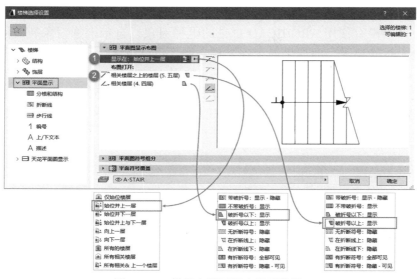

图 4.4.56 梯段在平面图中显示设置

到了顶层没有再向上的梯段了，看到的就是顶层完整的两跑梯段，只需要选择顶层梯段，如图4.4.57所示，【相关楼层之上的楼层（12.屋面层）】选项，选择【不带破折号：显示】即可。

图 4.4.57 顶层梯段平面显示设置

最后说一下楼梯箭头的指向，默认设置的指向在始位楼层一般都没有问题，但到了到达楼层的平面显示，箭头默认还是向楼上的，这和我们的制图和表达习惯不一致，需要调整。选择步行线分支，如图 4.4.58 所示，去除勾选【统一所有楼层方向】，此时下方会出现几个选项，勾选【在相关楼层上】，就可以看到预览框位置的箭头换了方向。

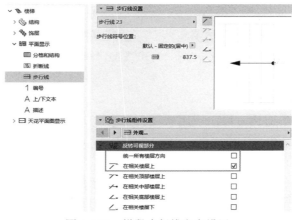

图 4.4.58 梯段步行线方向设置

4. 电梯

案例项目中没有使用 ARCHICAD 自带的电梯对象，自带电梯对象暂时不太符合我们图纸简化表达的要求，但如果遇到观光梯轿厢，可以试试。我们在案例项目中使用的是 rabbit8ge 开发的 GDL 对象"电梯_beta2"，如图 4.4.59 所示。它有"简化"和"详细"两种平面表达方式可以切换。在对象的设置对话框中，找到【自定义设置】卷展栏中的【显示细节】选项，选择【standard】是简化的电梯显示，选择【detail】则是详细的电梯显示。

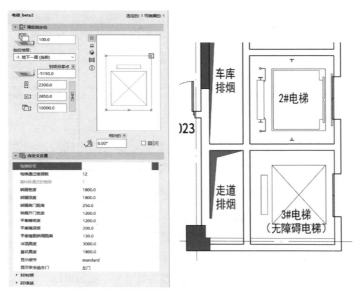

图 4.4.59　电梯对象"电梯_beta2"

这里需注意，一定要把【平面图和剖面】卷展栏中【在楼层上显示】的方式调整为【所有的楼层】，如图 4.4.60 所示，才能使该电梯在到达的所有楼层自动显示平面符号。

图 4.4.60　电梯对象"电梯_beta2"楼层显示设置

5. 自动扶梯

自动扶梯和自动步道梯，可以使用软件自带的 GDL 对象："扶梯 23"和"电动人行道 23"，如图 4.4.61 所示。

6. 汽车坡道、弧线坡道

汽车坡道需要通过多种组合方式来创建。直线坡道可以通过屋面工具或复杂截面工具制作，如图 4.4.62 所示。弧线坡道通过 ARCHICAD 自带的"弯曲坡道 23"对象来制作，如图 4.4.63、图 4.4.64 所示。

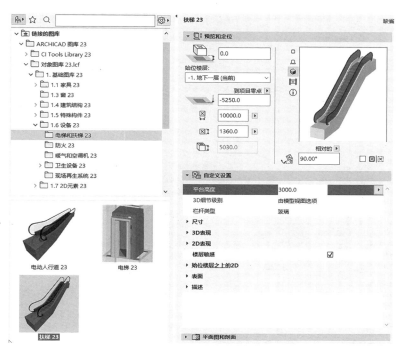

图 4.4.61 扶梯对象设置对话框

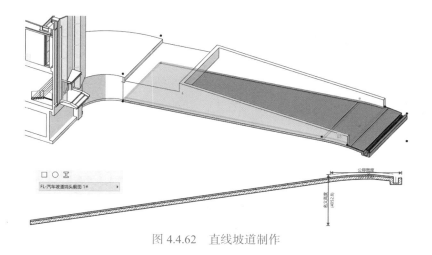

图 4.4.62 直线坡道制作

坡道本身需要和两侧的墙体等进行剪切和布尔的运算才能建立比较完善的模型。但是，我们发现要制作完整的坡道详图需要进行很多设置，并不容易，所以坡道详图可以采用传统二维方式绘制。

其他普通坡道，可以通过屋面工具、网面工具、变形体工具、梁工具、复杂截面等功能配合在一起创建。

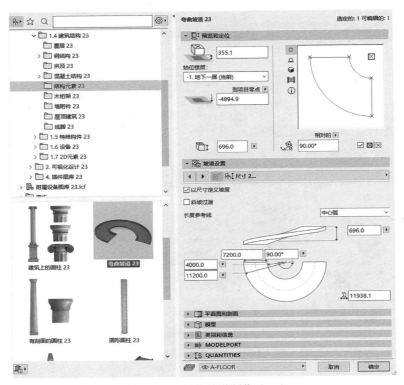

图 4.4.63　弧线坡道制作（一）

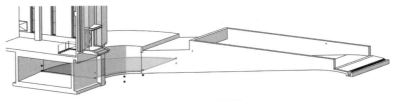

图 4.4.64　弧线坡道制作（二）

4.4.6　栏杆扶手

1. 使用栏杆工具

ARCHICAD 中的栏杆工具功能与楼梯工具类似，也是具有层级分支关系的工具集成。可以在开始时就设置好参数，然后在视图中绘制，也可以先按照参考线的位置，绘制栏杆构件后，选择它进行二次编辑（称为交互式编辑模式）。

如图 4.4.65 所示，【栏杆选择设置】对话框中，最重要的是①【单元】分支。栏杆由一个个单元组合而成，这些单元重复排列就构成了整个栏杆的形状。【单元】分支下的页面主要有在上部的图形化样式编辑器②，这里可以直观地看到栏杆的立面示意，同时交互地选择顶部横杆、内部立柱、扶手和底部横杆等构件，即可跳转到【单元】分支下相应的子分支进行设置。③【单元设置】卷展栏中可以设置栏杆的参考线、栏杆的高度及其偏移参考线的距离，也可以设置栏杆的倾角。④【单元样式设置】卷展栏可以设置单元按立柱分段的规则，按【划分单元】⌗、【固定长度】⊞ 或是【平均分布样式】↦。

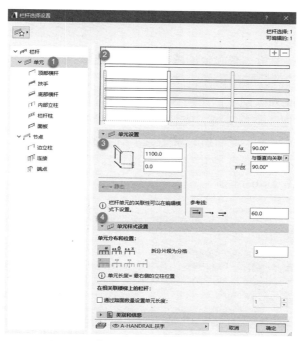

图 4.4.65 【栏杆选择设置】对话框（一）

如图 4.4.66 所示，在栏杆样式编辑器中，选择顶部的横杆，就会跳转到"顶部横杆"子分支。设置对话框的右侧出现了【顶部横杆】卷展栏。⑤横杆的选型，软件提供了四种样式，其中的"异形栏杆 23"样式，其图标右下角有"工"字符号，是可以使用自定义复杂截面作为栏杆截面的样式。⑥⑦⑧【顶部横杆组分设置】卷展栏，则是该样式下的设置内容，可以对横杆的风格、尺寸、固定件的形式和分布进行细致的设置。

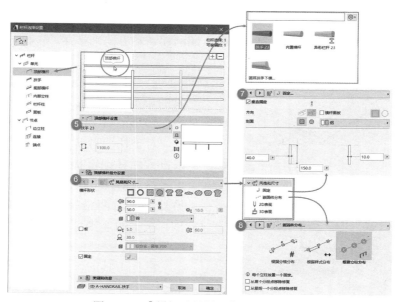

图 4.4.66 【栏杆选择设置】对话框（二）

下面各个分支也都是类似的操作方式，可以直接在样式编辑器中点选构件，跳转到相关的页面中进行参数设置。

在样式编辑器的右上角，有两个加减的符号 ➕➖。当它黑显的时候，可以点击，在此样式编辑器中增减相关分支的构件，比如增减横杆、增减立柱等。

楼梯栏杆跟随梯段分段创建，使用 ARCHICAD 自带的栏杆工具创建时，将鼠标移到梯段参考线附近，按住〈空格〉键，光标变为魔术棒的样子，如图4.4.67所示，会出现淡蓝色的栏杆预览生成示意。点击后，就生成了沿着梯段的扶手。

栏杆在末端如果需要延伸，点击参考点的末端，在弹出小面板中点击铅笔图标，延伸绘制一段栏杆，如图4.4.68所示。

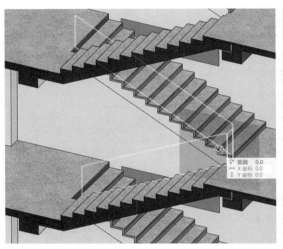

图 4.4.67　沿梯段边创建栏杆

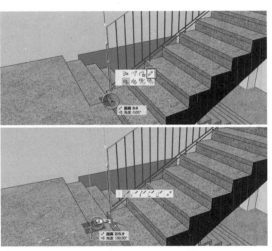

图 4.4.68　延伸栏杆末端

每一片栏杆单元内部的立柱、栏杆柱都是在"单元"分支内设置。每一片栏杆单元交接转折都是在"节点"分支内设置。扶手末端的拐弯和方向则是在"节点"分支下的"连接"和"端点"两个页面中设置。

两层栏杆扶手的连接，建议在楼层标高处处理，栏杆扶手交界处可以设定在梯井段的中间，也可以设置在转折处，如图4.4.69所示，Ⓐ和Ⓑ分属上下梯段。

对于扶手自动生成后的局部凸起，可以进入栏杆编辑状态，选中"连接"设定水平终点值，进行微调，如图4.4.70所示。另外，左右两个梯段的踏步错半步或一步，扶手的连接会更顺畅，大家可以思考一下原因。

栏杆工具的参数太多，限于篇幅不可能一一介绍，大家在应用的过程中，每一个参数都需要去试一试，才能对栏杆工具

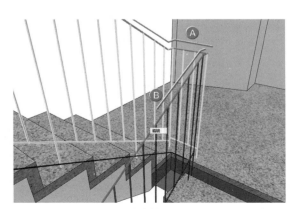

图 4.4.69　层间栏杆交接分两部分

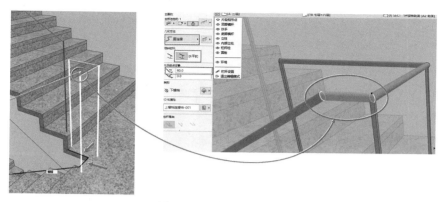

图 4.4.70　栏杆局部微调

有更多的理解。在应用过程中，我们认为不必过于追求栏杆对象一体化完成，采用一定的分段和拼接方式可能更合适。尤其对于有特别设计细节的楼梯和扶手，不要指望栏杆工具能应付和实现所有可能性。多种工具和建模方式的共同应用才是 ARCHICAD 作为三维建筑设计平台工具优越性和灵活性的体现。

2. 使用复杂截面制作栏杆

在方案阶段或施工图的某些部位，还可以使用墙体或者梁来调用复杂截面，从而制作栏杆。

（1）透明幕墙或窗的内侧护窗栏杆和翻边，可以使用梁工具或者墙工具配合复杂截面制作，如图 4.4.71 所示。需要注意的是，当使用复杂截面的墙工具时，需要把墙工具的【和区域的关系】下拉菜单从默认的【区域边框】设为【不影响区域】。这样使用区域工具创建室内空间时，其边界才会准确，并有助于准确计算此空间的建筑面积，如图 4.4.72 所示。

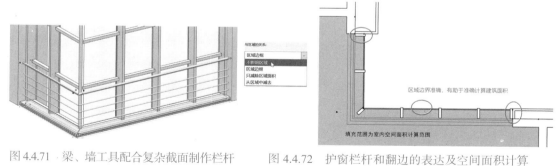

图 4.4.71　梁、墙工具配合复杂截面制作栏杆　　　图 4.4.72　护窗栏杆和翻边的表达及空间面积计算

梁和墙工具使用复杂截面的时候，在平面视图中的表达有所不同，梁更简单，如图 4.4.73 所示。

（2）阳台或露台等的栏杆扶手采用复杂截面墙体，墙体与区域的关系保持默认不变，可以方便面积计算。注意阳台或露台空间的墙体和栏杆参考线要封闭。

（3）上述方式制作栏杆类似放样的操作，制作立杆不方便。若追求极致细节，栏杆扶手建议使用 ARCHICAD 的栏杆工具，底部的翻边则可单独用复杂截面的墙或梁来制作。

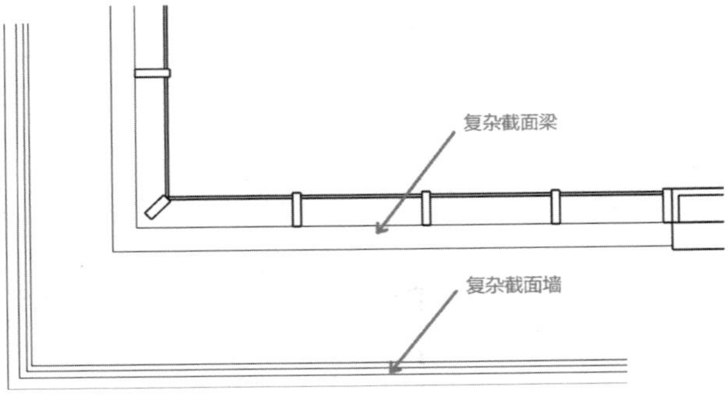

复杂截面梁

复杂截面墙

图 4.4.73　梁和墙工具使用复杂截面的平面表达区别

4.4.7　幕墙

1. 石材幕墙等非透明幕墙

石材幕墙等非透明幕墙的建模有三种主要方法：

第一种方法，采用复合结构墙体，按照幕墙构造设定墙体层次，如图 4.4.74 所示。幕墙上的开窗等透明部分，采用门窗对象插入墙体来实现。

图 4.4.74　复合构造墙体作为石材幕墙构造

窗户插入后，要获得图 4.4.74 中类似幕墙玻璃以及石材转进来的效果时，需要对窗的设置进行局部调整，如图 4.4.75 所示。

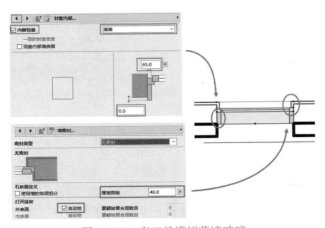

图 4.4.75　窗工具模拟幕墙玻璃

本书案例项目中几种石材幕墙主要是用这种方法创建的，如图 4.4.76 所示。

第二种方法，采用 20～50mm 的基本墙体工具进行绘制。这种方法多用于实面比较多且不插入幕墙窗或幕墙玻璃的位置，一般在造型相对复杂的场景应用，此时的幕墙实面部分和幕墙玻璃部分分开制作，如图 4.4.77、图 4.4.78 所示。这个方法灵活性更高，二维图纸的表达也没有问题。

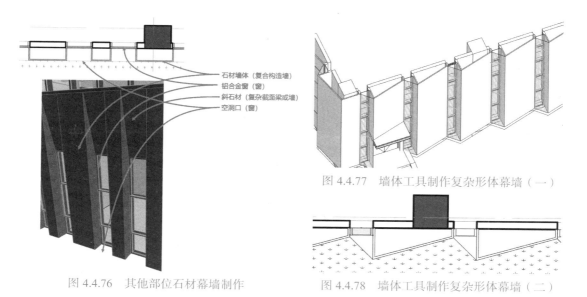

石材墙体（复合构造组）
铝合金窗（窗）
斜石材（复杂截面梁或墙）
空洞口（窗）

图 4.4.76　其他部位石材幕墙制作

图 4.4.77　墙体工具制作复杂形体幕墙（一）

图 4.4.78　墙体工具制作复杂形体幕墙（二）

第三种方法，使用幕墙工具 ⊞。ARCHICAD 从 12 版本开始引入了幕墙工具，可以方便地制作幕墙维护。后续的版本都对幕墙工具进行了升级。幕墙工具的设置对话框，开创了层级式的分支管理模式，以及交互的预览方式，一直沿用到现在，也对后续的楼梯工具、栏杆工具等产生很大的影响。

用幕墙工具做石材和铝板幕墙，要注意开设洞口的时候，无法采用插入门窗、洞口工具来实现，而是需要对幕墙的单个面板或单元进行编辑。

使用幕墙工具制作非透明幕墙，适合需要把每一块石材或铝板分割都建模表达的场景，或者是有特殊图案和花纹的非透明幕墙。

小技巧：墙体工具制作幕墙的注意点

（1）使用墙体工具创建的幕墙对象，图层要放置在幕墙图层，而不应放置在墙体图层。

（2）元素分类应设定为"幕墙"，而不是默认的"墙体"。

（3）在幕墙工具设置对话框中，平面图显示的选项一般选择【仅剪切】，这样对于幕墙板上翻下挂时在楼层平面的表达更加方便和灵活。

（4）上方幕墙的投影线，一般选择采用传统制图方式绘制二维投影线。因为幕墙构建造型复杂，构件较多，如果采用自动的投影方式，投影线反而看不清，影响有效的表达。

（5）幕墙在做线脚造型的时候，有些形体在三维视图中需要看见，但平面图中不需要显示，比如局部的水平横板和竖直短墙等，此时我们一般将这些元素放置在单独的图层，暂定放置在"A-CURTWALL-ETC"图层。然后在平面视图中关闭此图层即可。

（6）跨楼层的幕墙单元，【平面图显示】选项选择【仅剪切】，如图 4.4.79 所示。

图 4.4.79　跨楼层的幕墙单元平面显示设置

2. 玻璃幕墙

玻璃幕墙的设计和建模，最合适的工具是 ARCHICAD 的幕墙工具。不管是简单的全玻幕墙，还是有图案或者特殊面板造型的幕墙都可以实现。

玻璃幕墙的设计和建模流程：

（1）根据幕墙设计方案，考虑玻璃幕墙重复的部分是按层划分还是跨层一起设置。如果每层一样，或者本层的单元重复，那么就按照重复单元来设定玻璃幕墙的分格方案。

（2）设定面板和各类框架的形式和尺寸。幕墙工具界面中，层级分支的排布顺序基本符合设计的流程。

（3）设置完成后，就可以在视图中进行绘制了。

（4）绘制完成后，还可以选择幕墙进行再编辑，此时可以使用软件提供的在位编辑功能，也可以打开幕墙的参数设置对话框来进行设置。

下面介绍一下本书案例项目中用到的三种玻璃幕墙的制作。

第一种：常规铝合金玻璃幕墙。

如图 4.4.80 所示，幕墙设置对话框分为左右两列，左侧①是幕墙的层级分支，右侧则是各项参数，这种结构和楼梯工具、栏杆工具是一样的。

在【几何形状和定位】卷展栏中，②【始位楼层】、幕墙与始位楼层标高的距离以及自身高度等都在此处设置。③【名义厚度】是指幕墙构造占据的空间，它不影响幕墙的造型，但会影响围合的区域对象的范围。当幕墙与其他幕墙或墙体使用连接命令连接时，这个名义厚度还会影响连接点的位置和距离。④【参考线距离】一般就是控制幕墙造型的构造厚度了。这里要注意的是，默认距离是设定到【至面板中心】。我们在施工图设计时，幕墙的构造厚度是算到玻璃外表面的，这里会存在半个玻璃层的厚度，因此在绘制详图以及与幕墙设计专业对接的时候需要注意这个地方的差别，做出相应的调整。【平面图和剖面】卷展栏控制幕墙在图纸中的显示。⑤常规按图中的选项设置即可。【组件放置】卷展栏控制抓点等连接件的位置。而⑥【放置边界】选项，则是控制幕墙对象的定

图 4.4.80　【幕墙选择设置】对话框（一）

图 4.4.81　【幕墙选择设置】对话框（二）

位边界与边框料的关系。⑦【与区域的关系】，一般保持默认的作为【区域边框】即可，这个和墙体工具中的设置类似。⑧此处设置幕墙所在图层。

如图 4.4.81 所示，在【分格方案】分支中，⑨【分格样式和预览】卷展栏中的参数控制了主要的分格行列的大小尺寸、重复单元的规律等。⑩右侧的交互预览区，可以选择幕墙面板和框架的样式。右下角的四个图标，可以设置对角线框架和选择行列的功能。⑪ 此处设置不足一个分格方案单元的幕墙面板按哪一种方式显示。一般选择默认的【部分式样】。⑫【单元起点】卷展栏的图标，可以方便地设置设定的分格方案的分布和定位方式。

完成参数设置后，就可以在视图中需要的位置进行绘制。绘制完成后，选中该幕墙构件，视图中会出现一个【编辑】按钮，点击后可以进入在位编辑状态，如图 4.4.82 所示。

视图的左上角会出现各层级分支的选项，类似图层的开关。点击 👁 图标，可以方便地控制相关层级的显示；在 👁 图标上点击鼠标右键，则可以关闭其他层级，只显示当前层级。如图 4.4.83 所示，在【清单栅格】[1] 前的 👁 图标上点击鼠标右键，会单独显示幕墙的分格方案示意，此时可以对整个幕墙单元的边界和横竖分格方案进行自定义的调整。调整后的幕墙，如果再次在设置对话框中进行方案调整，那么这些自定义的调整会重置。

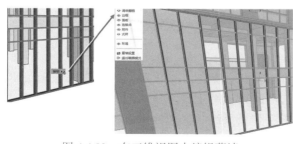

图 4.4.82　在三维视图中编辑幕墙

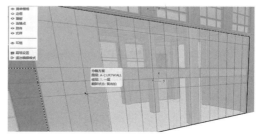

图 4.4.83　调整幕墙"清单栅格"方案

---

[1]　"Scheme Grid" 在 ARCHICAD 中文版中翻译为"清单栅格"，比较生硬，如果翻译为"分格方案"，可能更合适。

小技巧：幕墙工具的编辑技巧

（1）在创建自定义幕墙档的时候，经常会使用截面管理器创建截面，此时注意，定位原点的上方是幕墙的外侧，下方是幕墙的内侧，左边是面板轮廓的外侧，右边是面板轮廓的内侧，如图 4.4.84 所示。

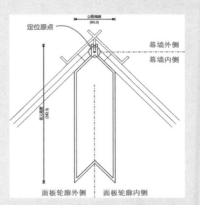

图 4.4.84　幕墙截面定义定位点

（2）门窗对象无法直接插入幕墙构件内，如果是在玻璃幕墙上开设开启窗和门，需要在幕墙设置对话框中或进入幕墙编辑状态，选择相应的面板，设定为窗或门，如图 4.4.85 所示。如果是双开门，则可以选择两个面板中间的框，删除，使面板合一后，再设定为双开门面板类型。

（3）幕墙构件的自定义创建，系统提供了【幕墙边框】、【幕墙帽】和【幕墙面板】保存为 GDL 对象。但对于幕墙抓点等没有提供直接的方法。因此，除软件自带的抓点样式外，如需定制抓点样式，要做一步附加的工作：创建抓点等对象后，保存为普通对象。然后打开该对象，手动修改其子类为【幕墙连接点】，如图 4.4.86 所示。完成后可在幕墙抓点选择列表中看到新创建的抓点样式并调用了。

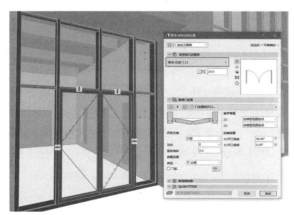

图 4.4.85　幕墙双扇门创建　　　　　图 4.4.86　自定义抓点需定义为【幕墙连接点】

第二种：铝板和玻璃的复杂图案幕墙。

案例项目东西侧的铝板和玻璃结合的幕墙设计，如图 4.4.87 所示，①顶部压顶线脚和底部收口线脚，我们采用的是复杂截面构造的梁或墙工具。这些线脚在方案阶段可以直接采用梁或板工具制作，但需要注意分图层和交叉组。②大面图案的幕墙，采用幕墙工具对分格方案进行调整后，指定各类自定义面板。图中幕墙设置了上、中、下三组自定义面板。③窗上的百叶格栅，我们采用的是复杂截面构造的梁工具，便于编辑和调整。④外侧线脚，局部采用复杂截面的柱工具，其图层和构件分类都按幕墙构件归类。

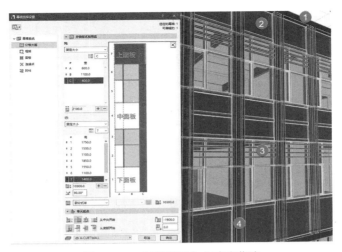

图 4.4.87   东西侧铝合金玻璃幕墙

第三种：石材和玻璃的复杂图案幕墙。

案例项目主楼南侧的石材和玻璃结合的幕墙设计，如图 4.4.88 所示。石材部分是三角形的自定义面板，两种规格分别制作。在幕墙工具的设置中，划分好不同面板组合的分格方案后，在编辑器中指定这些面板各自的样式即可，如图 4.4.89、图 4.4.90 所示。

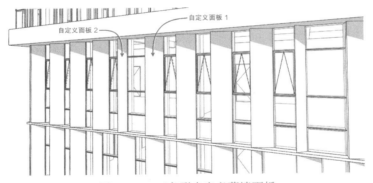

图 4.4.88   三角形自定义幕墙面板

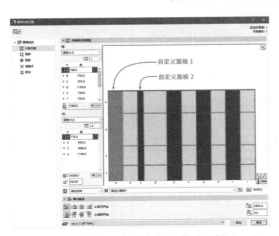

图 4.4.89   指定三角形自定义幕墙面板（一）   图 4.4.90   指定三角形自定义幕墙面板（二）

> **小技巧：自定义幕墙面板的制作**
>
> 根据设计的样式，在正负零平面上进行建模，可以使用合适的工具，如墙、板、变形体等，建模的时候，把正负零平面想象成未来面板需要放置的墙面即可。自定义面板的形体创建完并赋予贴图后，通过菜单【文件】→【图库对象】→【将选集另存为…】→【幕墙面板…】进行保存。在幕墙工具中，选择面板类型为自定义面板，并调用制作好的面板即可。

4.4.8　屋面和女儿墙

1. 平屋面

平屋面一般采用【板工具】来创建，需要构造层次时，概念方案阶段可以使用复合结构楼板创建。

随着设计的深入，当需要创建一定面层坡度和雨水沟等构造时，屋面面层可以采用【网面工具】来创建基本的构造厚度和坡度，屋面结构板采用单独的楼板对象。这种方法适用于大部分设计场景。

施工图阶段如果需要详细的平屋面构造生成剖面详图时，一般结构楼板和建筑面层可分开建模。结构层使用【板工具】创建；找坡层使用【网面工具】创建；上方的防水保温和保护层使用【屋顶工具】创建。

结构找坡的屋面有两种基本的创建方法：（1）采用屋面工具创建结构找坡屋面，可以配合【修剪到屋面】等相关的功能，比较灵活，推荐使用这种方法，如图4.4.91所示，①部位的结构找坡屋面即使用屋顶工具创建。②部位则是灵活使用屋顶工具制作幕墙上方的折型铝盖板。（2）采用梁工具配合复杂截面来创建结构找坡。这种方式主要用来做屋面复杂部位的梁和女儿墙等。

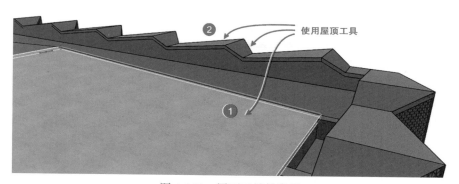

图4.4.91　屋面工具的应用

屋面排水沟可以使用复杂截面的梁创建，可用于方案阶段。到了发展细化阶段，如果需要更好的表达，推荐使用梁和板来创建排水沟，如图4.4.92所示。

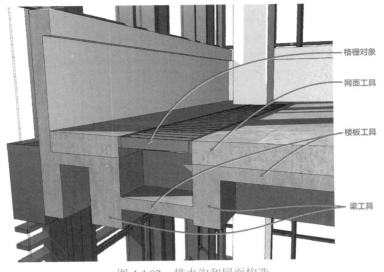

图 4.4.92　排水沟和屋面构造

2. 坡屋面

坡屋面一般采用【屋顶工具】来创建。坡屋面构造层次一般采用屋顶的复合结构功能来实现，并按照项目实际需要设置构造层次。创建时，要注意坡屋顶的形式设定，是四坡顶、双坡顶，还是相互结合。同时要注意设定坡屋顶的倾斜角度和定位方式，如图 4.4.93、图 4.4.94 所示。

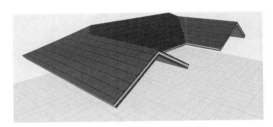

图 4.4.93　坡屋面的创建

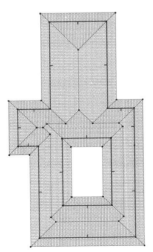

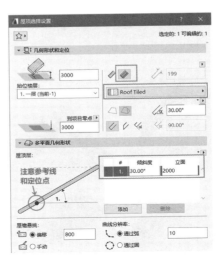

图 4.4.94　坡屋面坡度与定位设置

借助 ARCHICAD 的魔术棒功能 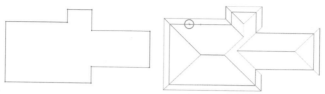 可以方便地创建复杂轮廓的坡屋顶。在平面中绘制屋顶定位轮廓线后，选择屋顶工具，设定屋顶参数，在平面视图中，按住〈空格〉键，鼠标光标变成魔术棒的样子。此时移动光标至轮廓线，屋顶生成的预览就在视图中展示出来，点下鼠标后，屋面就生成了，如图 4.4.95 所示。

图 4.4.95　使用魔术棒功能按轮廓创建坡屋面

小技巧：单片屋面快速交接

两个单片屋面求交线的快捷方法如图 4.4.96 所示。首先，选择这两片屋面对象（注意有先后顺序，第二个选择的屋面是基准屋面）。然后，在第一个屋面对象需要延伸的边界上按住〈Ctrl〉键，出现加粗的剪刀图标后点击左键。两片屋面其他的边界如果可能相交的话，也可以点击。做完这个屋面可以继续选择另一个屋面对象，然后同理操作。

小技巧：屋面坡度求解

屋顶工具包含的信息中是带有坡度信息的。我们在设定屋面坡度的时候，可以选择角度数值或者百分比数值，如图 4.4.97 所示。但是，当我们使用标签或自动文本去读取坡屋面坡度信息的时候，只能得到角度信息。此时可以使用属性表达式读取角度后，换算为常用的百分比坡度和比值坡度。（1）在属性管理器中，新建计算坡度的属性项，然后指定给"屋顶"分类。（2）通过分析，可以知道百分比坡度 $x=a/b=\tan(\beta)$，比值坡度 $1:y=1:\cot(\beta)$。（3）编辑表达式后即可得到相关数据。（4）创建标签，读取自定义的坡度或坡度比属性，如图 4.4.98 所示。

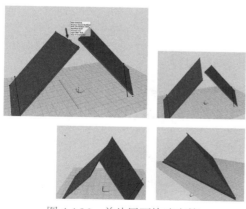

图 4.4.96　单片屋面快速交接

图 4.4.97　屋面坡度的单位

图 4.4.98 自定义坡度比属性

在已经创建的屋面对象上开不规则洞口的方法是：点击屋面边缘，调出小面板，选择其中的【从多边形减少】按钮，然后选择构造方法中的【综合性屋面】 按钮，接着在屋面范围内挖洞。另一个简单的方法是：先选择这片屋面，然后点击屋面工具图标激活该工具，选择构造方法中的【综合性屋面】按钮，就可以直接在屋面范围内挖洞了，不必再调出小面板。

挖洞后需要补回来，有两种方法：一种是编辑洞口的顶点，让它们重合，洞口就补上了；另一种是调出小面板，点击 按钮，然后在平面图中按下〈空格〉键，调出魔术棒工具，点击洞口，即可补上。

单平面屋面 比多平面屋面 （如四坡顶屋面）更加容易在三维视图中操作，包括挖洞等。在三维视图中，单平面屋面进行操作时，操作平面是和屋面斜面所在平面一致的，而多平面屋面的工作平面是水平面。因此，建议尽量在平面视图中操作。另外，多平面屋面可以通过右键菜单命令 分割成单平面屋顶 分割成单平面屋面。

3. 女儿墙

女儿墙在设计各阶段都可根据需要通过墙体工具来方便地创建。相关内容，参见4.1.9 参数化复杂截面的应用。在概念方案阶段可以用简单墙体来做，需要体现细节的时候，就把墙体设置为复杂截面墙体，然后调用相应设置好的女儿墙复杂截面就可以了。

女儿墙一般是非受力构件，因此，如果使用复杂截面做女儿墙，截面中不要包括其下方的受力梁。这样便于建模调整，同时也便于未来出简单的工程量。

结合参数化的复杂截面，不同尺寸的女儿墙可以采用一个截面对象。但需要注意后续修改源截面定义的时候，所有已经生成的女儿墙构件都会随之更新。

4.4.9 房间和功能空间

房间、走廊等各种功能空间，一般可以使用【区域（Zone）工具】 来定义。定义好的区域包含了房间（空间）的多项数据，如面积、体积、高度、内墙表面积、门窗个数、开洞面积、房间内的图库对象信息等，可以说是非常强大。更重要的是这些信息可以通过区域标签的设置显示在平面视图中，在三维视图中也可以操作。同时也可以通过交互列表等数据信息功能进行操作。这些数据是关联的，平面如果有修改，或者房间的设计内容变化了，只需要更新一下区域，这些数据都会同步更新。

区域工具在建筑设计的各阶段都有不同的应用场景。

（1）在概念方案阶段，可以用来做简单的体块建模，因为同时可以计算实时面积。相关内容，参见 4.1.5 概念方案阶段的面积控制。

（2）在概念方案阶段图纸绘制的时候，可以通过区域工具来区分不同的功能分区，同时可以使用区域类别设定的功能和色彩方案进行平面填色，并统计各个功能的面积比例，为设计决策提供依据。相关内容，参见 5.2.2 平面图的制作。

（3）在发展细化（扩初、施工图）阶段，区域可以用来标注房间名称、面积，如果深入一下，还能给房间编号，并且标注房间的标高和装修做法等。相关内容，参见 6.4.1 主要功能房间的数据计算。

1. 区域类别的设定

可以通过设定不同的类别，来定义该类区域在视图中的颜色和采用哪种标记。软件自带的模板提供了一些常用的区域类别，我们可以根据团队的风格和项目的特点制作一整套区域类别预设，设定好的预设可以导入导出，方便使用。

这里的类别，不是指具体的哪个房间功能，而是归为同一类型的功能空间。这样就可以在清单统计时计算同一类空间的面积、不同类空间的面积占比等。

区域类别可以从菜单【选项】→【元素属性】→【区域类别】设置，如图 4.4.99 所示，可以新建类别、改名或删除，也可以设定【类别颜色】。选择使用哪个区域标记，标记可以自己编写 GDL，也可以加载第三方区域标记（中文版翻译的"印记"和"标记"是一回事）。

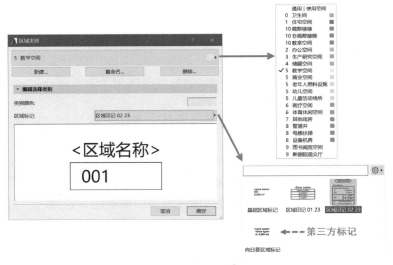

图 4.4.99 【区域类别】对话框

2. 区域的创建

区域在墙体、幕墙或线段围合的范围内创建，系统会自动寻找边界，也可以手动绘制区域的范围。ARCHICAD 提供了三种构造方式：【手动】、【内边】和【参考线】。后两种方式就是自动寻找边界的创建方式，在封闭范围内点击鼠标左键，光标会变为黑色锤子的标记，此时再次点击，可以看到创建了一个区域元素，在鼠标点击的位置生成了区域标记。

选择创建的区域元素，打开设置对话框，如图 4.4.100 所示。

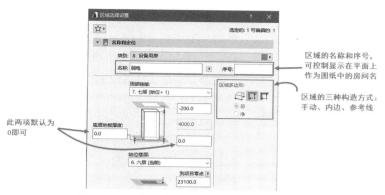

图 4.4.100　【区域选择设置】对话框（一）

（1）【名称和定位】卷展栏。根据模板中的区域类别，可以选择当前区域所属的分类。名称和序号则是在图纸上显示的主要信息，房间名称和编号即在这里填写。区域元素是有三维实体属性的，左下方的始位楼层和顶部链接等参数和墙体元素类似。右下方则是上述区域的三种构造方式，可以根据需要切换。

（2）【平面图】卷展栏。此处设置区域对象在平面视图的表达，包括填充颜色和填充图案。缺省是灰色的，即视图中区域的表达颜色按该区域类别的颜色。如果按下左侧的【边界】 和【填充控制】 按钮，则可以自定义该区域在平面视图中的显示效果，如图 4.4.101 所示。

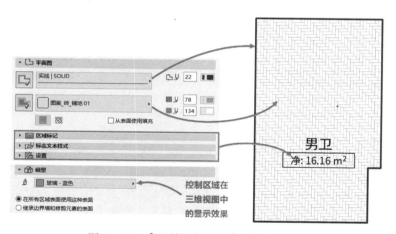

图 4.4.101　【区域选择设置】对话框（二）

（3）第 3~5 个卷展栏是控制区域标记的相关设置。注意中文版的 ARCHICAD 翻译存在很多费解的地方，可结合国际版中的英文来理解意思。【模型】卷展栏设置区域实体在三维视图中的显示效果，默认是透明的玻璃材质。

（4）【面积计算】卷展栏。区域不受门窗位置和大小的影响，只根据墙体的参考线和边界来计算范围。柱子不参与定义区域边界，但在计算面积的时候，可以设置房间净面积的计算。详见 6.2.1 建筑面积的计算和管理。

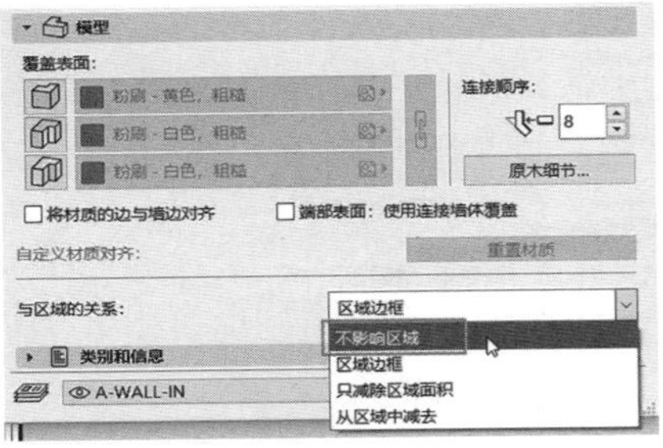

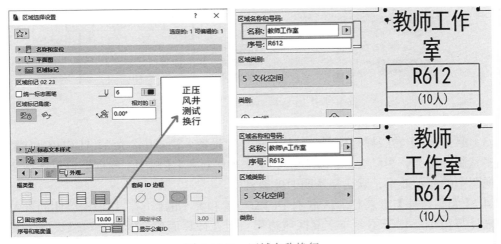

图 4.4.102　设置墙体不影响区域边界

如果空间的边界不闭合，创建区域的时候会出现警告对话框。因此，用区域工具这个空间一定要闭合，后期在更新区域的时候，如果空间不闭合，也无法更新成功。空间闭合的关键是围合空间的元素构件参考线闭合。二维的线条可以作为区域边框（分界线）进行设定。

有些房间内部划分成几个小房间，但定义区域的时候整个大房间作为一个区域，那么可以设置小房间的墙体不影响区域。选取墙体，在模型卷展栏【与区域的关系】下拉菜单中，选择【不影响区域】，如图 4.4.102 所示。

3. 区域的编辑

选中区域对象，在其控制角点和边界点击，会弹出小面板，其中有相关的编辑命令，这些命令主要针对手动方式创建的区域。使用分割工具可以切分区域对象，但受限于分割工具本身的功能，只能沿直线切分区域。

当坡屋面或者房间局部层高变化，需要编辑区域时，有三种方法：

（1）菜单【设计】→【屋顶附件】→【修剪区域】工具 **修剪区域...**；

（2）菜单【设计】→【连接】→【将元素修剪到屋顶 / 壳体】；

（3）菜单【设计】→【实体元素操作】 。

小技巧：区域名称的手动换行

区域对象一般用来创建房间。房间名称如果较长的时候，可以设置文字标签的宽度实现自动换行，如图 4.4.103 所示。但需要注意，同时设置的是标签中所有的信息，包括房间数据等都会按照这个宽度。如果需要更加灵活的换行方式，要在区域名称中加入"\n"来换行。

图 4.4.103　区域名称换行

4. 区域的更新

一般情况下，房间轮廓调整后，可通过手动更新区域边界，即根据房间的轮廓调整而调整区域的边界。创建区域元素后平面调整是很常见的，使用区域的好处是当房间边界调整后，可以通过更新区域功能将区域边界自动调整到新的边界。更新区域的方法是选中需要更新的区域，点击菜单【设计】→【更新区域】 ，调出设置对话框，如图4.4.104 所示，选择【更新选定的区域】；如果没有选中区域，则可点击【更新全部区域】，更新视图中所有的区域对象。更新后的状态和数据会显示在弹出的对话框中。

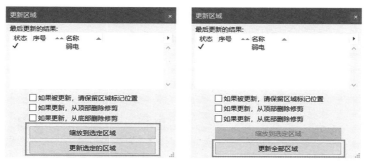

图 4.4.104　【更新区域】对话框

视图中，在创建区域的范围内有一个"+"符号，是区域的定位点，如图4.4.105 所示。这个点在哪个空间里，区域就定位在哪里，如果把这个加号移动到其他空间，再更新区域后，这个区域就会变到那个空间中去。这个定位点不会打印出来。

在三维视图中，区域元素默认是不显示的。需要在【在3D中过滤和剪切元素】对话框中勾选显示区域，如图4.4.106 所示。

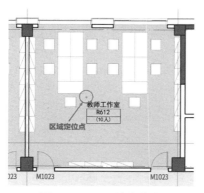

图 4.4.105　区域定位点

图 4.4.106　三维视图中显示区域元素

需要注意，构造方式为"手动" 的区域元素，无法进行自动更新。当手动的区域元素切换为两种自动方式 后，系统会提示是否更新，此时点击【更新区域】，则其会搜索周围的区域边界，并更新到该边界。

5. 区域工具的面积计算

区域工具的面积计算，详见 6.2.1 建筑面积的计算和管理。

4.4.10　室外场地

在不同的设计阶段，室外场地的建模可以通过不同的方法来创建。

大面积的主要场地设计内容，一般使用【网面工具】 来创建起伏或平坦的绿地或硬质铺装等，如图 4.4.107 所示。如图 4.4.108 所示，绿地轮廓在平面视图中根据场地设计绘制，此时的网面工具是平的，各点标高都一样。图中要把靠近建筑位置的标高抬高，①点击网面边缘，在弹出小面板中选择②【提升网面点】的按钮，③在弹出的【网面点高度】对话框中输入需要抬高的数值即可。

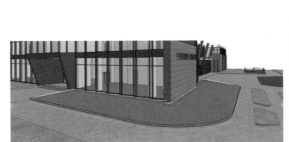

图 4.4.107　网面工具创建绿地

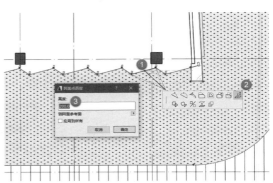

图 4.4.108　编辑网面边界标高

当我们要在这块绿地中做一个高起的区域时，如图 4.4.109 所示，我们先要绘制一条等高线（用【样条曲线】工具 ），接下去的步骤顺序很重要：选中绿地元素，点击【网面工具】图标，按下〈空格〉键，激活魔术棒状态，此时鼠标光标变成了魔术棒的图标，点击刚才创建的等高线①，在弹出的【新建网面点】对话框中，选择②【添加新点】，点击【确定】按钮即可。

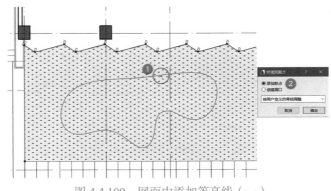

图 4.4.109　网面中添加等高线（一）

接着，我们继续点击刚生成的等高线，选择小面板中的【提升网面点】按钮后，在弹出的【网面点高度】对话框中输入新的标高值，即可抬高这块绿地了，如图4.4.110、图4.4.111所示。如果我们在三维视图中点击控制点，在弹出小面板中选择【提升网面点】的按钮后，可以直接移动这些点的位置，而不需要输入数值调节。

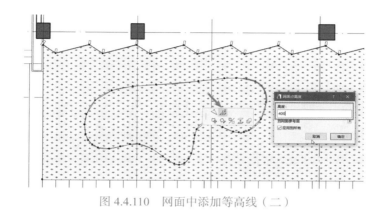

图4.4.110 网面中添加等高线（二）

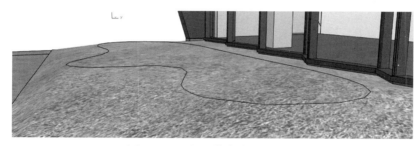

图4.4.111 调整等高线后的绿地

【网面选择设置】对话框如图4.4.112所示。【几何形状和定位】卷展栏中，左侧是①网面的标高定位，包括与±0.000间的距离、与始位楼层平面间的距离以及自身的基准厚度。②右侧是剖切的结构模式，分别是【仅顶部表面】、【含两侧和底部轮廓】以及【实体】，它们影响三维视图和剖面视图中的显示效果，如图4.4.113所示。③【覆盖填充】控制网面工具在平面视图中的填充显示，可以自定义图面表达的填充图案。当我们选择【从表面使用填充】后，平面视图中的填充图案就来自于④处的覆盖表面材质。⑤【3D表现】中的3个选项用于控制网面元素表面起伏造型中的多边形脊线如何显示，如图4.4.114所示。

网面工具在调节不同边界高差方面有优势，做场地是最适合的。特殊位置和造型可能还需要变形体工具配合。

路缘石等细节在需要精细建模的阶段，可以使用墙体工具配合不同的复杂截面来创建。

图4.4.112 【网面选择设置】
对话框

图 4.4.113 网面元素剖切结构模式

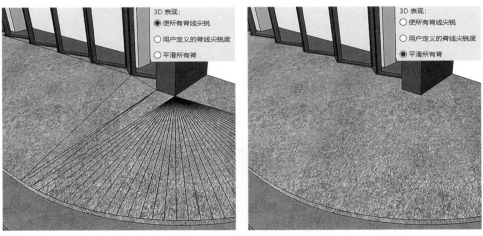

图 4.4.114 网面脊线设置

4.4.11 家具和对象

常用的家具创建方法，是使用对象工具在图库里找到需要的家具，然后点击相关视图，进行放置，如图 4.4.115、图 4.4.116 所示。图库中含有常用的家具，特定的家具需要自行获取。

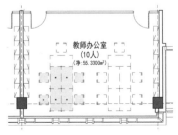

图 4.4.115 平面视图中插入办公家具图库对象

图 4.4.116 三维视图中的办公家具图库对象

对象工具在平面视图中的创建，一般会在视图所在的始位楼层标高上放置对象。如果在起伏的地面上、坡屋顶上、坡道斜面上等地方摆放 GDL 对象，可以开启坐标面板中【重力工具】的不同模式（图 4.4.117），它的作用是按照重力规则，将对象放置到倾斜构件表面的不同标高上，如图 4.4.118 所示。

图 4.4.117　重力工具　　　　　　图 4.4.118　使用重力工具布置 GDL 对象

153

第 5 章　设计成果图模合一

设计图纸是建筑师主要的设计成果和表达手段，也是目前法定的交付成果。因此，设计图纸的表达和质量很重要。我们希望借助三维设计工作流程，在深度和广度上对设计成果图模合一的可能性进行探索和实践。

首先，传统二维设计被人诟病最多的就是各种图纸中的内容和数据信息不对应，平面图与立面图、剖面图之间是松散的关系，缺乏联系。当设计变更后，平面首先调整，立面图、剖面图需要跟着修改，同时还需要调整与之相关联的其他图纸。我们在校审图纸的过程中，经常发现平 / 立 / 剖面图对不上的情况。而且当存量图纸信息达到一定数量的时候，再新增图纸内容并调整设计，工作量巨大。建筑师大量的时间，花在了设计变更后人工去整合与调整这些"割裂内容"间的联系。

其次，在我们的设计流程中，从概念方案阶段开始已经大量应用了三维设计软件，如 Sketchup、Rhino 等，但当进入后续阶段进行深入设计的时候，仍然需要另起炉灶，在 AutoCAD 中将三维设计成果转译到传统二维绘图软件，并与相关专业协同，这样的设计过程存在着一定的"割裂状态"。

基于以上现状，我们能否找到一种"图模合一"的状态或工作方式？答案是肯定的。这也是早期 BIM 软件推广时宣传得最多的，但通常使用的一些 BIM 软件并不善于表达建筑设计的二维图纸，给出图造成了一定的难度。这在一个侧面影响了建筑师对 BIM 技术的应用。我们在实践后发现，ARCHICAD 在模型和图纸表达方面做得比较好，不管是三维建筑元素的二维表达，还是针对建筑设计流程的出图流程等都有很好的表现。

这里要注意两点：首先，通过模型生成图纸，需要在模型建立的时候做充分的模型管理工作，包括元素构件的信息管理与类别管理要做到规范，同时需要在模板中充分按照公司的制图标准和协同标准来设定；其次，基于模型的图纸生成，不是一味追求模型的细致程度并排斥二维制图的策略，模型细度控制需要基于建筑专业阶段成果表达的需要，同时必要的二维制图策略是必须的，因为转译图纸本身就是一种图示，推进项目和解决问题是第一位的。

5.1　文档制作基础

建筑师交付成果的主要内容就是设计文档（含设计图纸）。我们常说的"画图""出图"，就是指这项工作。当我们应用 ARCHICAD 进行三维设计后，文档和图纸是从创建的三维模型及其包含的信息中生成文档和图纸，而不是被"画"出来。因此，更确切地说是"制作"文档。

5.1.1 文本和标签

1. 普通文本

【文本工具】相对简单，各项设置参数一目了然。选择文本工具后，在视图中拖曳出一个范围，即可开始输入文本了。输入完毕按下回车键，文字即创建完毕，如图 5.1.1 所示。

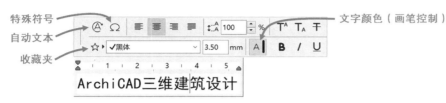

图 5.1.1　输入文本的界面

选中文本对象，按编辑的快捷键，可以调出文本设置对话框，里面的设置相对比较简单。这里介绍一下图 5.1.2 右下方的【模型大小】和【纸张大小】。前者根据平面图的比例不同而缩放文字大小，类似于 AutoCAD 的模型空间写文本；后者则无论平面图比例多大，打印出来的字高均保持不变，即根据视图比例自适应。一般情况下均选择【纸张大小】（独立比例），这样设置字高时只需考虑打印出来多高就设多高，不用理会比例问题。

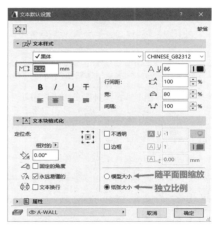

图 5.1.2　文字大小和比例缩放的设置

小技巧：文本工具的注意事项

（1）中文内容如果选择了西文字体，ARCHICAD 中是不会显示文本内容的，因此一般情况下要选择中文字体。

（2）选择并编辑已有的文本，要先激活快速选择状态 🖰 ，然后双击文本。如果快速选择没有激活，则只能通过热点选择文本，更改属性设置，而无法编辑。

（3）ARCHICAD 中文本字体设置，"黑体"字高的设置值为 2.5mm 时，英文字母和数字的高度为 250mm（1：100），中文的高度为 350mm，约放大 1.4倍，如图 5.1.3 所示，使用时需要注意。

图 5.1.3　文字高度

（4）目前使用"黑体"作为主力中文字体，"仿宋体"和"宋体"作为辅助字体。另外，还有一些例如钢筋符号等的特殊字符，需要使用"SJQY.ttf"字体。

（5）特别提醒注意：文本工具对象在多个同时选择时，是无法统一修改其内容的，这个和我们习惯的常规行业软件中的操作都不同。信息框中也不会出现文本内容的编辑区域。下文介绍的标签工具也是一样，但标签工具可以使用针筒工具传递标签内容，这一点文本工具目前做不到。

2. 自动文本

自动文本的功能就是由软件自动生成文字内容，或者说是提取项目中预先设定好且能提取的预设信息和属性，如图 5.1.4 所示，类似于 AutoCAD 中的字段。自动文本可以提取的信息和属性包括：

（1）自己定义和预设好的项目信息；

（2）当前系统的信息，如当前系统日期、文件名、存储路径等；

（3）布图中的图名、图号等；

图 5.1.4 自动文本可以提取的字段信息

（4）元素构件的参数信息、类别与属性信息等，这部分需要结合标签元素进行使用才能提取到有效信息。

自动文本插入后，如果源数据发生了变更，那么自动文本的内容也会相应地更新。插入自动文本的操作方法和使用普通文本一样。在布图流程中，自动文本还有比较丰富的应用，比如用来制作图框中的联动文本。相关内容，参见 5.3.5 布图功能中的信息应用。

3. 文本搜索和替换

ARCHICAD 的文本搜索和替换功能可以对文本、文本标签、尺寸标注、区域标记、对象设置中的文本参数进行搜索和替换。它不支持非文本的标签元素，包括元素 ID 等是无法搜索和替换的，这类信息需要使用查找和选择功能来实现。

搜索和替换功能通过菜单【编辑】→【搜索并替换文本】执行。【过滤器…】按钮可以设置搜索的范围。注意【所有视点】（所有视图）和【所有图层】这两个选项要慎重，可能会非常慢。

在顶部输入需要搜索的字符和需要替换的字符，点击【开始搜索】即可进行搜索，结果会返回在新的窗口中，如图 5.1.5 所示。然后可以进行选择性的替换，放大镜图标则可以查看搜索到的文本在视图中的位置，以便判断是否需要替换。界面中的【专家…】按钮可以调出更多搜索功能，包括区分大小写和找寻字符的条件，可以灵活应用。

图 5.1.5 搜索并替换文本

小技巧：在框定范围内搜索替换

文本搜索功能运行比较慢，为了加快搜索速度，可以用【选框工具】划定范围后搜索，速度会快很多，也准确很多。

157

4. 标签

ARCHICAD 中的【标签工具】，类似于天正软件的一些标注功能，但是它能关联所标注的元素对象，因此有着更加丰富的应用场景。标签的几何方式有【独立】和【关联】两种，如图 5.1.6 所示，在创建标签的时候，可以点击信息框上的按钮进行切换。

关联 独立

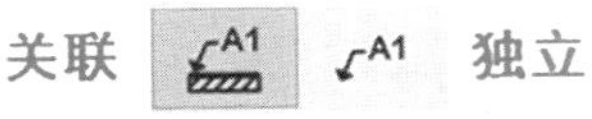

图 5.1.6 标签关联和独立

独立标签一般只用来做文本标注，内容是手动输入，且不会根据设计内容自动更新。大部分情况下，我们会使用关联标签。它可以根据不同的标注对象选择不同的形式和内容，同时，如果设定了提取的信息类型，当所标注对象的属性和信息修改时，标签内容可以自动更新。关联标签可以转换为独立标签，但反之不行。

ARCHICAD 中的标签种类比较多，如图 5.1.7 所示，包括自动文本标签、标高标签、表面标签、尺寸标签、洞口标签、材料标签、构造层次标签、类别和属性标签、通用标签、中国自定义标签等。当然也可以使用第三方标签，还可以自己编辑这些标签，或使用 GDL 语言编程创建符合自己需求的自定义标签。

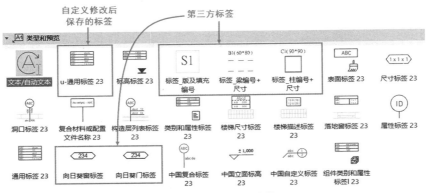

图 5.1.7 各种标签功能

各类标签可以标注的对象是特定的，在标签自定义设置的【信息】栏中，可以看到当前标签类型适用的元素类型，亮显的为可用的，淡显的为不可用的，如图 5.1.8 所示。

构造层列表标签，可以提取复合构造元素对象的构造做法层次并列出，如图 5.1.9 所示。

图 5.1.8　标签的对象是特定的

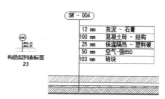

图 5.1.9　构造层列表标签

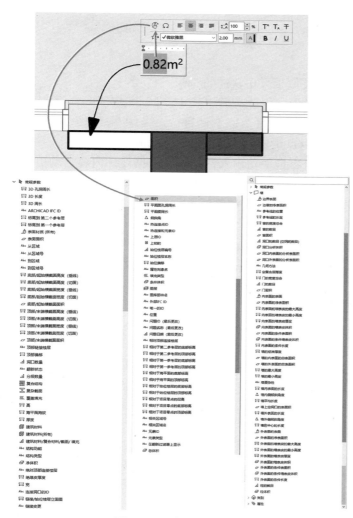

图 5.1.10　自动文本标签

自动文本标签可以提取元素对象的常规参数以及元素特定的参数，加上类型和属性信息。例如我们使用自动文本标签标注一段墙体，就可以提取这个墙体所有的数据信息。双击输入的数据会是一个灰色底色的字段，前后可以加自己定义的文本，如图 5.1.10 所示。

我们常用的引出标注可以用自动文本标签来制作，如图 5.1.11 所示，列出了常用的自动文本标签的控制参数。从 v23 版本开始有在文字中间显示线条的功能。

通用标签适用于所有的元素对象，它会以列表的形式提取数据信息并标注在视图中，如图 5.1.12 所示。

扫码看图

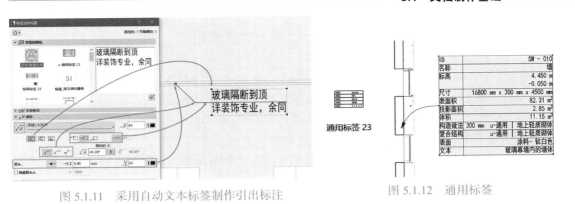

图 5.1.11　采用自动文本标签制作引出标注　　　　图 5.1.12　通用标签

标高标签可以读取元素的标高信息，包括表面和核心的标高，如图 5.1.13 所示。但目前只能读取"楼板的表面标高或核心的顶部标高"，而不能同时标注表面标高和核心顶部标高。

图 5.1.13　标高标签

图集索引号，可以使用 ARCHICAD 中文版自带的符号标签"中国自定义标签 23"，如图 5.1.14 所示。

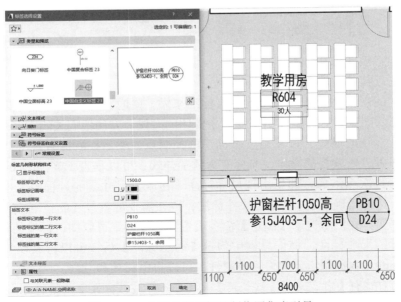

图 5.1.14　中国自定义标签制作图集索引号

小技巧：标签使用的注意事项

（1）标签对话框的最下面有一个【与关联元素一起隐藏】的选项。当选择时，被标注元素隐藏后，标签也隐藏。这是比较实用的功能。

（2）标注标签还有一个自动的功能，在菜单中选择【文档】→【标注与注释】→【标记选定的元素】，可以快速将选中的多个构件元素一次性标注标签。配合构件元素的信息录入，这个功能可以大大提高效率。

5.1.2　尺寸标注

尺寸标注的效率直接影响细化发展阶段以及后续施工图阶段的整体效率。但ARCHICAD 的尺寸标注功能与 AutoCAD 的习惯和功能都不一样，使用时需要适应。同时因为我们习惯了天正和浩辰等 AutoCAD 平台上的插件，但在 ARCHICAD 中缺乏这类二次开发的插件，因此目前的状态类似于使用原始 AutoCAD 进行设计，不过默认的功能已经比较完善了。

1. 创建尺寸标注

ARCHICAD 中的尺寸标注默认是关联标注，即标注的时候点击元素对象的控制点，出现的圆形靶点标志是关联控制点，方形靶点标志则为静态控制点，如图 5.1.15 所示。关联的尺寸标注会根据对象的位置和形状的改变而变化其位置和数值。

图 5.1.15　静态尺寸标注和关联尺寸标注

标注线和斜短线的粗细通过画笔号来控制，这里要注意，ARCHICAD 中的这个斜短线不是"方头方脑"而是"圆头圆脑"的。

尺寸标注的图层一般按照公司的图层标准来做，同时将前两道尺寸和第三道尺寸分开设置到不同的图层，这样提供给各专业条件图的时候，方便他们关闭不需要的尺寸。

创建尺寸标注的操作，首先是点击标注的控制点，然后在要放置尺寸线的方向双击鼠标左键，即可进入放置的操作，光标变为锤子样式，可以垂直于 X、Y 轴或者垂直于控制点的方向，再次点击后，即可出现尺寸标注。在放置尺寸线的过程中，也可以调出鼠标右键菜单，选择【确定】，出现了尺寸标注，再在需要放置尺寸的位置点击，即可完成尺寸标注的创建。我们给这个【确定】命令设置快捷键后，可以加快标注的创建速度。

标注完毕的尺寸标注，在信息框中勾选【静态标注】后，可以将其设置成静态的尺寸，即与原有的元素控制点之间失去关联性，可以自由移动和复制。

标注线的方式有【自定义标注线长度】和【动态标注线间距】两种，如图 5.1.16 所示，可以分别应用到不同的场景中，我们习惯使用前者方式的标注线。

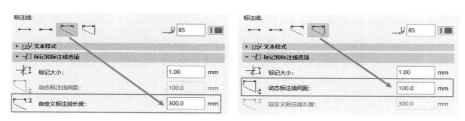

图 5.1.16 标注线方式

尺寸标注可以用来标注立/剖面的标高，这个标高可以根据不同的高度自动计算标高值。当需要标注弧长时，则切换几何方法到弧长的模式，如图 5.1.17 所示。

常用的尺寸标注设置好以后，建议保存到收藏夹中，作为常用的样式存储在模板中，以便重复使用，提高效率。

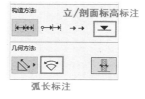

图 5.1.17 立/剖面标高标注

2. 尺寸标注的编辑

ARCHICAD 的尺寸编辑和天正、浩辰等插件有很大的区别。目前效率与 AutoCAD 平台的成熟插件相比还是有差距。不过也有自身的一些特色。

要编辑尺寸标注，首先要选择尺寸标注的不同部位，分别对应不同的操作和功能。但我们在使用过程中发现，这并不容易，因为在狭小的空间中有很多的控制点。可以根据鼠标光标的样子，判断是否选择了需要的元素进行编辑。

（1）尺寸合并：如图 5.1.18 所示，①的位置是尺寸标注的斜线标记，点击后，可以选中尺寸标注头，按〈DEL〉键，可以删除这个中间节点，两边的尺寸就合并了。

（2）调整尺寸位置偏移：①位置点击后，再次点击它，会调出小面板，如图 5.1.19 所示。其中第 1 个按钮的功能是移动尺寸标注点位置。第 2 个按钮是尺寸线偏移。

（3）增加尺寸标注点：在图 5.1.18 中点击②的位置，选中整个尺寸标注对象。然后，在想要增加标注点的位置，按住〈Ctrl〉键的同时，点击需要标注的新位置，新的尺寸标注就会生成。

选中整个尺寸对象后，在尺寸线上再次点击，调出小面板，这是尺寸编辑面板，如图 5.1.20 所示。下面一排是对整个尺寸标注对象进行平移、旋转、镜像和复制的操作。上排第 1 个按钮是插入标注点。第 2 个按钮是将标注线调整到平行某个线条或对象的方向上去。第 3 个按钮是偏移尺寸线。第 4 个按钮是把所点击的这一段尺寸独立出来进行偏移。第 5 个按钮是将尺寸点击位置一侧的尺寸标注整体偏移。

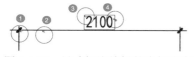

图 5.1.18 尺寸标注编辑的光标形态

图 5.1.19 尺寸偏移小面板

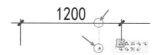

图 5.1.20 尺寸线编辑小面板

（4）尺寸避让：在尺寸标注的设置对话框中，【标注细节】卷展栏下，有一个【标注文本放置方法】的控制项，这里可以选择几种不同的文字避让方案。常规的是上下避让，可以选择【居中的】方法，并勾选右侧两个复选框，如图 5.1.21 所示。

（5）编辑标注的尺寸文字：图 5.1.18 中，在③和④的位置，都可以点击选中文字，打开设置对话框后，就是标注文本的各项控制内容，与标高符号的文字参数相似。这里注意两个内容，如图 5.1.22 所示：①【自定义文本】，这里可以输入特定的尺寸，也可以手动输入尺寸计算等式；可以调入系统自动计算的标高作为自动文本，也可以手动输入等分尺寸的公式，但无法联动。②【恢复到自动位置】的选项，当文字被调整偏离默认自动位置的时候，尺寸标注会显得凌乱，这时可以勾选这个选项，让文字复位。

图 5.1.21　标注尺寸避让选项　　　图 5.1.22　尺寸标注文本的两项设置内容

小技巧：向日葵等分尺寸

向日葵系列 GDL 对象，是杨远丰[①]老师制作的一系列针对国内制图习惯的对象，"向日葵等分尺寸"对象是其中之一，可以进行等分尺寸的计算和标注，如图 5.1.23 所示。

小技巧：提高标注尺寸的准确性

为了提高标注尺寸的准确性和效率，在增加尺寸分段的时候，要尽量点取元素对象的节点处，可以通过光标判断，光标变为带对勾时，一般是尺寸标注的节点，如图 5.1.24 所示。

图 5.1.23　向日葵等分尺寸

[①] 杨远丰老师是国内 ARCHICAD 应用的先驱，他开发的向日葵系列 GDL 对象和编写的《ARCHICAD 施工图技术》对国内 ARCHICAD 的应用有着深远的影响。

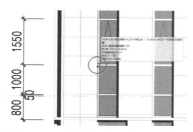

图 5.1.24 提高标注尺寸的准确性

3. 半自动尺寸标注

ARCHICAD 通过内置的插件，提供了半自动标注尺寸的功能，可以对墙体、门窗洞口尺寸、幕墙框架尺寸等进行自动标注，减少手动操作。命令的位置在菜单【文档】→【标注与注释】→【外部标注…】【内部标注…】。操作方法是：

（1）必须选中需要标注的对象（墙体或者幕墙），否则命令是灰色显示，无法启动。

（2）选择【外部标注】或【内部标注】命令，调出设置对话框，如图 5.1.25 所示，设置好所需要标注的参数。

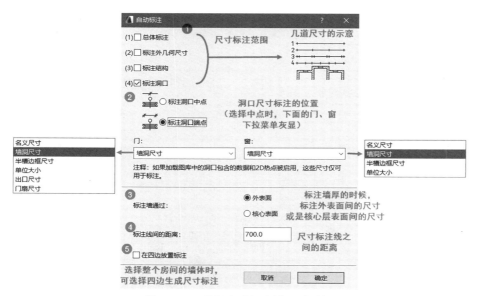

图 5.1.25 外部自动标注设置对话框

（3）在设置好参数后，ARCHICAD 会要求点击与自动标注的尺寸平行的对象，此时光标会变成锤子图标，在平面视图中点击标注的位置，即可生成一批尺寸标注，如图 5.1.26 所示。

【内部标注】对话框如图 5.1.27 所示。房间内部的尺寸标注，主要标注墙体的定位尺寸。设定好后，需要在视图中绘制一条经过所需标注墙体的虚拟路径，光标变为锤子图标后，点击尺寸标注的位置即可，如图 5.1.28 所示。

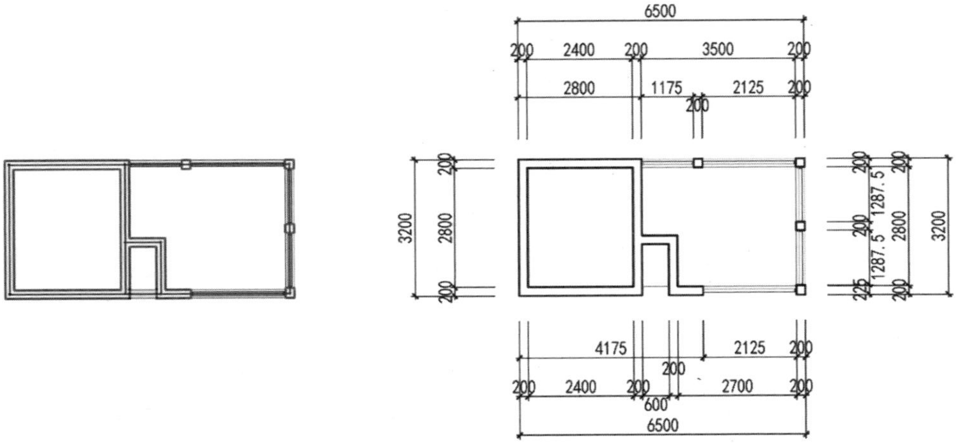

图 5.1.26 外部标注示例

4. 3D 文档中的尺寸标注

在 3D 文档中，标注尺寸的方法基本与通用尺寸标注的方法一样，如图 5.1.29 所示。

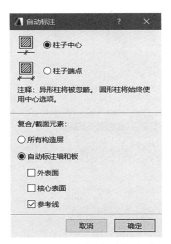

图 5.1.27 内部自动标注设置对话框

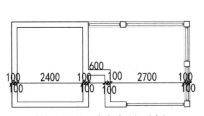

图 5.1.28 内部标注示例

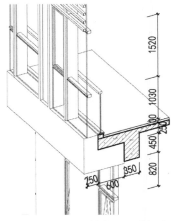

图 5.1.29 3D 文档中的尺寸标注

小技巧：3D 文档中的角度标注

在 3D 文档中无法标注角度符号。此时只能采用变通的方法：将三维视图作为独立工作图的底图，使用描绘参照功能，在工作图视图中绘制成角度的线条元素，标注角度后，粘贴回 3D 文档视图中去。

5.1.3　符号标注

我们绘制图纸的时候要用到大量的符号和标注，除了使用标签工具能实现的以外，其他诸如标高、坐标标注、坡度标注、指北针符号在 ARCHICAD 中都自带，但有些表达方式和制图标准不完全一致。

1. 平面标高标注

可以使用软件自带的【标高工具】⊕¹²，它能关联楼板等元素的标高，实时获取标高值。操作方法：在需要标注标高的对象位置，系统会临时高亮所要标注的对象，点击后，即可标注。

在 ARCHICAD v23 版之前，系统自带的标高样式中没有符合中国制图标准的标高样式，只有国际上用的"宝马标高"样式，所以之前基本只能使用"向日葵标高"对象。在 v23 版发布时，增加了两个接近中国制图标准的三角标高样式，给出图带来了一定的便利，如图 5.1.30 所示。

标高标注的符号大小和画笔颜色，可以在设置中调整，如图 5.1.31 所示。同时，默认的关联标高也可以改为【静态水平】（此处应为翻译错误，"Level"在这里应为"标高"的意思）。调整后不可逆，这和关联尺寸标注类似。

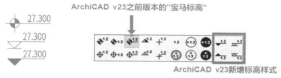

图 5.1.30　平面标高标注　　　　图 5.1.31　标高标注符号的大小和画笔设置

标高标注中的文本部分，可以单独选中进行编辑，如图 5.1.32 所示，编辑楼板的结构标高，这种方法是直接输入，结构标高数值不能联动，好在一般建筑到细化阶段需要标注结构标高的时候不会轻易变更建筑标高。

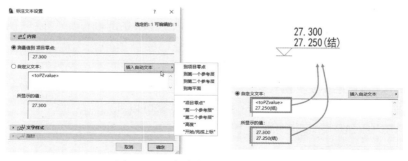

图 5.1.32　标高标注中的文本编辑

要实现联动的结构标高，还有一个方法，就是使用图 5.1.32【插入自动文本】中的参考层标高。设定一个参考层标高，高于正负零标高一个结构面层厚度，如图 5.1.33 所示。参考层的设置为菜单【选项】→【项目个性设置】→【参考层】。

图 5.1.33 参考层标高设置

小技巧：楼梯半平台标高标注

　　楼梯踏步和半平台的标高标注：默认的标高工具，可以识别楼梯的梯段和踏步的标高。方法是选择标高工具后，移动光标到楼梯的半平台或者踏步，如图 5.1.34 所示。然后按〈Tab〉键，激活楼梯的子元素，视图中半平台和踏步高亮后，点击鼠标左键，就可以标上了。这里要注意，激活的梯段可能是朝上的，要看一下同时淡显的那个对象是上梯段还是下梯段。

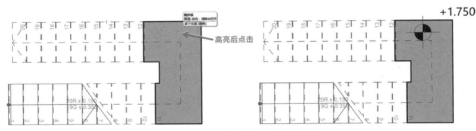

图 5.1.34 楼梯平台标高标注

　　楼层平面标高或立面标高，还可以使用"向日葵标高符号"或者"无忧 +SDGG 标高"等第三方 GDL 标高对象，缺点是无法联动楼板的标高调整。当然，这些对象默认会读取系统的标高（若在平面图中会读取当前楼层标高，若在立剖面图中会读取插入点所在的标高，若在大样详图中会读取大样图源视图的楼层标高）。目前测试的这些第三方 GDL 标高对象，都可以以用于图纸的绘制，它们对于国内制图习惯和表达适应较好。比如垂直引出线标高、多值标高等，如图 5.1.35 所示。这些对象可以在国内网络和 ARCHICAD 论坛上搜索并下载。

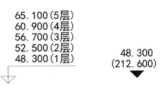

图 5.1.35 其他自定义标高符号

　　2. 立面、剖面标高标注

　　如图 5.1.36 所示，①使用软件自带的【尺寸标注工具】，在构造方式中选择【立面图】的样式。在设定好【标记类型】等参数后，即可在立面图中点击所要标注标高的位置。标注对象会根据所在标高自动计算出标高值并标注在图上。上下移动后，标高会相应更新。但是如图所示，标注横线太长，不是很美观。这个因为不是 GDL 对象，所以无法自行修改。

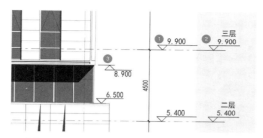

图 5.1.36　几个立面、剖面标高标注方式

②在立面、剖面图设置的楼层标高卷展栏中，有设置楼层标高的显示和打印设置。选择只显示，那么在立面、剖面视图中可以看到这些标高和楼层名，但放入布图后是不会被打印输出的，因此这里应根据需要设置。由于这个楼板标高的标记、内置楼层标记不能满足我们的制图需求，因此这里选择的是【向日葵楼层标记】，标注横向的长度相对合理一些。

③使用的是第三方的 GDL 标高对象"无忧 +SDGG 标高"，经过我们的调整，这个标高对象更加美观一些。同时，如上所述，它会根据软件提供的自动计算特性，读取立剖面的标高值进行标注，还是非常方便的，推荐使用。

3. 坐标标注

坐标标注可以采用【向日葵坐标标注】对象，在视图中放置即可读取标注点的坐标，如图 5.1.37 所示。如果坐标不是真实坐标，则需要进行校准。在【横向校准值】和【纵向校准值】中，填入校准值即可。注意，坐标标注中的 X 是纵向，Y 是横向。

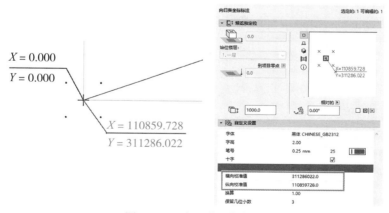

图 5.1.37　向日葵坐标标注

ARCHICAD 软件也有自带的坐标标注对象【世界坐标标注 23】、【坐标标注 23】，其特点是包含三维的对象，如图 5.1.38 所示。对于可视化交底和放样有一定的帮助。对象的位置在软件自带的【ARCHICAD 图库 23】中，【1. 基础图库 23】→【1.7 2D 元素 23】→【图形符号 23】文件夹下。

图 5.1.38 三维坐标标注对象

4. 图集索引号

如前文所述，索引号可使用 ARCHICAD 自带的符号标签【中国自定义标签 23】。

5. 坡度标注

坡度标注，快捷的方法就是使用 GDL 对象"向日葵坡度符号"，能满足日常的表达，如图 5.1.39 所示。ARCHICAD 中的屋面对象，可以使用标签提取屋面的坡度，不过这个坡度是以角度计算，如果要提取百分比的坡度，需要编辑一个坡度属性，通过三角函数公式换算成百分比，再使用标签提取数据。

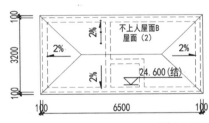

图 5.1.39 坡度标注

6. 软件自带图库标注

系统图库对象在【ARCHICAD 图库 23】→【1. 基础图库 23】→【1.7 2D 元素 23】→【图形符号 23】下有一些好用的对象，对于项目设计过程中的一些符号标注都有帮助。例如指北针、比例尺、无障碍标记、开洞符号、填充类型等，如图 5.1.40 所示。

7. 车位对象及元素 ID 管理器

车位 2D 对象，我们是在陆永乐 ① 老师编写的 "LU_Parking_single.gsm" 对象的基础上进行改写，制作了一个简易的车位对象，如图 5.1.41 所示。

在实际项目中，除了要布置车位，还需要给车位编号。我们使用的是【元素 ID 管理器】。在平面中布置所有车位，每个车位对象都有一个初始的元素 ID。选择所有车位对象

---

① 陆永乐老师是国内 ARCHICAD 应用和 GDL 编程方面的专家，他编写的中国古建 GDL 图库和人防门图库等功能非常强大。这些图库对象也被收录在图软中国官方图库中。

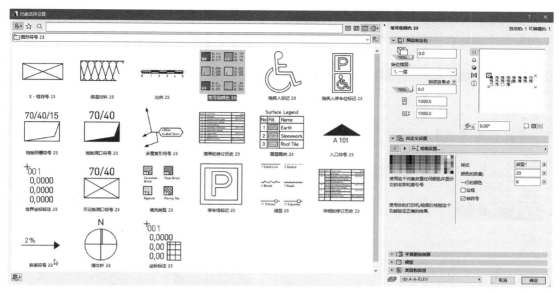

图 5.1.40　系统图库对象

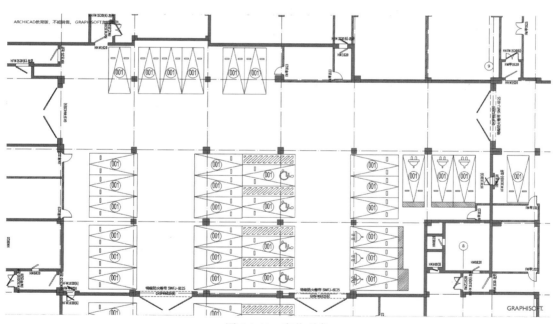

图 5.1.41　车位对象

（可使用【查找＆选择】对话框），找到菜单【文档】→【列表插件】→【元素ID管理器】，调出管理器。它分两个页面：【排列元素】——设置编号的规则；【ID格式】——设置元素ID的编号格式。在【排列元素】页面，可以将元素ID按照其中提供的各种可用标准进行排列。这里的是车位编号，比较适合采用车位的位置也就是坐标排序。但系统并没有提供按坐标排序的功能。我们使用的"LU_Parking_single"对象中，设置了获得对象 X 坐标和 Y 坐标的参数，自动计算出该对象当前的坐标值。

如图5.1.42所示，在【元素ID管理器】中，添加两个坐标。这里需要将 Y 坐标放上面，X 坐标放下面，作用是先从上到下（Y 坐标），再从左到右（X 坐标）[①]。

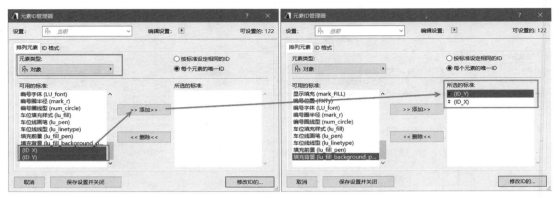

图 5.1.42　元素 ID 管理器设置（一）

切换到【ID 格式】页面，如图 5.1.43 所示，这里可以设置编号的四个字段，每个字段都可以设置为固定的文本或者计数器，但所有字段中只有一个计数器起作用，固定的文本可以作为前缀或后缀。我们这里设置一个计数器，位数设为 3，起始值为 001（注意计数器位数必须大于总车位数的数字位数，不然会报错）。

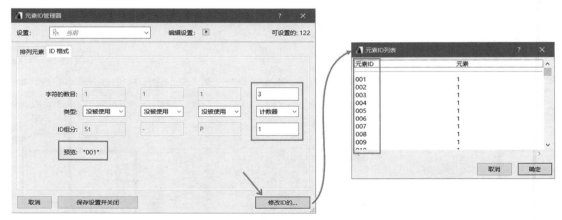

图 5.1.43　元素 ID 管理器设置（二）

点击【修改 ID 的…】按钮后，程序就开始编号了，完成时会弹出一个对话框，显示编号的结果。确定后，视图中的对象就已经编好号码了，如图 5.1.44 所示。

5.1.4　填充工具

填充图案是 ARCHICAD 项目中的基本特性之一，应用的场景非常多，比 AutoCAD 中的填充复杂得多，因此也比较容易搞混。不仅构件的表面、截面的填充图案、各种材

---

① 在 LU_Parking_single.gsm 中设定的 ID 参数，设置了读取对象坐标时，增加的正负控制使 Y 方向可以自上而下，"向日葵车位"对象没有这个正负控制，所以是自下而上，显然自上而下更符合读图习惯。

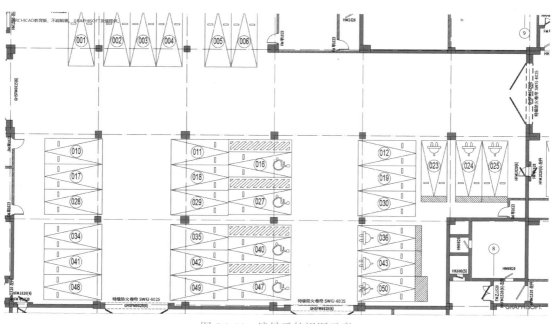

图 5.1.44　编号后的视图示意

料对应的矢量 3D 图案都与填充工具和填充库有关，几乎所有构件和元素对象的设置参数里也都有填充的选项。填充本身有不同的分类和使用部位区分，还有前景色背景色的设置。

1. 填充的类型

填充有四种类型：【实心填充】、【矢量填充】、【符号填充】和【图片填充】。如图 5.1.45 中的①②③④，为填充工具选择列表中的四类。

【实心填充】，就是按照灰度从 0 到 100% 的颜色色块填充。其中使用最多的是"前景填充"和"背景填充"，都是 100% 的颜色填充。

【矢量填充】和【符号填充】，是由各种线条组成的图案，两者的区别在于编辑方式不同。矢量填充只能改变图案在横竖两个方向上的比例，而符号填充除了能改变比例，还可以改变横竖两个方向上图案单元的间距和位置等排列效果，从而生成更加丰富的图案效果，两者的设置如图 5.1.46 所示。另外，通过自己绘制线条来新建的填充图案只能是符号填充。

【图片填充】，是将外部的图片文件导入成为填充，有点类似于 Photoshop 的平面填彩方式，用图片来拼贴，很适合做方案阶段室内外的平面填色图。

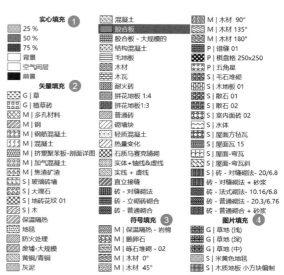

图 5.1.45　填充的四种类型

矢量填充

符号填充

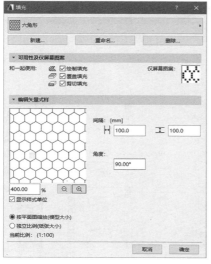

图 5.1.46 矢量填充和符号填充的设置界面

2. 填充的可用性

填充的可用性是指填充应用的场景，有三个：【绘制填充】、【覆盖填充】和【剪切填充】，如图 5.1.47 所示（不同版本的 ARCHICAD 中此界面有微差，但内容相同）。

图 5.1.47 填充的可用性

【绘制填充】，是仅手动绘制的 2D 填充图案，简单地绘制填充，可以用来做总图中的草地、铺地等，也可以用来临时统计面积，另外，在大样图中进行某些材料的表达可以使用绘制填充，也是非常方便的。

【覆盖填充】，用于楼板、屋顶、网面工具等元素构件的表面填充显示，包括这些表面的材质贴图的矢量 3D 图案。

【剪切填充】，用于结构构件被剖切后的剪切面的填充显示。

图 5.1.48 填充的构造方法

每个填充图案都可以设置这三种场景中的多个。设置了不同的应用场景，只有在特定的工具或功能部位选择后，可以使用相应的填充图案。

3. 填充的构造方法

填充的构造方法是指可以通过控制手柄来调节控制填充图案的变形。第 1 种 ☰ 是默认的正交；第 2 种 ▨ 是通过控制基点和方向，还是正交；第 3 种 ▨ 是可以有角度和缩放的控制，如图 5.1.48 所示。

填充工具的创建和编辑，与其他工具类似，有魔术棒可以用，也有小面板可以弹出来选择不同的编辑方式。分割工具也可以应用在切割填充对象上，但仅限于直线切割。

注意 ARCHICAD 中的填充元素是没法分解成线条的，这和 AutoCAD 不同。

4. 填充图案的面积属性

填充对象还自带了计算面积的功能，可以进行简单快捷的面积计算和管理。详见 6.2.1 建筑面积的计算和管理。

5. 导入 AutoCAD 的填充图案

ARCHICAD 默认的填充图案样式不多，若要继续使用 AutoCAD 时代习惯使用的图案，或者从别人的 DWG 文件中获得了一些特别的填充，想要导入 ARCHICAD，可以采用如下方法：

（1）打开 AutoCAD，绘制任意形状的填充，图案选择希望导入 ARCHICAD 使用的图案，存为 DWG 文件。

（2）在 ARCHICAD 中，选择菜单【文件】→【互操作性】→【合并】，将 DWG 导入到项目文件中，此时查看填充样式管理界面，就能看到导入的填充图案了。

（3）注意，导入后的填充图案的名字和原来的名字是一致的，但缩略图需要自定义。另外，如果含有此填充的文件导出为 DWG 后，这个填充图案虽然名称不变，但是在 AutoCAD 中已经不能再编辑了。

6. 自制填充图案

自制的填充图案主要是符号图案和图片图案。

（1）在平面视图中，绘制图案的一个基本重复单元，然后选择它，按〈Ctrl+C〉复制。

（2）调出填充设置对话框，创建自制填充图案如图 5.1.49 所示，点击①【新建】按钮，在弹出的对话框中选择②【符号填充】，并取一个名称，可以统一加前缀（英文前缀的好处是支持键盘快速定位），点击③【确定】。

173

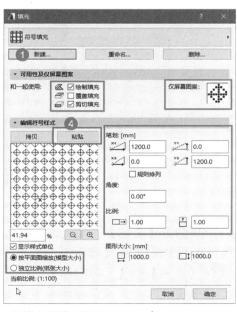

图 5.1.49　创建自制填充图案

（3）在对话框的图案预览框上方，点击④【粘贴】按钮，即可看到自定义的图案。后续在对话框中设置各个参数即可。

注意，在生成设计成果图纸的时候，应灵活应用填充的不同部位和不同类型的组合应用。需要形成前后覆盖的地方，可以灵活使用背景填充，有点类似于 AutoCAD 中的"Wipeout 覆盖图形"功能，这些背景填充在导出 DWG 文件的时候会转换成 Wipeout 对象，建议最后清理掉这些 Wipeout 对象。

5.2 基于三维模型的图纸制作

5.2.1 总图的制作

制作总图的工作流程中，我们试图找到比较方便快捷，同时又能充分利用建好的三维模型来生成总图的方法。

1. 总平面线图

对于报建用的总平面线图，我们的策略是采用拼装组合的方法来制作。

首先，是制作建筑主体的顶视图投影平面，该视图仅包括建筑主体，不包括场地内容，且需要各层屋面均显示。

（1）将三维视图设置为轴测图，并选择顶视图的平行投影方式。通过图层组设置和 3D 视图中各楼层内容的显示（通过【在 3D 中过滤和剪切元素】功能），保留地上建筑物主体，地下部分隐藏，如图 5.2.1 所示。然后保存视图，取名为"仅建筑主体显示"，备用。

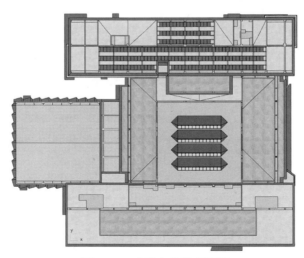

图 5.2.1 建筑主体的顶视图

（2）执行菜单命令【文档】→【文档绘制工具】→【新建 3D 文档…】，将该顶视图存为 3D 文档。3D 文档设置的【模型显示】卷展栏中，将【未剪切元素】的表面统一设定为白色，关闭【透明】和【太阳阴影】，如图 5.2.2 所示。这样就得到了建筑主体的纯白底色线图。注意，此时建筑从顶视图看不应有透出背景的情况，因为接下去需要用这个顶视图叠合在一层场地平面上，如图 5.2.3 所示。

174

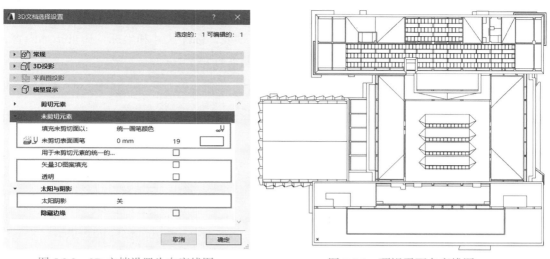

图 5.2.2　3D 文档设置为白底线图　　　　图 5.2.3　顶视平面白底线图

其次，是制作一层建筑室外场地内容的线图。

（1）打开一层平面图视图，通过图层组合和 MVO 的设置，只保留一层场地模型的填充信息，把轴线、尺寸标注、室内标高等内容关闭。设定视图比例为 1：500，如图 5.2.4 所示。

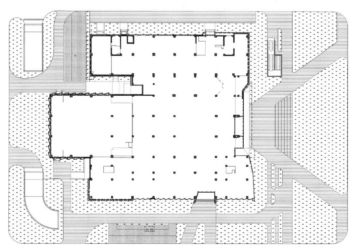

图 5.2.4　一层平面线图

（2）保存视图，取名为"总平面用一层场地平面"，备用。

最后，是绘制总图中的红线、周边场地建筑、轴线尺寸、坐标定位、总平面说明、指标表格等二维信息内容。

（1）创建一个独立工作图。选择使用工作图来制作的原因是在工作图中绘图的灵活性比较好，在 3D 文档或布图中绘图的限制较多。

（2）采用外部图形或者 Xref 的方式导入原始场地周边信息。注意，在导入地形等外部内容之前，需要清理 DWG 文件，把不必要的内容删除，减小项目文件的大小。

（3）将上面制作完成的 3D 文档和一层场地视图作为描绘参照，垫在工作图里，如图5.2.5、图 5.2.6 所示。接着将红线进行描绘，拷贝轴线，标注尺寸和坐标；拷贝指标内容，编写必要的文字说明。这些工作和常规的总图绘制流程是一样的。

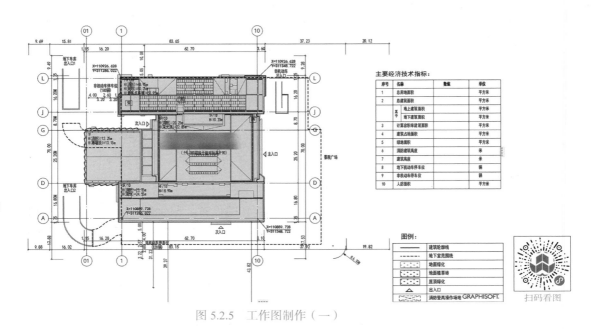

主要经济技术指标：

序号	名称		数值	单位
1	总用地面积			平方米
2	总建筑面积			平方米
	其中	地上建筑面积		平方米
		地下建筑面积		平方米
3	计算容积率建筑面积			平方米
4	建筑占地面积			平方米
5	绿地面积			平方米
6	消防建筑高度			米
7	建筑高度			米
8	地下机动车停车位			辆
9	非机动车停车位			辆
10	人防面积			平方米

图例：
建筑轮廓线
地下室范围线
地面绿化
地面植草砖
屋顶绿化
出入口
消防登高操作场地

图 5.2.5 工作图制作（一）

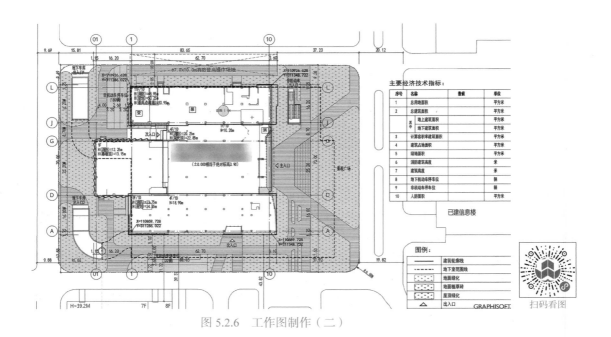

主要经济技术指标：

序号	名称		数值	单位
1	总用地面积			平方米
2	总建筑面积			平方米
	其中	地上建筑面积		平方米
		地下建筑面积		平方米
3	计算容积率建筑面积			平方米
4	建筑占地面积			平方米
5	绿地面积			平方米
6	消防建筑高度			米
7	建筑高度			米
8	地下机动车停车位			辆
9	非机动车停车位			辆
10	人防面积			平方米

已建信息楼

图例：
建筑轮廓线
地下室范围线
地面绿化
地面植草砖
屋顶绿化
出入口

图 5.2.6 工作图制作（二）

（4）对于不同类型的总图，我们可以建立多个工作图视图，例如绿化总平面图、人防总平面图、海绵城市设施总平面图等，不同的工作图视图可以互相描绘参照。

最后，将上述三个步骤生成的视图在布图中进行拼合，如图 5.2.7 所示，就完成了总图的制作。

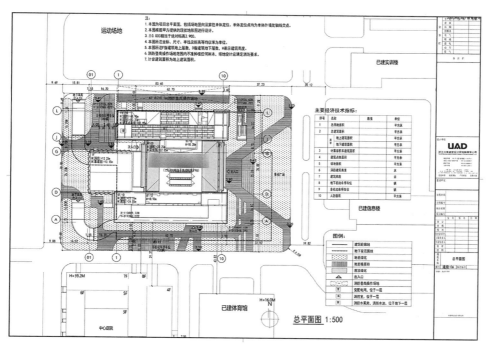

扫码看图

图 5.2.7　总图示例

小技巧：工作图的注意事项

（1）当工作图插入布图中后，该工作图图形的设置一定要将【大小与外观】卷展栏中的【将图形的内部原点用作定位点】勾上。当工作图的内容调整后，布图中的工作图进行更新时，位置不会偏移。

（2）工作图中描绘参照开启的时候，操作会比较卡顿，这时需要切换描绘参照的开关状态，以便获得较好的效率。

由于在总图报建的时候，各地规划部门对于提交的 DWG 文件的要求不一样，为了能高效推进项目，这部分总图可以不在 ARCHICAD 中制作，仍然采用传统的工作流程制作。但是建筑和场地的内容可以通过 ARCHICAD 导出 DWG。

总图中的标高对象，我们使用的是"SDGG+无忧"标高对象，暂时无法和场地模型联动调整标高数值。如果需要联动，则需要采用软件自带的标高工具。

总图中的指标表格等需要手动绘制，但是表格内容可以从 Word 文件中拷贝，粘贴到工作图中，会生成一个文本对象，制表位都在。初步调整完成后，画上表格线即可。

2. 总平面填彩图

如果需要制作总平面填彩的图纸，那么结合上述步骤的成果也是可以实现的。

（1）要正确设定三维模型的材质贴图，因为这个贴图是填彩总平面顶视图看到的贴图，就是我们传统使用 Photoshop 制作的贴图，要在模型上正确赋予元素构件，重点部位是"屋面"和"室外景观（道路、铺地、草地等）"。

（2）在三维视图中将整个建筑地上部分和室外地形都设定为可见状态。我们可以设定相关的图层组，将不需要在总平面图顶视图投影中出现的都隐藏，提高视图响应速度。

（3）调节为轴测图模式，设定为顶视图。打开阳光阴影，并调节好需要的角度和影子长度后，将视图保存为填彩底图。

（4）对天窗和玻璃吊顶等，通过图形覆盖设定为淡蓝色填充。注意，由于是在三维视图中的图形覆盖，因此是设定"表面"的覆盖，而不是"填充"，"填充"覆盖是针对平立剖等二维视图的。

（5）将报批总图制作步骤中提到的包含总图二维信息的工作图视图与这个彩色投影的顶视图在布图中叠合，方案的总平面填彩图就完成了。

3. 导入的总平面图坐标校准问题

导入外部 DWG 文件，推荐使用"外部图形"的功能导入，不会带进来很多其他信息，显示也最保真。但是需要注意，外部图形的定位点是该图形所有内容的外轮廓的几何中心，如果导入的是总图底图，可能就不是真实坐标。我们可以在插入外部图形总图的时候，暂时将图形对象的几何中心定位在 ARCHICAD 项目原点。此时可以通过计算原始地形图上的坐标标注尺寸与当前视图的坐标插值来进行校准。

（1）在插入的 DWG 外部图形中找到一个坐标点作为参考点，在此位置上放置"向日葵坐标对象"，会得到一个当前项目文件中该点的坐标。

（2）如图 5.2.8 所示，计算 X 向的校准值为 110714050+144088=110858138，Y 向的校准值为 611232510+51087=611283597，填入对象的校准参数设置中即可。

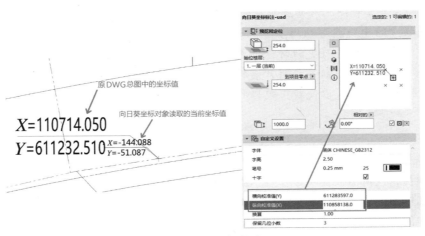

图 5.2.8 坐标校准

5.2.2　平面图的制作

平面图是建筑师设计和成果表达最重要的图纸，也是花费时间和精力最大的地方。ARCHICAD 能够支持建筑师在各个设计阶段对平面表达的不同需求。平面图大致分为由模型生成的平面图内容（如墙、梁、板、柱、门、窗、幕墙、区域等）和文档制图的对象内容（如文字、尺寸、标高、引注、标签、填充、线条、符号等）。

1. 楼层平面

通过楼层设置，新增楼层的时候，ARCHICAD 就会生成一个平面图，在【项目树状图】浏览器中列出来。每一个楼层可以根据需要映射出不同显示样式的平面视图，都会显示在【视图映射】浏览器中。

基本上每个构件元素在 ARCHICAD 中都会有一个【平面图和剖面】的卷展栏，这里可以调整元素在平面图和剖面图中显示的样子。大多数时候，我们在其中选择适合制图表达习惯的做法。因此建模的过程也是调整各类图纸显示的过程。当元素构件基本建完后，图纸就有大概的框架了，接下去就是完善和制作成图了。

（1）门窗编号使用工具自带的"门窗标签"，功能更加强大。标签有填充背景，可以方便选择门窗；同时，标签功能强大，可以结合属性设置，实现自动化编号。自动化门窗编号，参见 6.3.1 门窗编号的自动化。

（2）房间或空间名称的标注，偷懒的办法是直接使用文本工具写在视图中，这和使用 AutoCAD 绘图的概念一样，但这样缺乏联动和信息管理。我们推荐使用更加智能的方式，参见 4.4.9 房间和功能空间。

（3）项目平面很大时，出图需要切分，可以在布图中对视图进行切分和组合。原理和 AutoCAD 中使用布局、图纸空间的概念相同。

（4）平面有较大高差时，设定同一个楼层【水平剪切平面】值，很难做到两部分高差内容的正常显示，因此，也需要借助视图拼接的方法，存不同标高的视图映射，每个映射可以设定单独的【水平剪切平面】值，然后在布图中拼接成完整的图纸，如图 5.2.9 所示。

179

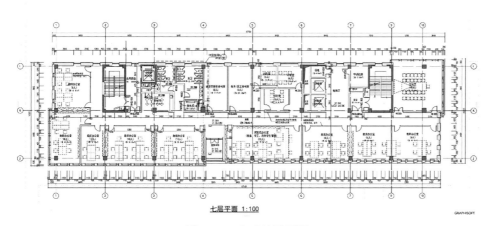

七层平面 1:100

图 5.2.9　完成的平面图

扫码看图

建筑师在制作各层图纸的时候，可以借助 ARCHICAD 的描绘与参照功能，方便参照上下楼层和立面剖面等相关视图，并切换相关视图进行编辑，这对于建筑师整体把握建筑内外及减少错漏碰缺有很大的帮助。具体操作方法详见 8.3 ARCHICAD 别具特色的效率工具。

2. 平面填色图的制作

在概念方案阶段，我们经常会需要绘制平面填色图。传统的做法是 AutoCAD 绘制好平面图，导出矢量底图，然后在后期制作软件中制作；或者是在 AutoCAD 中使用填充，设定好真彩色，输出矢量图。但两种做法其实都不方便，调整起来也是费时费力。而使用 ARCHICAD 制作平面填色图的时候，就非常自然和高效，如图 5.2.10、图 5.2.11 所示。

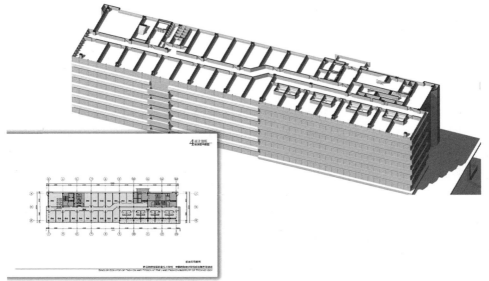

扫码看图

图 5.2.10 概念方案阶段的平面填色

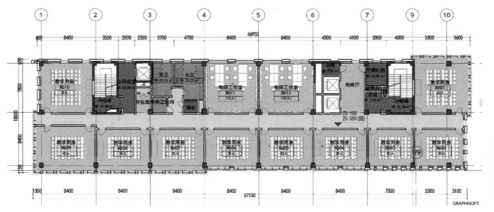

扫码看图

图 5.2.11 细化发展阶段的平面填色（从概念方案发展而来）

180

我们经过测试，大致有两类工作流程来制作平面填色图。

（1）使用区域工具。我们已经在"4.4.9 房间和功能空间"中介绍了使用区域工具来定义房间的做法和基本用法。通过设定区域类型，设定不同的色彩方案，即可创建出平面填色图，非常快捷。结合布图功能直接导出 PDF 文件或者图片文件即可提交成果。

（2）使用填充或者楼板等工具。在某些情况下，可能会用比较偷懒的方法来制作平面填色图，即使用填充和楼板等自带的图案填充功能来制作。这种做法的好处是灵活快捷，项目文件会比较小，同时可以计算面积，且不用考虑房间边界封闭的问题。不好的地方也很明确，就是调整后无法自动更新房间的边界，需要一个个手动调整。

这些应用场景，结合 ARCHICAD 强大的平面设计和排版输出功能，可以改进工作流程，提高效率。

3. 吊顶平面

建筑专业出的吊顶平面，主要是简单的装修吊顶，灯具和设备相对比较简单。此时，一般建议采用平面视图来制作。

首先，设定模型视图选项，【建筑元素选项】卷展栏中的门窗表达选择【只显示洞口】，如图 5.2.12 所示。

181

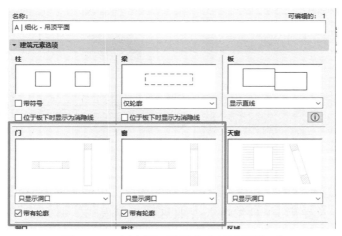

图 5.2.12　门窗洞口设置为【只显示洞口】

其次，设定吊顶平面所需的视图设置（如图层组、画笔等）后，保存视图映射。

再次，使用网络上搜索到的吊顶 GDL 对象 "Ceiling Editor INT_v2.01"。如图 5.2.13 所示，这个吊顶对象设置中，有常用的吊顶分格尺寸及常用的吊顶上的设备，如灯具、空调风口、喷淋、烟感、排烟风口等。通过对象内置的编辑工具来创建这些设备，虽然操作有点繁琐，但好过全部手工用线条绘制。基本能满足发展细化阶段建筑专业对于吊顶内容的表达，如图 5.2.14 所示。

最后，在平面设计图中完善尺寸和标注，如图 5.2.15 所示。这时可以有多种策略选择。一种是标注也在平面视图中完成，这样需要和主平面视图进行图层的区分。注意，详图尺寸标注、标高、引注等和平面视图中的这些内容是在公司图层组模板中进行管理

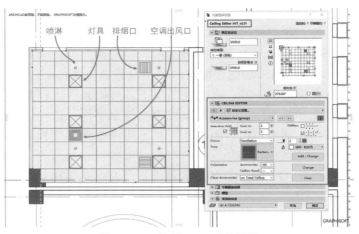

图 5.2.13　吊顶 GDL 对象设置

图 5.2.14　吊顶 GDL 对象的三维视图显示

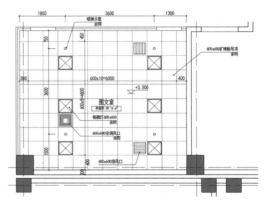

图 5.2.15　吊顶平面图

的，因此，需要给这些详图标注内容设定单独的图层，以便于输出 DWG 给后续工作用。

如果此时不涉及导出 DWG 给相关专业这种工作模式，那么还有一种快捷的方法，可以将需要出吊顶平面的位置，使用创建工作图详图的方式生成图纸，然后在工作图中标注这些信息。此时，可以把它们全部放入 A-Ceiling 层，这样就和平面视图中的标注信息区分开了。这种方法要注意一点，就是区域工具的填充背景色，当源平面视图使用图形覆盖关闭时，生成的工作图视图中仍然会将填充背景色创建出来，应用时需要小心应对。

4. 屋顶层平面

建筑的屋顶是设计的难点，表达的时候也是重点。往往通过一个楼层无法表达清楚，需要有出屋面管井、楼梯间、电梯机房、屋面设备机房等内容，再加上女儿墙、幕墙以及装饰性的构架等，因此，一般屋顶层需要两个 ARCHICAD 楼层来表达。我们建立屋面层和屋架层两个楼层，屋架层的标高一般定在楼梯间、核心筒的结构顶板。

1）屋面层要注意以下几个方面的模型和平面表达：

（1）女儿墙和屋面墙体设置的协调，有时候机房墙体会高出平面视图的剪切平面高度，此时需要调整剪切平面高度，使墙体显示正常。

（2）屋面面层找坡等可以使用网面工具建模，注意计算坡度的准确性和分水线的表达。

（3）排水沟盖板等可以使用自带的矩形网格对象进行建模。

（4）出屋面管井的顶盖，建模时，始位楼层设置在屋面层；顶盖引出的局部图，采用独立工作图绘制后在布图中拼合。

（5）坡度符号，采用二维符号表达。

（6）在屋面设备和管线等专业没有采用三维协同时，仍主要采用二维符号绘制来表达。如果有，则可以使用三维模型表现。

2）屋架层平面的制作有一定的特殊性，需注意以下几个方面的处理：

（1）屋架可见的梁和楼电梯机房、设备机房等顶板的梁，在平面图中需要显示。但一般梁所在图层在室内平面图上是关闭的，这就需要在表达上进行协调。我们可以将这些可见梁放到单独的图层，然后设定好图层组即可。

（2）当屋架和出屋面柱顶面平的时候，通过平面视图很难设置成需要的表达效果。虽然模型中同样面层材质的梁柱表面融合了，但平面中并不能融合，如图 5.2.16、图 5.2.17 所示。因此在平面视图中，对于出屋面的柱子，需要按图 5.2.17 设置后，在上层屋架层显示投影线。同时要将梁边调整到柱边。

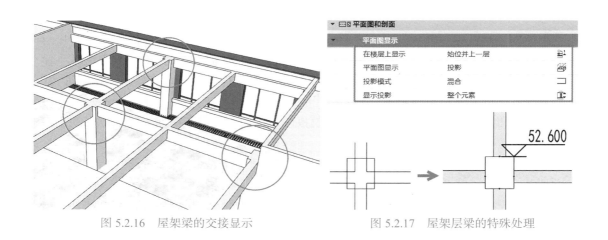

图 5.2.16　屋架梁的交接显示　　　　图 5.2.17　屋架层梁的特殊处理

（3）压顶下方的女儿墙轮廓【未剪切线】设为虚线，女儿墙上方的幕墙压顶放在幕墙层，随平面图的图层组显示。土建女儿墙如果在压顶下方，则设为虚线。

（4）屋面层的幕墙装饰等平面显示设为仅"始位楼层"。

（5）在制作屋架平面图的时候，还需要充分利用构件的覆盖填充选项，并配合构件元素的显示顺序，使女儿墙、梁板柱的可见投影关系符合真实模型。

经过绘制必要的文档内容，屋面层平面和屋架层平面图的效果完全可以满足发展细化阶段的出图需要，如图 5.2.18 所示。

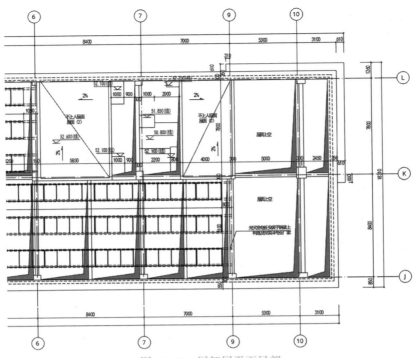

图 5.2.18 屋架层平面局部

5.2.3 立面图的制作

立面图、剖面图主要依靠三维模型投影生成，尽量不采用二维对象进行"补刀"。有了细致的模型，生成立面图、剖面图是比较简单的事。这与传统二维制图流程很不一样。我们应充分应用和发挥 ARCHICAD 的优势，提高设计深度和效率。当然不否认，细致模型所耗费的时间和精力也很可观，需要把握应用的程度。

我们先以立面图为例进行介绍。默认模板中，一般会预设东南西北四个方向的立面。它们是通过立面图工具创建的。

（1）在一层平面视图中，激活立面图工具，绘制立面所在垂直面，然后点击绘制线的两侧某个方向，来确定立面的观看方向。

（2）选择立面图标记，可以拉伸两端的控制点来控制立面显示的范围。立面可以设置不同的范围进行生成，如果立面工具设定为有限深度的范围，可以看到标记有一个范围的框约束。范围在垂直方向也是可以控制的，在框内的元素构件都会显示在立面中，如图 5.2.19 所示。

（3）选中视图中的立面标记，打开设置对话框，这里有立面相关的常用设置。

1. 立面图的设置

【常规】卷展栏，设定立面 ID 和名称以及立面图的水平和垂直显示范围。一般我们都会将【水平范围】和【垂直范围】设置成【有限】，便于控制立面中可见的内容。其中的【在楼层上显示】选项，是控制立面图标记在平面视图中的显示楼层。制图习惯是只在一层表达这些立面图和剖面图标记，这里可以根据管理和出图的需要，自由选择某一楼层还是所有楼层都显示立面图标记。

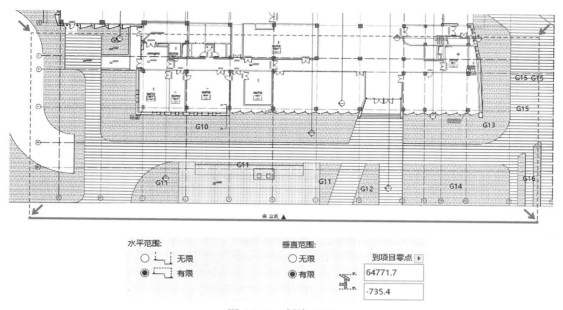

图 5.2.19　创建立面

【标记】、【标记文本样式】、【标签符号和文本】卷展栏，这些地方可以设置立面图标记的样式。在平面图中一般不会表达立面标记，根据需要设置即可。

【模型显示】卷展栏，这里是控制建筑模型立面显示和表达的最主要的设置栏，不同风格的立面效果都是在这里通过不同选项的搭配来制作。

（1）【剪切元素】是设置被立面标记剪切到的可见元素的显示，可以对剖切到的元素内容在立面中的显示效果进行设置，如图 5.2.20 所示，包括隐藏剪切的元素、剪切表面的效果等。

图 5.2.20　立面剪切元素设置

（2）【未剪切元素】是设置没有被立面标记剪切到的可见元素的显示，如图 5.2.21 所示，其中的【填充未剪切面以：】有四个选项：【无】即表示元素的表面无填充；其余三项为用不同的颜色或效果来填充所有元素的表面，效果如图 5.2.22 所示。这里的"无阴影"和"有阴影"的翻译有误，并不是我们常规的阴影（shadow）的意思，国际版原文是"shade"着色模式。"no shade"是指填充颜色没有形体变化和光线角度的影响，"with shade"则是有形体变化和光线角度的影响。图中明显能看出折面玻璃在不同设置时的效果。【用于未剪切元素的统一画笔】是用统一的画笔颜色，代替视图中按元素轮廓的画笔颜色。注意，勾选后，所有线条的颜色和粗细都一样了。这里可以不勾选，通过系统画笔集设置来控制线条的粗细。【矢量 3D 图案填充】选项的作用是在立面中显示各元素构件的表面材质（不是建筑材料）里设置的矢量3D图案填充，可用来实现立面材料分格或者玻璃填充色的效果，如图5.2.23中石材部分的分格横线和玻璃的灰色填充。当立面需要用图案填充来表达时，需要勾选此选项，并在表面材质编辑器中设置正确的图案填充。打开菜单【选项】→【元素属性】→【表面材质】，在表面材质编辑器中调整玻璃和石材的【矢量填充图案】设置。如图5.2.24所示，将玻璃材质的填充设为50%填充，石材设置水平线条填充，就可以得到不错的效果。【透明】选项如果勾选，则透明材料（如玻璃）会透明，把玻璃后面的元素构件显示出来。一般立面图制作都不勾选。

图5.2.21　立面未剪切元素设置

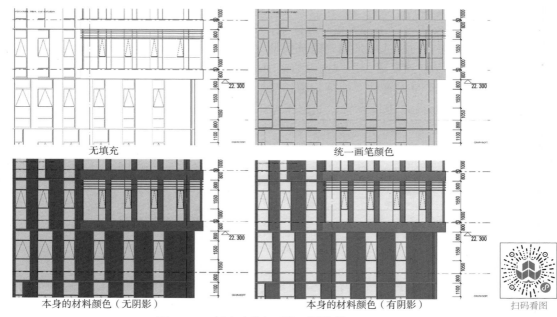

图5.2.22　填充未剪切面的不同效果

（3）【太阳与阴影】可设置立面视图是否显示太阳阴影以及影子投射的角度等，如图5.2.25所示。增加立面阴影的表达，会让整体效果更加立体，体量关系也更加明确。可以结合建筑真实材质的颜色填充来表达，也可以设成黑白灰的风格，如图5.2.26所示。需要注意，太阳的方位角和高度角除了影响影子的轮廓外，也影响未剪切元素的明暗效果。

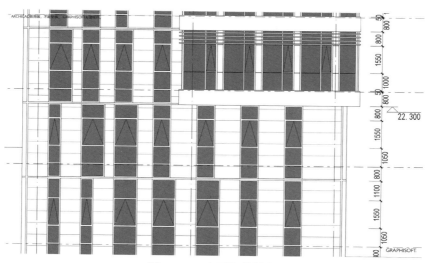

图 5.2.23 立面矢量填充

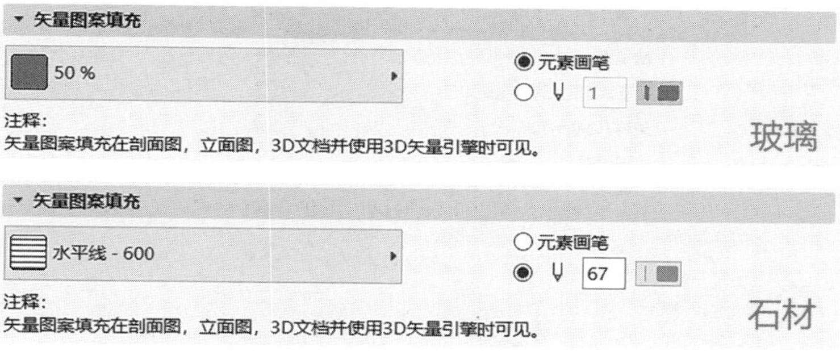

图 5.2.24 表面材质的矢量图案填充设置

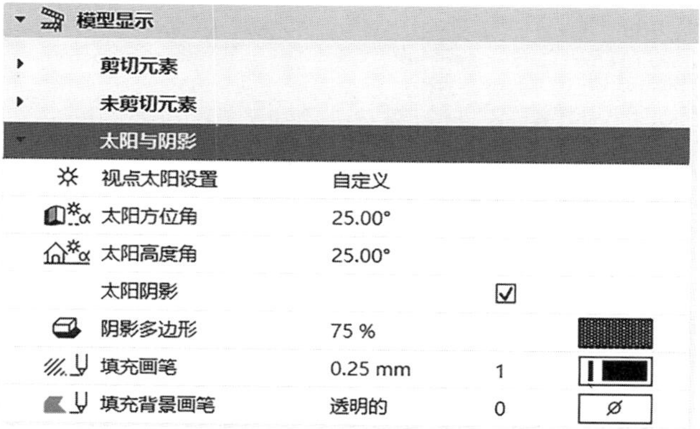

图 5.2.25 立面阴影设置

（4）【标记远处区域】是控制立面视图进深方向的显示控制，如图 5.2.27 所示，勾选此选项后，在平面中的立面标记符号会出现一个范围框，框内为"近处"，框外为"远处"。远处的线条可以设成细线条或者灰色等，如图 5.2.28 所示，与近处的建筑拉开差距。这种效果可以用来清晰表达建筑形体的前后关系。

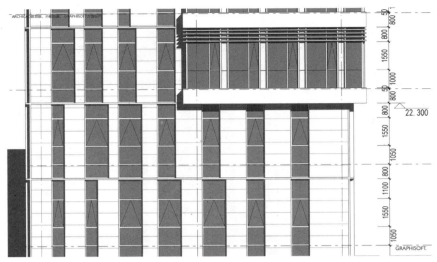

图 5.2.26　立面阴影效果

标记远处区域	☑
填充未剪切面以:	无
用于未剪切元素的统一…	☐
矢量3D图案填充	☐
太阳阴影	☐

图 5.2.27　标记远处区域设置

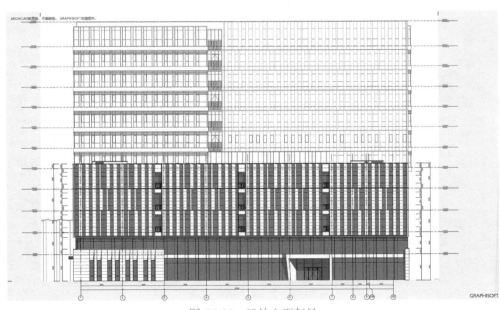

图 5.2.28　远处立面灰显

　　【楼层标高】卷展栏，设置的是楼层线和两端的楼层标注，如图 5.2.29 所示。采用的标记是【向日葵楼层标记】，能满足大部分的国标制图需求。当然，如果不用这些标记，用前文所说的标高符号和文字手动绘制，也是一种方法。

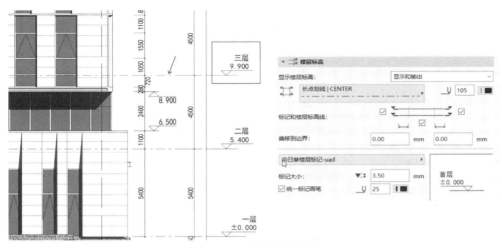

图 5.2.29 楼层标高设置

通过这些设置的搭配，配合白色画笔集，我们还可以设计出很多不同风格的立面效果，例如建筑师皮亚诺喜欢用的蓝底白线风格图纸，如图 5.2.30 所示。

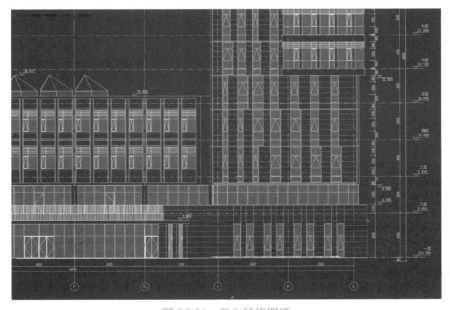

图 5.2.30 蓝白风格图纸

扫码看图

2. 立面材质图例

我们通过【矢量 3D 图案填充】选项，设置立面图显示不同材料的填充图案，可以非常直观地表达立面的材质设计。因此，通过立面填充（矢量 3D 图案填充）、材质标签引注、图例等，可以清晰表达各种材质信息。图例可以自己绘制，如传统二维制图流程那样。这里推荐通过 ARCHICAD 自带的对象【面层图例 23】，来制作材质图例，如图 5.2.31 所示。

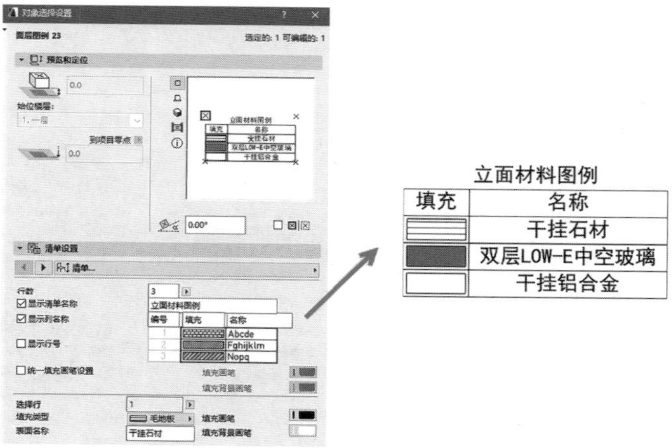

图 5.2.31　立面图例

3. 其他需要注意的地方

在设置立面和剖面的时候，视图的图层控制是需要关注的方面。一般需要设定一个用于立面图的专门的图层组合。这个图层组合中，将建筑内部的元素构件图层关闭，可以大幅提高立面生成的速度。

立面剖面的常规卷展栏中，有一个【状态】下拉菜单，其中有三种立面状态：【自动重建模型】、【手动重建模型】和【图形】，如图 5.2.32 所示。在前两个状态中，立面仍然保持构件的三维整体，能整个选中和编辑；而在【图形】状态下，立面、剖面中的所有线条和填充都是独立的，可单独编辑和删除。如果选择了手工重建模型，每次切换到此立面，系统不会重新生成，因此会更加快捷。当建筑元素发生修改后，需要在立面视图中的空白处点击鼠标右键，在弹出菜单中选择【从模型重建】，立面才会更新这些修改。

图 5.2.32　【状态】下拉菜单

ARCHICAD 中表面材质相同的对象，在三维视图和立面等视图中会融合在一起。如果出现不同交接处墙体等出现不该出现的线条，可能有几种情况：首先是元素构件没有对齐，出现了微小的偏差；其次是检查一下表面材质是否相同；再次是看这些元素的图层相交组合是否相同，否则也是不会自动连接的。

如果有元素对象发生重叠，则可能光影关系会有局部错乱，此时需要检查模型是否有问题。

立面图设置好以后，这种风格可以保存为收藏夹，下次可以统一调用。并且在平面图中，立面符号的设置可以通过"吸管"和"针筒"匹配到其余立面视图。

立面图中采用系统轴网元素，是可以自动显示轴网的。需要显示哪些轴网，轴网间的尺寸标注，都可以在立面图设置中的【轴网工具】卷展栏设置，如图 5.2.33 所示。

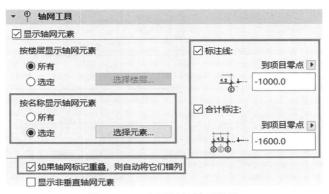

图 5.2.33　立面图的轴网设置

5.2.4　剖面图的制作

剖面图的制作和立面图基本类似，两者的设置流程是一样的。在一层平面图中使用【剖面图工具】 创建剖面图标记。剖面图标记可以连续，也可以分段剖切。但注意不能转角度剖切，带角度的转折剖面或者带角度的转折立面需要拼接完成。

剖切符号可以用自带的"内置剖面图标记"，是符合国标制图规范的。如果需要传统的剖切号样式，可以使用"向日葵剖切号""向日葵小剖切号"等。

剖面图制作中，需要注意不同的被剪切构件相交部位的交接关系和准确性，这些对最终剖面图的完成度有较大的影响。如果构件的图层交叉组数相同，并且构件的剪切填充设置为相同（即名称和 Index 相同），那么它们之间可以自动连接和融合，如图 5.2.34 左侧剖面节点所示，否则两个构件之间就会出现交接线。同样的，由于存在这种相同填充融合的特性，当建筑材料的剪切填充和门窗的剪切填充设置为同一个填充图案时，剖面中的门窗就会和墙体粘连到一起，如图 5.2.34 右侧剖面所示，需要注意处理。

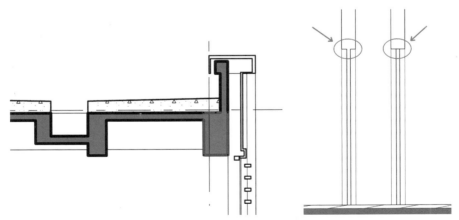

图 5.2.34　构件和材料的交接线

门窗在剖面中的剖切显示有时候需要简化，这些设置需要在门窗对象的设置中开启【中式简化】选项。一般需要结合一个剖面专用的 MVO 设置，供显示和出图时使用。合适的设置注意保存，可作为团队使用的模板，以后的项目都可以快速调用。

如图 5.2.35、图 5.2.36 所示，制作好的剖面图纸可以满足出图需要。

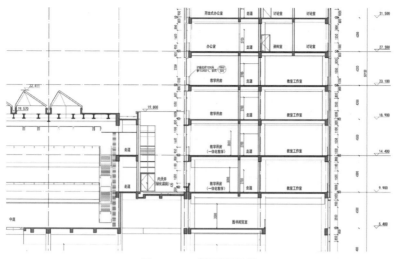

图 5.2.35　剖面图局部

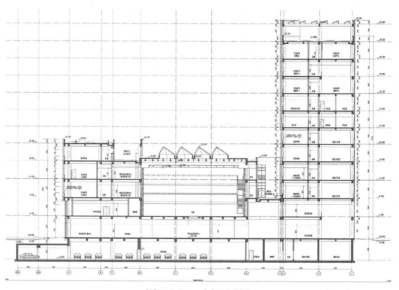

扫码看图

图 5.2.36　剖面图纸

5.2.5　详图的制作

详图是设计成果图纸中重要的组成部分，一般在项目中需要花费一定的时间来制作。因此，如何高效生成详图并且发挥 ARCHICAD 的优势，是需要探索的内容。

ARCHICAD 中绘制详图的工具主要有两个，一个是【工作图工具】，另一个是【详图工具】。完整的详图制作需要这两个工具和其他二维制图工具的配合。同时，详图绘制的索引功能也是很重要的，我们希望详图放置的图号和详图索引中的数字动态关联，可以通过使用"向日葵工作图标记"和"向日葵详图标记"来实现。

【工作图工具】和【详图工具】属于文档类工具，即用来制作文档使用，主要用途是从模型视图（视图映射）中截取局部进行继续加工，成为大样图。当然也可以新建空白的工作图，手动绘制或导入独立的大样资源。

1. 平面详图（核心筒详图、卫生间详图、客房详图等）

这里结合一个卫生间详图的制作讲一下【工作图工具】制作平面详图的流程。

（1）打开要出卫生间详图的平面视图，激活【工作图工具】。

（2）在工具信息框中进行设置，输入工作图大样的 ID 和名称（注意：ARCHICAD 中允许 ID 和名称重复），如图 5.2.37 所示。

（3）在【标记类型】中，选择【创建新的工作图视点】；在【以标记参考】中，选择【视点第一个放置的图形】。这个很重要，这些选项能够控制未来放置布图后，布图号可以传递给索引号。

（4）【仅复制结构元素】这个选项控制视图中的非结构元素是否会被复制进来，一般不需勾选这个。勾选后，源视图中的区域名、尺寸、剖切符号、轴号等都不会复制到详图视图。这虽然可以避免带入大平面的一些干扰信息，但也缺少了必要的房间名称等的联动。

（5）在 1# 卫生间范围，鼠标框选出矩形范围。范围选取后，出现一个锤子图标，点击放置索引标记的位置，完成后如图 5.2.38 所示。

图 5.2.37　工作图创建设置

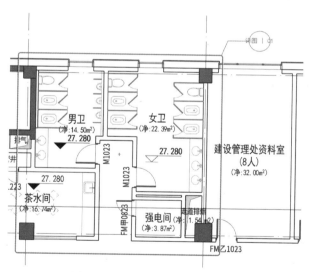

图 5.2.38　视图中的工作图符号

（6）选择工作图工具对象，打开属性设置，在【标记】卷展栏中将默认的工作图标记切换到【向日葵工作图标记】，如图 5.2.39 所示。在【标记自定义设置】卷展栏中，将【标记上方文字】选为【参考的图形】并勾选【显示图形 ID】；将【标记下方文字】选为【参考的图形】并勾选【显示布图 ID】。引线的向下部分也可以写文字，这个和我们的制图习惯相同，软件自带的标记这方面做不到，向日葵系列图库实现了这些功能。

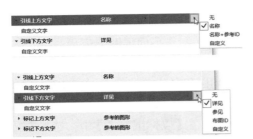

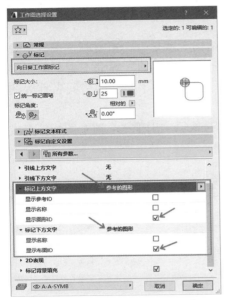

图 5.2.39　【向日葵工作图标记】设置

（7）如图 5.2.40 所示，①索引号的文字已经有了，但"# 布图 ID"和"# 图形 ID"还没有显示正确，说明该工作图还没有布置到布图中，因此没有图号信息读入。②调节工作图标记的热点，可以控制倒角半径，包括框线的线型和笔号都可以调节。

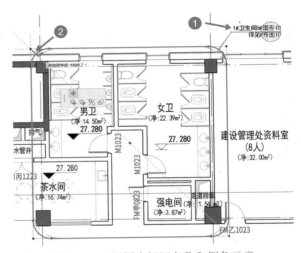

图 5.2.40　视图中标记名称和倒角示意

（8）我们可以将工作图详图放置到布图中去，此时可以看到标记更新了，但索引上部的数字还不对。打开布图，选择该图形对象，将 ID 改为【按布图】。此时回到大平面视图中，选择工作图标记并打开设置对话框，然后点击确定。视图中的索引号就更新了，如图 5.2.41 所示。

接下去的工作，就是将这个平面详图加工好出图，如图 5.2.42 所示。

若卫生间详图不是通过模型生成的，那么可以使用二维对象进行绘制。ARCHICAD 自带了一些 2D 元素可供使用，如图 5.2.43 所示。目前可选择的内容还是很少的，我们可以通过学习一些 GDL 的知识，自己建立企业常用的图库。地漏可以在给排水专业介入后导入他们的模型。目前，可以采用 2D 绘制的策略。

上述这种方式，要尽量在平面和建模完善后再操作，否则对源视图复制过来的元素进行的编辑操作（删除、移动等），在执行【从源视图重建】 从源视图中重建 的时候，这些工作量可能要白费。在交流中发现，有些设计师还是使用传统的平面视图来做这类平面类详图，新建 1∶50 的平面视图映射，详细尺寸标注分到专门的图层中去。平面完成后，再去布图里进行视图的裁切。这样做的好处是设计内容和视图中的内容是关联更新的，可以一步步加入标注等内容，而不用从源视图重建详图。这种方法的缺点是门窗编号如果在 1∶100 平面图的时候移动过，那么在 1∶50 的视图中位置不会在门正中。同时，区域工具等比例敏感的对象，要注意区域标签在不同比例下的显示设定。

194

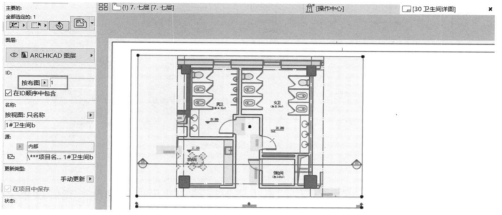

图 5.2.41 按布图号设置索引号中引用的图号

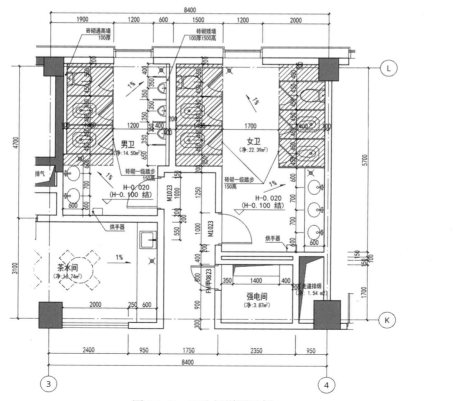

图 5.2.42 卫生间详图示例

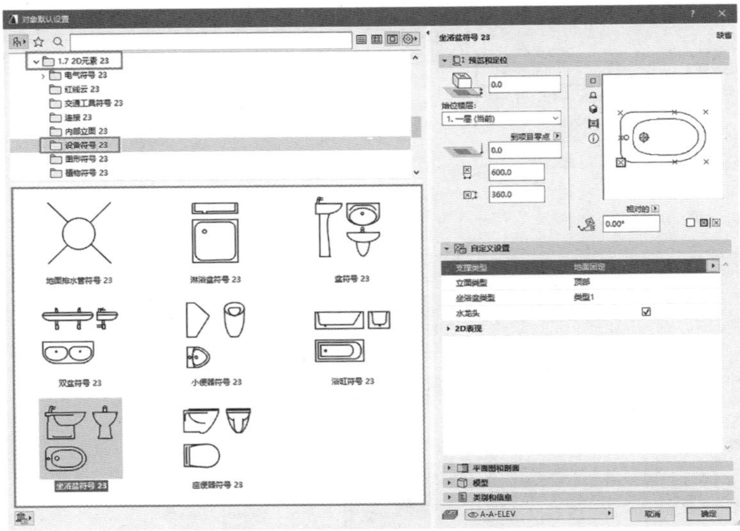

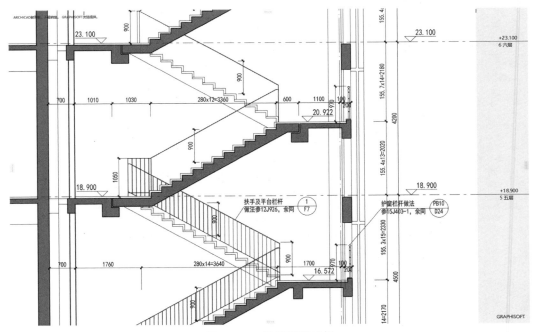

图 5.2.43　2D 元素对象

2. 楼梯详图

楼梯详图的制作方法和剖面类似，首先要保证楼梯建模的准确性。我们这里试着采用模型的方式来生成图纸，梯段板、平台梁、装配式节点、装饰面层、扶手栏杆、护窗栏杆均通过模型来表达。

制图阶段可以采用剖面视图作为基础，设定比例为 1∶50，标注详图尺寸和标高引注等。如果要快速出图，平台梁、装配式节点、扶手栏杆、护窗栏杆都可以通过二维绘制的方式来制作。如图 5.2.44 所示，现浇和装配式两种节点都进行了表达，图中简化的和

图 5.2.44　楼梯详图示例

细化的模型栏杆都能实现，但是会花费相对多的时间去建模。如果栏杆样式是相对固化的，那么在后期效率会高。当然，从纯出图的目的，栏杆在工作图或者视图中二维绘制也是可以接受的。三维视图中的效果如图5.2.45所示。

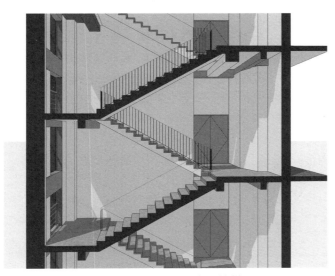

图5.2.45　三维视图中的楼梯

3. 墙身详图

墙身详图的绘制类似于楼梯剖面的制作。不过由于涉及较多的细节，除了必要的部分以及多构造尺寸有要求的地方，其余都可以使用二维绘制的方式完成，如图5.2.46、图5.2.47所示。

4. 节点详图

和项目设计特定有关的节点详图，可以通过 🔢 详图工具在视图中框选所需表达的位置，软件会生成一个详图视图统一显示在项目浏览器中，如图5.2.48所示。

小技巧：工作图工具和详图工具的注意事项

（1）工作图工具和详图工具生成的视图中的对象都是二维元素，其实和源视图没有本质上的动态关联，可以进行移动删除等编辑操作。不过，当源视图的内容修改后，可以通过【从源视图重建】命令，重新生成详图；此时，前面编辑过的元素都将针对源视图的改动重新复位。

（2）工作图工具与详图工具的区别：①默认生成的视图比例不同。工作图生成的默认比例同源视图一致；详图工具则是源视图的一半。生成后，可手动调整到需要的比例。②坐标系不同。工作图工具的坐标系和源视图一致；详图工具的坐标系是根据所框选的区域确定，其中心点为新原点。因此，从其他视图中拷贝轴线等内容的时候，要注意是否能原位粘贴。

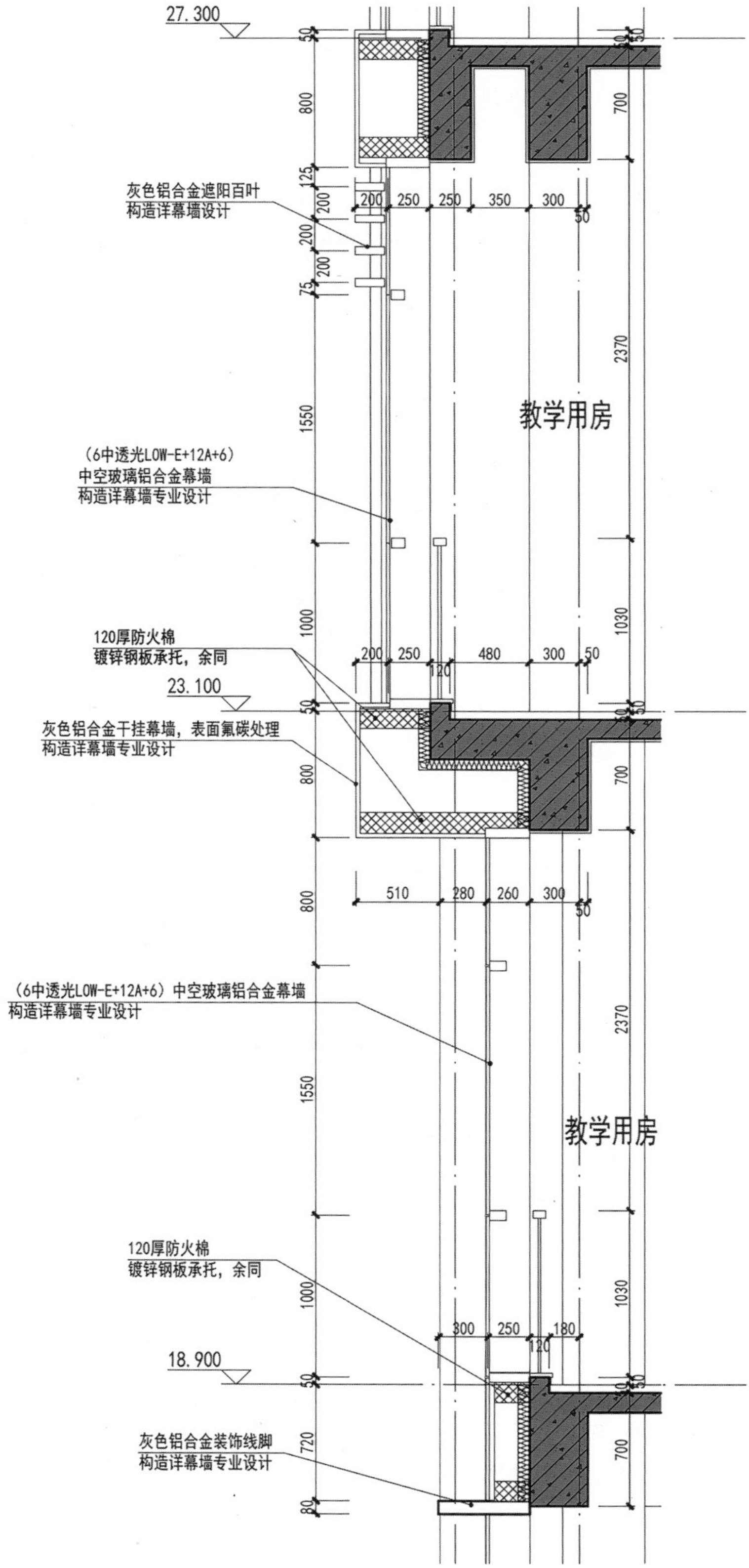

27.300

灰色铝合金遮阳百叶
构造详幕墙设计

800

125
200
200
200
75

200 250 250 350 300 50

2370

1550

教学用房

(6中透光LOW-E+12A+6)
中空玻璃铝合金幕墙
构造详幕墙专业设计

1030

1000

120厚防火棉
镀锌钢板承托，余同

200 250 480 300 50
120

23.100

50 50

灰色铝合金干挂幕墙，表面氟碳处理
构造详幕墙专业设计

800

700

800

510 280 260 300 50

(6中透光LOW-E+12A+6)中空玻璃铝合金幕墙
构造详幕墙专业设计

2370

1550

教学用房

1030

120厚防火棉
镀锌钢板承托，余同

1000

300 250 180
120

18.900

50 50

灰色铝合金装饰线脚
构造详幕墙专业设计

720

700

80

图 5.2.46 墙身剖面局部示例

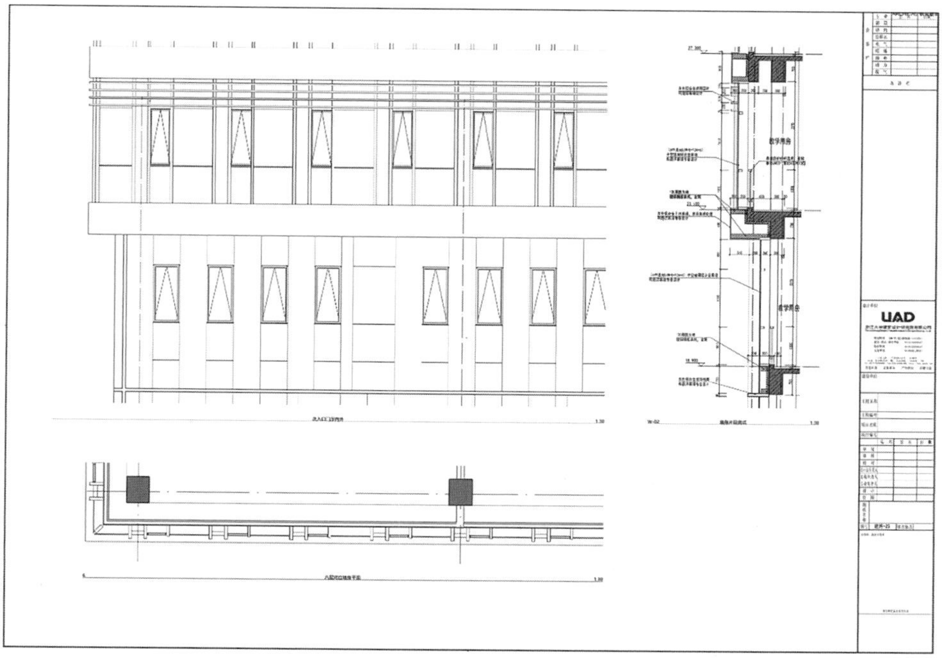

图 5.2.47 墙身详图结合平面立面表达

扫码看图

进入详图视图，以原视图中的内容作为基底，进行进一步的绘制，可以得到所需要的详图。ARCHICAD 提供了必要的二维绘制工具。详图的制作策略是从模型中得到主要的构造断面等内容，使用详图工具或工作图工具在此基础上加工。同时配合一些已有的 DWG 或 PDF 节点详图内容，也是可以方便地放入布图中进行统一管理的。

5.2.6　3D 文档的应用

对于三维设计工作流程，基于三维的视图和应用是必不可少的。我们可以在整个设计的各个阶段，都充分发挥三维模型的特性，进行可视化的表达和沟通，进行三维的协同，这种流程是非常高效的。

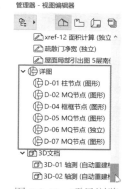

图 5.2.48　项目浏览器中管理节点

3D 文档是 ARCHICAD 的一个特色功能，从 v12 版本开始引入，可以将三维视图制作出含标注和注释等的图纸。这为我们在三维工作流程应用过程中制作轴测详图、透视详图等提供了途径。

（1）首先，在三维视图中调整好角度和范围等（如果只要局部生成，先用选框工具在三维视图中框选出范围）。然后，在空白处点击鼠标右键，在弹出菜单中选择【从 3D 中新建 3D 文档…】 从3D中新建3D文档，输入参考 ID 和名称，点击确定后，就会生成 3D 文档了，如图 5.2.49 所示。

（2）在 3D 文档中，元素构件仍然保留了自己的信息，没有被打散成线条和填充，这个是区别于前述的工作图工具和详图工具的。此时可以根据需要进行二维线条的绘制，使用

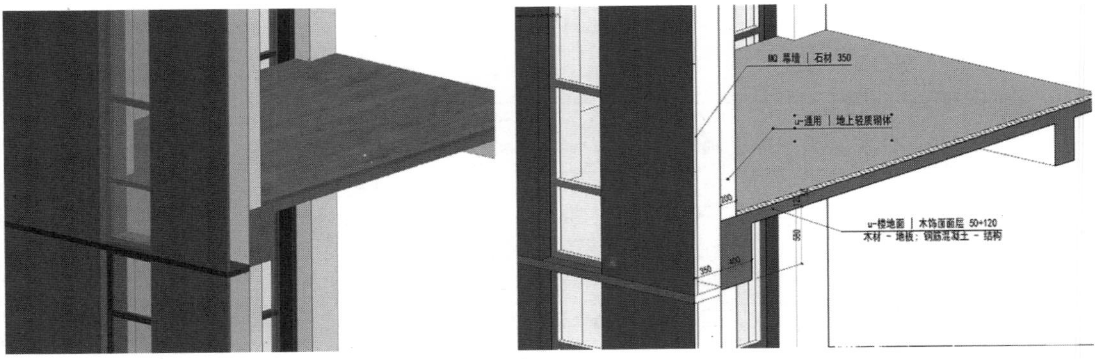

图 5.2.49　创建 3D 文档

尺寸工具和标签工具等加文字、标注、注释是非常方便的。

（3）3D 文档有自动重建模型和手工重建模型两种状态，设置方法及模型显示效果与立面、剖面工具类似。

（4）生成后的 3D 文档，如果需要修改角度和剖切位置等，需要调整源视图。在 3D 文档空白处点击鼠标右键，在弹出菜单中选择【打开 3D 源】；也可以在视图映射中的该视图名上点击右键，选择【打开源视图】。回到源视图后调整角度等，完成后再调出鼠标右键菜单，选择【重新定义3D 文档…】，可以在对话框中选择要重新定义的名称，如图 5.2.50 所示。

图 5.2.50　重新定义 3D 文档

小技巧：3D 文档使用注意事项

（1）3D 文档的【模型显示】卷展栏中，只有当【填充未剪切面以：】的设置是图 5.2.51 中的前两项时，影子的颜色和画笔才可以自定义。

（2）3D 文档中无法标注线条和形体之间的角度，目前的变通方法是使用工作图，将该 3D 文档作为描绘参照垫在下面，进行角度标注，然后在布图中将此工作图和 3D 文档进行叠合。

（3）3D 文档中，标高是使用尺寸标注工具 ⊥²，而不是用平面标高工具。

5.2.7　图纸生成的特点

1. 基于比例的自适应

ARCHICAD 软件中，很多文档制作元素对象有随视图比例缩放的特性。这种特性可以充分利用，制作不同比例的图纸。例如我们前面提到的方案阶段不同比例的表达、发展细化阶段的详图等。这些元素对象主要有：画笔粗细、文字、尺寸标注、标签、填充、门窗标签、区域标签。这种比例的自适应在各自对象的设置选项中有不同的表达形式：

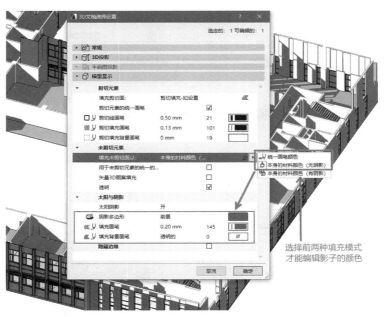

图 5.2.51　3D 文档影子颜色设置

（1）文本元素，在【文本块格式化】卷展栏中，可以选择文本按【模型大小】还是【纸张大小】，如图 5.2.52 所示，前者当比例改变时，文本的大小是不变的，后者则会随比例调整而调整大小。

（2）填充元素，在填充的属性管理器中，同样有类似的设置，如图 5.2.53 所示。

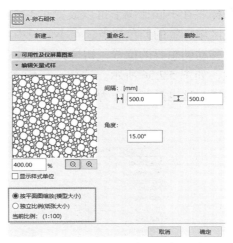

图 5.2.52　文本比例自适应　　　　　　　图 5.2.53　填充设置中的比例适应

（3）门窗编号的标签，可根据不同比例（以 1：50 为界）设定不同的显示内容。如图 5.2.54 所示的【门标签设置】卷展栏中，我们选择【细节等级】为【比例敏感的】，接着分别对不同比例下要显示的内容打钩。设置好后，在视图中调整不同比例，就可以显示不同的标签内容了，如图 5.2.55 所示，左侧为 1：100 时的门编号，右侧为 1：50 时的门编号。

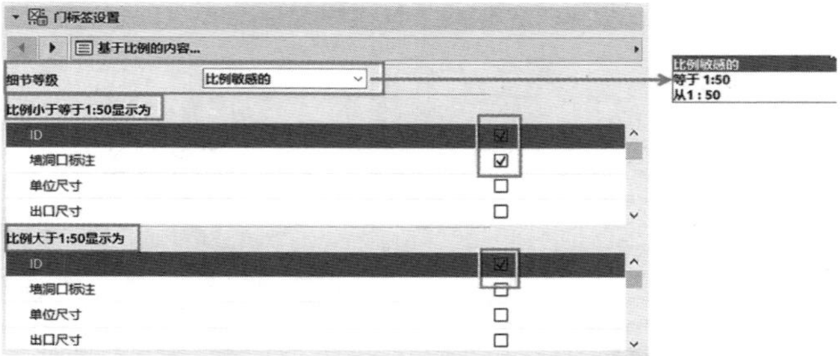

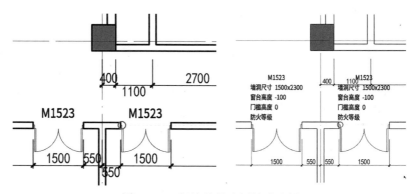

图 5.2.54　门编号的比例敏感设置

图 5.2.55　门编号的比例敏感示例

（4）区域标签中也有按比例感知显示的不同内容和不同的标签外观，非常灵活。而且这些标签在不同比例下可以放置在不同的位置，软件会记忆标签的位置。具体的做法是：调整区域标签的紫色热点，在小面板中点击【移动子元素】，在当前视图比例（如 1∶50）下，移动到想要的位置；切换到其他比例（如 1∶100），同样通过移动紫色热点到合适的位置，如图 5.2.56 所示。这样，我们在不同比例的图纸中，可以灵活排布标签在房间内的位置。这也是区域作为房间名称的一个很大的优势。

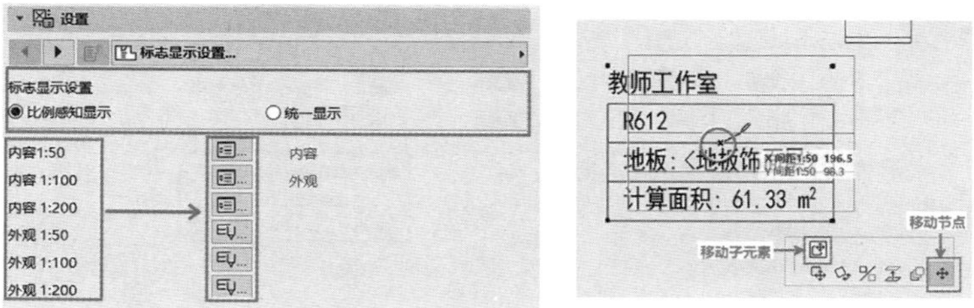

图 5.2.56　区域标签热点编辑

2. 元素叠合显示顺序

二维视图中，ARCHICAD 的构件和元素是叠合在一起、有显示顺序的，如图 5.2.57 所示，不同的显示顺序会影响最终的出图效果，梳理这些叠合元素的显示顺序是一件费力的事情。

图 5.2.57 中①②位置处，墙体的粗线被外部的幕墙填充遮挡住了。③位置处，轴线被柱子挡住了。④位置处，柱子被墙体的端部挡住了。此时我们需要调整元素的显示顺序，使图面满足出图要求。选中元素，调出右键菜单，选择【显示顺序】可以将元素的显示顺序做调整，如图 5.2.58 所示。这里可以设置合适的快捷键，加快操作。经过一系列的操作，可以获得比较好的显示效果，如图 5.2.59 所示。

ARCHICAD 元素构件的这种显示顺序通过一个"显示顺序等级"的值在内部控制，我们可以通过菜单【视窗】→【面板】→【元素信息】，打开面板查看这个值，如图 5.2.59 右侧所示。一般我们建议墙体和柱子要有填充，可以挡住下面的楼板边线。同时，显示顺序的基本原则可以设定为：轴线、尺寸、标高等显示在最上层，墙体和柱子等显示在中间层，门窗、楼板显示在下层。当然，在项目成图阶段还需要灵活应用。

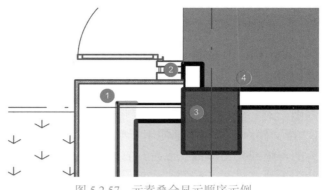

图 5.2.57　元素叠合显示顺序示例

图 5.2.58　调整元素构件的显示顺序

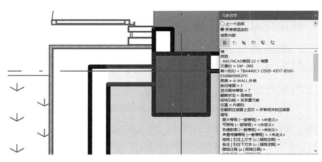

图 5.2.59　调整显示顺序后的显示效果

5.2.8　模型生成图纸的争议

对于建模达到什么程度，可谓观念和做法冲突非常大。我们始终认为，图纸最终是要为建筑设计的正确表达需要服务。

建筑专业需要统筹各专业朝着一个高完成度的作品梳理协作，需要采用更加务实的策略。不必追求什么都要通过建模来实现以及全部通过模型来表达，特别是一些画法几何、二维习惯性表达以及制图规范的内容，不能完全靠模型来实现。此时需要一定的变通处理，适当的二维辅助是必要的。

对于部分常用的节点详图或积累的成熟做法，抑或是图集做法等，我们可以将这些内容通过外部图形的方式，搭配工作图功能，融入项目文件中，用于发布最终成果，而不是采用详细的建模来实现节点详图。二维的 DWG 和 PDF 图库，仍然是需要充分利用的。过度的三维建模会消耗太多资源，可能并不是务实的策略。

最终，我们需要把握模型细度、效率以及最终表达效果之间的平衡。以务实的态度，推进建筑专业三维设计流程的应用。

5.3　布图和出图

ARCHICAD 的项目文件是一个完整的架构，它可以包含一个建筑物的所有平面图、立面图、剖面图、大样图以及门窗列表等传统施工图的一整套图纸，并且这些图纸之间存在联动的关系，修改了平面图，立面图、剖面图也能自动跟着修改。传统的 AutoCAD 制图没有一定的模式，可以每张图纸一个 DWG 文件，也可以把所有图纸全部放在一个 DWG 文件内；可以全部使用模型空间布图，也可以在图纸空间进行布图，完全取决于各人的习惯或公司标准，以及计算机的性能。而在 ARCHICAD 里，各类图纸可以包含在同一个项目文件里，按照"楼层设置和建模→保存视图→视图布图→发布图纸"的过程设计和制作图纸，这与建筑师的工作流程相吻合，也非常清晰明了。

5.3.1　通过浏览器进行项目管理和出图

ARCHICAD 中的项目管理、视图组织以及成果发布，主要通过软件中的"浏览器"界面进行操作。如图 5.3.1 所示，①点击软件界面右侧的【弹出式浏览器】按钮 ，②在弹出界面中点击左上角图标后，③在弹出菜单中选择【显示浏览器】，这样就可以把浏览器界面固定在屏幕右侧了。这个界面使用频率很高也很重要，建议始终保持打开状态。

图 5.3.1　打开浏览器

浏览器分为四个相互关联的页面：【项目树状图】、【视图映射】、【图册】和【发布器集】，如图 5.3.2 所示。这四个页面按顺序正好对应设计工作中的流程顺序。

首先，在【项目树状图】页面中，ARCHICAD 会将构件元素按照楼层进行布置和管理。树状图中有整个项目创建的楼层、立面、剖面、室内立面、详图、工作图、3D 视图、3D 文档、清单列表、项目索引等。项目中的大部分内容都汇聚在这里，这些内容是后续工作的原始素材。

其次，设计过程中，会根据不同的需求将这些原始素材制作成不同的内容。例如某一层平面的构件元素，通过不同的视图控制选项，制作出填彩平面、单色平面、带尺寸标注和不带尺寸标注的内容以及不同比例的视图映射，并通过【视图映射】页面进行管理。

接着，在【图册】页面创建各类布图，并将各类制作好的【视图映射】放置在不同的布图中进行排版。这类似于 AutoCAD 中的布局功能。

最后，将排好版的【图册】内容通过设置【发布器】输出设计成果用于交付。这里可以灵活设置多种不同的【发布器】，以便发布不同格式的文件，用于各类应用场景。常见的输出格式有各种图片格式、PDF、DWG、DWF、BIMX 等。

在进行上述管理操作的时候，便捷的做法是在图 5.3.1 所示位置，点选【显示管理器】来打开一个管理器界面。此时会有两个并列的页面出现，如图 5.3.3 所示。不同页面中的每一个视图内容都可以通过拖曳的方式放入其他页面中，从而进行方便的管理。

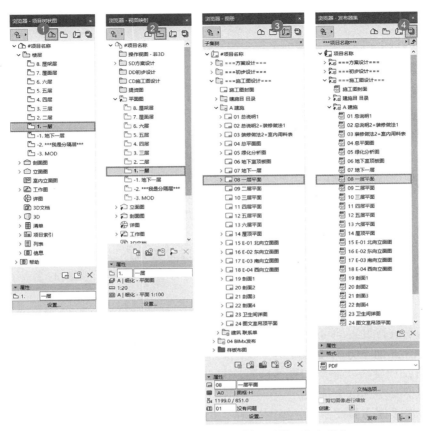

图 5.3.2 项目树状图、视图映射、图册、发布器集

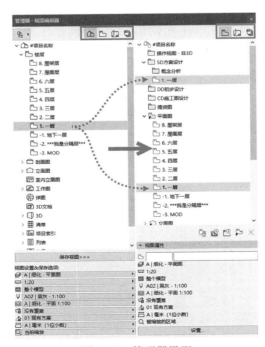

图 5.3.3 管理器界面

5.3.2　视图映射

1. 视图映射的创建和应用

视图映射可以理解为"项目树状图"中内容的某个特定状态保存下来的结果。它可以保存的状态包括：视图比例、图层组合、复合层结构显示、画笔集、模型视图选项、图形覆盖、翻新过滤器、标注样式、平面的水平剪切设置等。

打开视图映射中的状态，也就同时对应打开了项目树状图中的相关视图。需要注意的是，同一个平面、立面、剖面等视图，可以保存为不同的视图映射，这就为我们提供了极大的便利，可以将相同的内容通过不同的视图设置，制作成不同的成果。最典型的例子是可以把同一个模型制作成方案图纸和施工图图纸。

（1）如图 5.3.4 所示，在视图界面中，调整下方的各项设置满意后，在视图标签上点击鼠标右键，在弹出菜单中选择①【另存为视图…】。

（2）在弹出的【保存视图】对话框中，可以设置视图映射的②【ID】和【名称】。默认按照楼层编号及名称命名。建议设置一个有含义且便于辨识的名称，以便后期管理。

（3）③④【常规】和【2D/3D 文档】卷展栏中是上面提到的各类视图设置，按照不同的应用场景进行设置即可。

（4）勾选界面下方的【打开这个视图时忽略缩放和旋转】选项，在此视图映射不会保存视图缩放和旋转状态。如果希望每次打开视图映射能跳转到当初保存时的位置和缩放范围，则不要勾选这个选项。

（5）点击【创建】按钮后，视图映射中就会出现我们创建好的视图项了。

（6）可以选中创建好的视图，拖曳放置到不同的文件夹中。需要更改视图的设置参数时，可以点击页面下方的【设置】按钮，也可以点击鼠标右键菜单中的【视图设置】。通过不同的视图设置组合，可以用相同的内容制作出不同需求的成果，如图 5.3.5～图 5.3.8 所示。

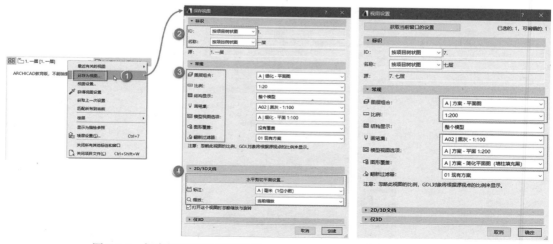

图 5.3.4　保存视图的设置对话框　　　　图 5.3.5　方案阶段深度视图设置

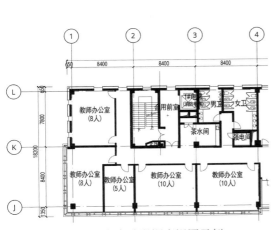

图 5.3.6 方案阶段深度视图示例

图 5.3.7 细化阶段深度视图设置

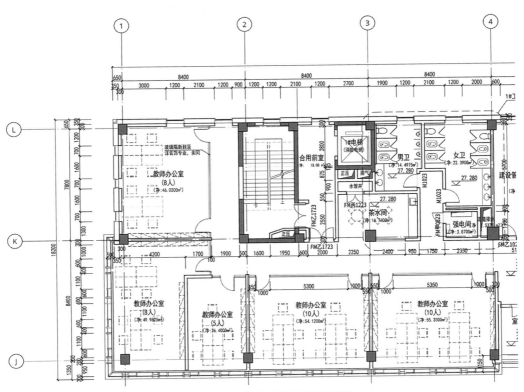

图 5.3.8 细化阶段深度视图示例

小技巧：视图标签的使用

设计和建模过程中，如果对视图设置做了改变，那么在视图标签上就会显示一个感叹号，如图 5.3.9 所示。这就是软件给出的提示，表示视图映射和当初保存时的状态相比已经发生了某些改变。此时如果我们希望将当前的视图状态更新到此视图映射，可以在标签上点击鼠标右键，在弹出菜单中选择【用当前设置重新定义】。如果希望恢复到原先保存的状态，则选择【恢复视图】。如果我们想将当前视图的设置应用到某个其他视图，那么可以选择【获得视图设置】，然后在目标视图的标签上点鼠标右键，在弹出菜单中选择【注入视图设置】。

小技巧：保存工作视图，提高效率

设计和建模的过程中，经常会在 2D/3D 视图中观察建筑的不同部位。如果每次都要缩放到该部位，或者先框选再按〈F5〉键切换到 3D 视图，会非常影响效率。此时，可以把这些反复需要用到的操作视图保存起来，下次直接双击即可跳转到想要的状态了，如图 5.3.10 所示，在本书案例项目的设计过程中，保存了很多视点和视图，便于重复切换多个部位进行设计推敲和建模。

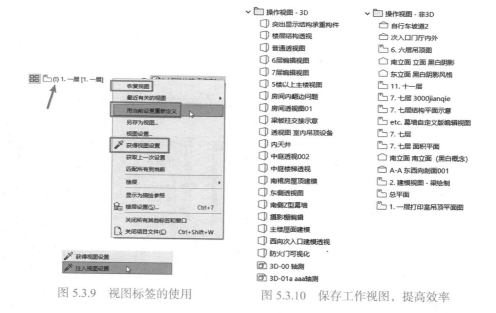

图 5.3.9　视图标签的使用　　　　图 5.3.10　保存工作视图，提高效率

2. 克隆视图文件夹功能

视图映射页面有一批特殊图标的文件夹，蓝色图标的左下角有黑色箭头，称为"克隆视图文件夹"，如图 5.3.11 所示。该文件夹中的视图映射其实是项目树状图中各项内容的一种自动映射。当项目树状图相应的类别（如楼层、剖面图、立面图等）中创建了新的内容，那么在相对应的克隆视图文件夹中就会自动创建视图映射。

我们可以选中该克隆视图文件夹，在右键菜单中选择
【视图设置】。在完成相关的设置后，文件夹下的所有视图映
射都会继承这些设置。这能够方便我们调整同一类视图的各
项视图设置，快速提交成果。

克隆文件夹中的视图映射，只能是和文件夹同类型的视图
映射（例如剖面视图映射无法拖入楼层视图映射进行管理），
并且这些视图映射的名称和排列顺序也是固定的，和项目树状
图的相应顺序一致。这区别于普通新建的视图映射。

同一类型的视图，可以创建多个类似的克隆文件夹，方
便我们输出针对不同类型出图需要的图纸。

5.3.3 图册

图册页面是进行布图排版的地方。在这里，我们将保存
好的各类视图映射放入布图（图框或文本版面）中进行布
置，通常也称为"排图""插图框"。布图的概念，类似于
AutoCAD 中的"图纸空间"，结合 ARCHICAD 中自动文本等
的功能，可以实现更加智能化的布图排版功能。

图册中树状管理的每个文件夹称为一个"子集"，是进
行布图管理的容器。图册页面中的内容分为"子集树"和"样
板树"。

1. 设定图幅和制作图框

一般我们排图的时候，首先要确定图幅和图框。这时就
需要预先在"样板布图"分支中创建各类图幅样板，在这里
可以通过多种方式创建样板布图，如图 5.3.12 所示，我们创
建了各种常用的图幅，从 A4 一直到 A0 的多种图幅类型（包
括目录、联系单、封面以及加长图纸）。

软件默认模板自带一些样板布图，我们一般需要根据公
司的图框和标准表单来制作样板布图。

（1）点击页面下方的【新建样板布图】按钮 ，会弹
出【样板布图设置】对话框，如图 5.3.13 所示。①②设定
"名称""大小"，留出页边距，保证③【可打印区域】是标
准的图纸大小。如果该样板是经常用的，可以勾选最下方的
④【设置为新布图的默认设置】。

（2）创建好的样板布图是一个空白的页面，接下来就
可以在其中绘制标准图框的内容了。这里的绘制方法和
AutoCAD 中的二维绘图原理是一致的。当然，图框等 DWG
文件也可以直接通过【文件】→【互操作性】→【合并…】，
来导入。需要特别注意，导入前最好清理图层，以免带入垃
圾图层。

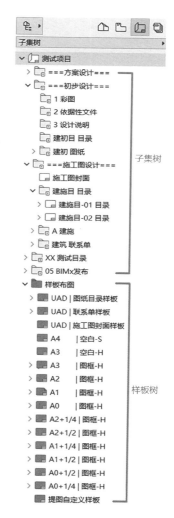

图 5.3.11 克隆视图文件夹

209

图 5.3.12 布图浏览器

（3）样板布图里的内容可以是 ARCHICAD 中绘制的线条、填充等，也可以是外部导入的图片和 PDF 等，要注意的是，如果插入的是图片或者 PDF，那么当需要导出该视图为 DWG 文件时，DWG 文件中这些内容可能会转为像素图片格式，而不再是矢量内容。

（4）绘制好图框后，图框中的信息，如工程名称、项目名称、业主、设计人员信息和图纸编号等可以创建自动文本，并选择相关的项目信息内容，如图 5.3.14 所示。我们在使用这个样板的时候，只要在菜单【文件】→【信息】→【项目信息】中填入或更新信息，布图中的内容就会自动适配。

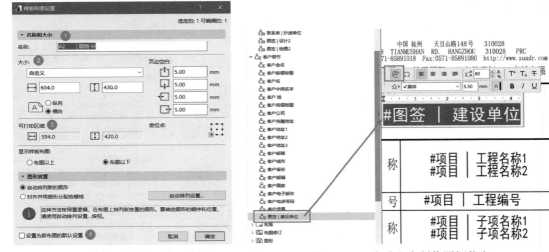

图 5.3.13 【样板布图设置】对话框   图 5.3.14 自动文本制作图框信息

我们根据公司的图框和目录制作了样板布图，如图 5.3.15、图 5.3.16 所示。

图 5.3.15 图框样板布图

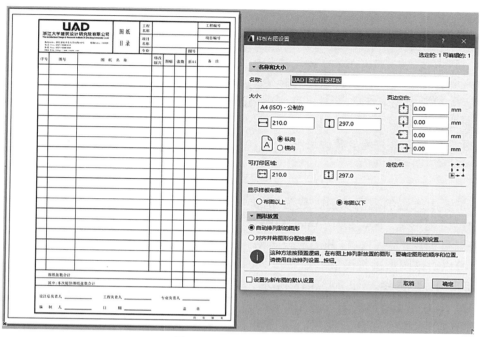

图 5.3.16 目录样板布图

2. 布图排版的流程

在设置好样板（图框）后，我们就可以把之前制作的各个视图映射放置到布图中。

首先，根据项目目前的阶段创建相应的子集（文件夹），这些子集的名称和 ID 需要根据公司的出图编号和命名习惯来设定，以便未来根据这些名称和 ID 实现图号和目录等的自动编排。

其次，浏览器中切换到视图映射页面，将需要放置到当前布图上的视图映射拖入界面中间，调整视图内容的显示边界，放置到合适的位置即可。

最后，选择拖入界面的图形进行设置，如图 5.3.17 所示。

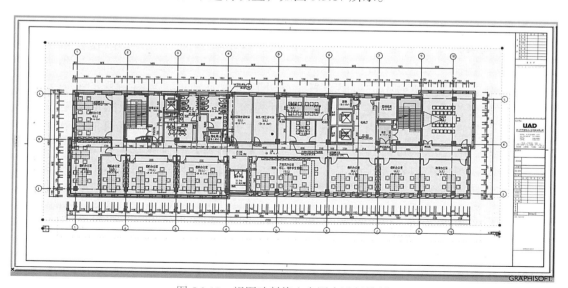

图 5.3.17 视图映射拖入布图中进行排版

小技巧：裙房和主楼轴号的布图处理

　　由于 ARCHICAD 的轴号对象在不同楼层无法设置不同的长短，因此，出现裙房和主楼一套轴网系统的时候，主楼范围的轴号会在比较远的地方。此时在布图中排版标准层平面，我们会同时插入多个当前视图，然后通过图形裁切把轴号部分和平面的其他部分拼接。可以在图 5.3.17 中看到，左右和下方的轴号没有被选中，是单独的图形。

　　在布图中放置的视图映射，成为布图窗口中的"图形"，它类似于 AutoCAD 软件中布局页面内的视口。打开图形设置对话框，可以对该图形进行设置。

　　【标识】卷展栏。如图 5.3.18 所示，①【图形 ID】和【图形名】一般按照插入的视图映射 ID 和名称自动设置。这样可以保持原视图映射和布图的联系，便于后期知道布图中放了哪个视图。②下方列出源文件的【ARCHICAD 视图】也能告诉我们，这个图形来自哪个视图。③【更新类型】有【自动】和【手动】两种，自动就是每次打开布图都更新该图形，否则手动选择图形进行更新。这里可根据实际需要来选择，如果是还没有出图，一般建议选择【自动】，以便设计的调整在最终出图时都能更新到最新状态。

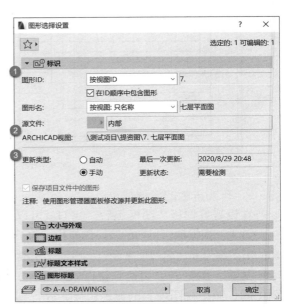

图 5.3.18　图形设置的标识卷展栏

　　【大小与外观】卷展栏。如图 5.3.19 所示，这里控制图形的大小以及显示外观的设置内容。①图形大小按照真实图纸的大小来缩放，一般按照 100% 布图，因为我们的图纸比例都在视图映射中进行了设置，此处直接放置即可。当有特殊的缩放要求的情况下才需要设定缩放。②定位点则和上面的缩放有关，可以按照图形的定位点缩放，也可以勾选【将图形的内部原点用作定位点】，此时，缩放图形可能跳到图框外部，因为视图内部原点可能在很远的地方。③【画笔集】和【颜色】设置，可以在布图中再次对视图中的内容进行设定。当然，画笔和颜色的设定也可以仅在视图映射中设置，而保持这里的设置为默认状态。④【在屏幕上预览】选项，控制图形内容在布图中的显示精度，以便控制布图的显示性能。一般计算机性能还不错的话，选择默认的【完全的精确】即可。

　　【边框】卷展栏。如图 5.3.20 所示，这里控制图形边框的裁切和打印设置。①一般选择【按边框修剪图形】，以节省计算机刷新时间。②勾选【添加可打印的边框】可以设置边框打印线条。

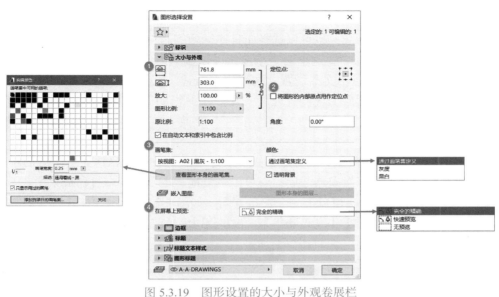

图 5.3.19 图形设置的大小与外观卷展栏

图 5.3.20 图形设置的边框卷展栏

【标题】、【标题文本样式】和【图形标题】卷展栏。这三个地方用于设置图形下方自动显示的图名，如图 5.3.21 所示：① ARCHICAD 中，图形标题是一个 GDL 对象，可以自动读取图形的 ID、名称和比例等信息，标注在图纸上。这里的图名就是我们在【标识】卷展栏中设置的图形名称，所以在设置名称的时候，要根据最终的图名来命名。标

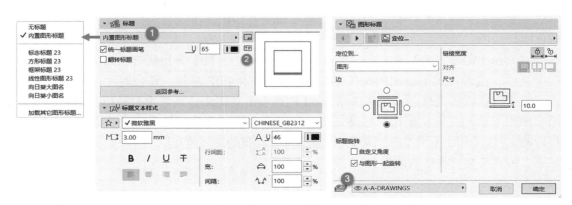

图 5.3.21 标题、标题文本样式和图形标题卷展栏

题 GDL 可以选择软件自带的几种，但它们有些不符合我们的制图规范和常规表达，施工图阶段如果需要符合制图标准，也可以选择向日葵标题等第三方 GDL 对象。如果有实力，可以自己编写图名标题 GDL。②这里两个小按钮可以显示图形的预览和标题本身的预览。文本样式卷展栏的设置为通用文本设置，这里不再赘述。③是图形本身的图层控制，每个图形可以放置在不同的图层上进行管理，一般会有一个专门的图层分配给这些内容。

5.3.4　发布器集

完成了上面的布图操作后，图纸就准备发布打印了。ARCHICAD 支持图纸的单张或者批量打印，因此，设定好发布器之后，就可以重复地、批量地发布打印成果了。

（1）一个"发布器"，就相当于一个发布方案。如图 5.3.22 所示，在【发布器集】页面的顶部下拉菜单中，选择①【发布器集】，下方会列出目前所有的发布器集的名称。

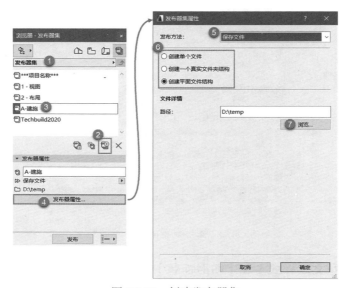

图 5.3.22　创建发布器集

（2）可以点击②【新建发布器集】按钮，③新建一个"A–建施"的集合，然后点击④【发布器属性…】，在弹出的属性对话框中，选择⑤【保存文件】，在下方选择输出的方式。如果直接连接打印机，也可以直接发布到打印机，常规会选择输出打印文件，比较保险。

（3）⑥【发布方法】下方有三个选项，【创建单个文件】是指所有的布图内容发布为一个文件。这种模式下输出的文件格式只有 BIMx 和 PDF 两种。其余两种保存文件的方式，则可以在后续选择更多的文件格式。【创建一个真实文件夹结构】是指发布的内容按照布图中子集的文件夹架构，在 Windows 资源管理器中创建一样的文件夹结构，放入发布后的文件。【创建平面文件结构】[①]则是将所有发布的文件放在同一个文件夹中，对应的是第二种真实文件夹结构的方式。

---

① 应为软件翻译错误，这里的"平面"，国际版原文是"flat"，应该理解为"扁平化"，即所有发布的文件是放在同一个文件夹中的。

（4）⑦选择一个路径，输出成果文件。

发布器创建完毕，双击进入，即可把需要发布的布图子集或者单独的布图拖进去。整理好的发布器集中已经有准备发布的布图了，如图 5.3.23 所示。此时，①选择文件夹后，可以设置发布的文件格式，②这里可以有多种格式供选择，常用的是 PDF 和 DWG 等格式。当输出格式支持合并为一个文件时，下方会有合并的选项③。在【发布】按钮的右侧有一个按钮④，可以选择【选定的项目】，单独发布几张图纸，或者选择【全部设置】，则发布当前整个发布器集内的图纸。点击⑤【发布】按钮，就可以等待 ARCHICAD 输出了，如图 5.3.24 所示。

图 5.3.23　发布操作

图 5.3.24　图纸发布中

要注意，当布图的时候，如果图形本身的更新方式选择的是自动更新，那么在发布的时候会自动更新为最新的状态；如果更新方式选择的是手动更新，则发布的时候会保留上次更新的状态。有时候为了视图操作快速而关闭自动更新时，一定记得在最后出图前将布图内容正确更新一遍，以免出错。

5.3.5　布图功能中的信息应用

ARCHICAD 的一大优势，是可以借助强大的信息管理功能，实现项目中的信息传递和联动。我们在布图的时候，可以借助这一特性实现多种自动化的功能。例如：详图索引的自动标注、图框中信息的自动生成、图纸目录的自动更新等。

1. 详图索引号自动编号

在传统流程中，详图索引号中的编号最后才会填写，因为不知道最后放到哪张图纸上，等定好后，再把图号填入索引号中。在 ARCHICAD 中，我们可以方便地实现编号和图号自动关联。

使用【工作图工具】 或【详图工具】 ，框定需要绘制详图的范围，创建索引符号。一开始创建的对象可能长得不像我们想象中那样，没关系，通过一定的设置即可符合我们的制图规范和上面提到的关联功能。

选中索引符号，调出设置对话框。

【常规】卷展栏。如图 5.3.25 所示，①设定此工作图的【参考 ID】和【名称】。注意这里的名称需要写到索引号引线的上方，要写准确。②【源标记】下拉菜单一般保持默认。其他的选项在将当前索引符号关联到其他视图的时候用。③【以标记参考】下拉菜单，这里是设置图号关联的关键。默认为【该视点】，在没有确定此详图的归属时，可以不改。当布图准备好后，需要将它调整为【视点第一个放置的图形】，此时软件就会自动识别这个工作图放置在哪个布图中。

图 5.3.25　工作图的常规卷展栏

【标记】卷展栏。如图 5.3.26 所示，④这里选择本地化【向日葵工作图标记】（向日葵详图标记），因为默认自带的标记不带引线文字功能。⑤【标记文本样式】卷展栏里设定标记的文本样式。

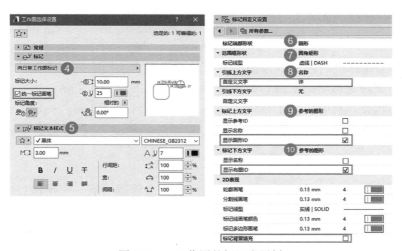

图 5.3.26　工作图的标记卷展栏

【标记自定义设置】卷展栏。这里设置向日葵标记的自定义设置。⑥⑦一般的索引标记是圆形的，范围框是圆角矩形，线型为虚线。⑧引线上方写上简要的介绍文字，比如"×××详"，也可以不写。⑨⑩这里控制索引圆标记中，上下半圆的文字。按照制图规范，在下方放置布图 ID，也就是图号，然后在上半圆中放图形 ID，即在这张布图中，这个详图是第几个图形。最下方的【标记背景填充】一般取消勾选。

2. 使用自动文本作为图框内容

前面制作样板布图的内容中，我们提到当绘制好图框的线条和文字后，图框中的内容可以使用自动文本工具选择项目信息中的相关字段，放置在样板布图中。

首先，打开【文件】→【信息】→【项目信息】，在项目信息对话框中创建和填入必要的项目信息。其次，在样板布图中创建自动文本，选择相应的字段，就能出现相应的项目信息内容，如图 5.3.27 所示。当我们在项目信息中调整相关内容后，图框内的内容也会自动更新。

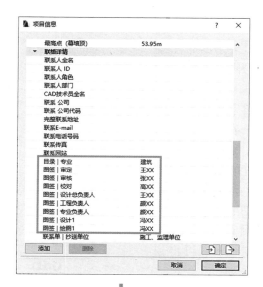

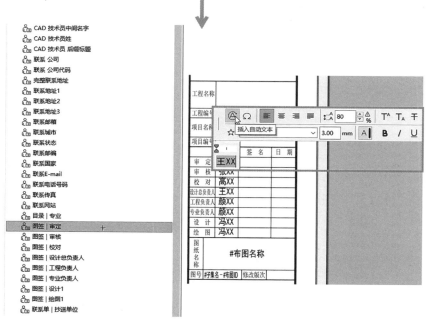

图 5.3.27　使用自动文本创建图签信息

3. 制作图纸目录

在布图创建完成后，我们可以通过
ARCHICAD 自带的功能实现自动生成图
纸目录。同时，当图纸进行增删和修改
图名及编号等操作时，目录也能够实时
更新。

图 5.3.28 新建索引

打开菜单【文档】→【项目索引】→
【索引设置…】，在弹出的对话框中点击
左下角的【新建】按钮，会弹出【新项
目指标】对话框，如图 5.3.28 所示。我
们给索引取个名，注意如果是给布图编
目录，那么应该选择"布图"。

在【索引设置】对话框中，添加标准
过滤需要制作索引的布图子集，并添加
索引字段，如图 5.3.29 所示。生成的索
引和清单的外观类似，如图 5.3.30 所示。
注意，由于需要把这个清单拖到目录布
图中，因此，这里的文字大小和行距要
和公司标准目录的间距相匹配。

图 5.3.29 索引的字段设置

将索引视图放置到目录布图中后，
进行一定的裁切和位置调整，即可得到
图纸目录了，如图 5.3.31 所示。

图 5.3.30 目录索引视图

图 5.3.31 生成的图纸目录

5.4 BIMx 超级模型

BIMx 超级模型是一种提供丰富交互体验和成果交付的手段。通过导出 BIMx 模型，用户可以在手机、平板电脑、网页端等多平台终端上浏览轻量化的三维设计成果，如图 5.4.1 所示。这个成果不仅包括可浏览的三维模型，同时也包括完整的设计图纸，如图 5.4.2 所示。

扫码看图

图 5.4.1 在平板电脑上操作 BIMx 文件　　图 5.4.2 BIMx 中三维模型的浏览界面

不仅如此，这些图纸和三维模型在空间上是对应的，用户可以流畅地在图纸和模型中进行切换，如图 5.4.3、图 5.4.4 所示。点击其中的建筑构件，构件所包含的信息也是可以看到的，如图 5.4.5 所示。BIMx 提供了比以往任何可视化沟通和成果交付方式都强得多的解决方案。

扫码看图

图 5.4.3 BIMx 中的图模合一显示方式

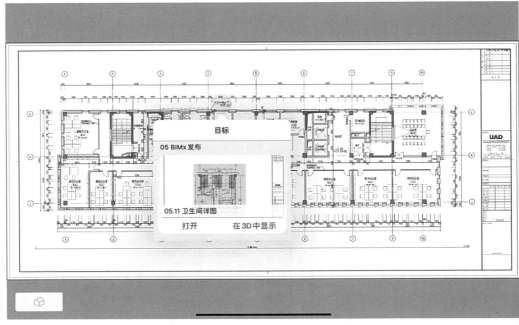

图 5.4.4　BIMx 中查看平面图纸及关联详图

图 5.4.5　在 BIMx 文件中查看构件信息

在模型和图纸制作完毕后，将其整理在一个项目文件中。此时，可以执行菜单【文件】→【发布 BIMx 超级模型…】，如图 5.4.6 所示，在弹出的对话框中创建一个输出 BIMx 超级模型的发布器集，选取需要的 3D 和 2D 视图布图，设定好输出路径，点击【发布】。如果一开始已经在发布器集设置中设定了发布 BIMx 的方式为【创建单个文件】，如图 5.4.7 所示，那么在新建 BIMx 超级模型的时候，【设置后发布：】的下拉菜单里就会显示这个发布器集可供选择。选择该发布器集后，窗口中就会显示所有已设定的发布内容，如图 5.4.8 所示。点击【发布】后，就可以发布相应的 BIMx 文件了。

图 5.4.6 新建发布 BIMx 超级模型

图 5.4.7 发布器集设定 BIMx 格式   图 5.4.8 选择已建发布器集输出 BIMx

第 6 章 数据信息整合应用

三维模型与信息结合的工作方式，要求建筑师在建筑设计的形式内容之外，关注数据信息的建立和管理，将原先二维绘图时代分散于设计成果各处的数据信息进行整合。这对于提高设计交付成果的质量，提升项目的完成度有莫大的帮助。建筑师有可能对项目进行全过程的设计和管理，才能在未来真正对自己的设计负责。

三维设计工作流程中，建模的过程，其实就是创建数据的过程。每一个项目都是一个数据库，它记录了建筑元素构件的三维几何形体，也同时记录了三维几何形体的信息。不仅如此，建筑元素构件或对象除了三维几何形体信息外，还可同时附加额外的属性。这些属性有些是根据该建筑构件的类型赋予的，有些是可以根据项目的特点，由设计人员自己创建并赋予的。

BIM 和 ARCHICAD 的特点之一都是将三维模型和属性信息整合的能力。在三维设计工作流程中，我们需要在创建三维模型构件的同时，注重数据信息的创建和整合应用，使得数据信息在各个阶段、各参与方之间流转，最大限度发挥数据信息的作用。

整合应用主要有以下几个方面：

（1）模型数据和非模型数据的输入输出，自动更新，减少错误，提高效率。

（2）借助建筑构件的属性信息、交互式清单和数据可视化等功能，帮助发现和验证设计过程中的问题。

（3）通过属性和表达式功能，进行建筑构件数据自动化计算和表达。

（4）提取由建筑专业负责交付的设计内容的"量"。这里所说的"量"，主要指建筑设计方案到施工图阶段的常规"量"，如面积、房间数、门窗数、各类设施设备数等。

本章论述数据信息整合应用的主要方式和操作流程。

这里需要注意，数据信息整合应用，不是让三维建筑模型承载所有的信息，也不是在某个阶段输入全部的数据。openBIM 的理念是不同的参与方、不同的专业，在相应的阶段负责在自己设计职责内按需输入数据和加载属性信息，并保留与相关专业和上下游阶段的接口。

对于借助 ARCHICAD 进行工程算量的应用，不在本书内容范围内。

6.1 数据提取和信息应用基础

6.1.1 交互式清单

ARCHICAD 中的交互式清单功能可以根据设定的条件提取项目文件中的数据信息，自动生成清单。

交互式清单不但显示数据和其他信息，还可以在其中进行编辑。在这里，可以批量为建筑元素构件输入数据，也可以统一检查元素构件自身的数据是否正确。

举个例子，通过交互式清单功能，在元素清单视图中可以列出案例项目6层所有的房间列表，如图6.1.1所示。先看本层房间的数据是否录入完整，我们可以发现有数据缺失或不准确的地方。此时，可以点击单元格，在交互式清单中直接补充和纠正数据信息。

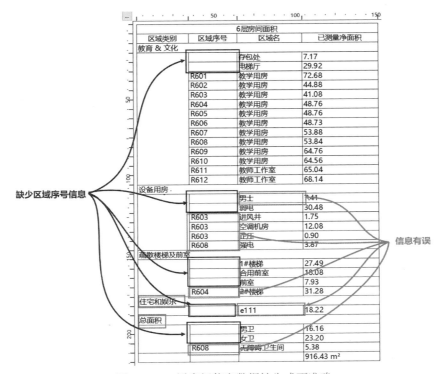

缺少区域序号信息

信息有误

图 6.1.1　6 层房间信息数据缺失或不准确

调整后的信息在清单视图和平面视图中的内容是关联的，如图6.1.2所示，这是"交互"的特点之一。

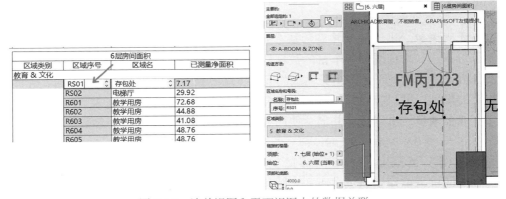

图 6.1.2　清单视图和平面视图中的数据关联

通过数据整理和编辑，可以看到，信息已经输入正确了，这部分的数据信息已经完成，如图 6.1.3 所示。

我们再来举个例子，通过交互式清单可以检查门窗编号和尺寸是否统一。如果几十个同样的窗户有一个窗户的高度或宽度与其余的不一样，在图纸中我们是很难发现的，在清单中却可以方便地发现，如图 6.1.4 所示。通过清单视图中两个绿色按钮【在平面图选择】和【在 3D 中选择】的功能，还可以方便地查看所选择的单元格清单项元素在视图中的哪个地方。这是"交互"的另一个特点，把错误纠正后，清单视图和模型视图中都会同步更新。

6层房间面积			
区域类别	区域序号	区域名	已测量净面积
教育 & 文化			
	R601	教学用房	72.68
	R602	教学用房	44.88
	R603	教学用房	41.08
	R604	教学用房	48.76
	R605	教学用房	48.76
	R606	教学用房	48.73
	R607	教学用房	53.88
	R608	教学用房	53.84
	R609	教学用房	64.76
	R610	教学用房	64.56
	R611	教师工作室	65.04
	R612	教师工作室	68.14
	RS01	存包处	7.17
	RS02	电梯厅	29.92
设备用房			
	RS03	弱电	30.48
	RS05	进风井	1.75
	RS0	空调机房	12.08
	RS06	正压	0.90
	RS04	强电	3.87
疏散楼梯及前室			
	RS08	1#楼梯	27.49
	RS09	合用前室	18.08
	RS11	前室	7.93
	RS10	2#楼梯	31.28
卫生间			
	RS12	男卫	16.16
	RS13	女卫	23.20
	RS14	无障碍卫生间	5.38
			890.80 m²

图 6.1.3　数据整理完毕的清单

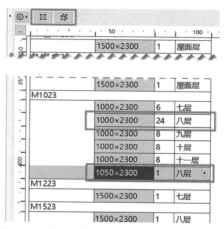

图 6.1.4　门表清单中尺寸和编号未设置准确

1. 三类交互式清单

（1）**元素清单**。可以统计并显示基本元素构件的参数清单，包括几何尺寸、元素 ID、数量、符号图示、物理属性等丰富的数据信息。

（2）**组分清单**。对于由多组分构成的元素（墙、板、屋面、变形体、网面、壳体等），根据给定的规则，可以统计并显示每个复合材料组分、复杂截面或基本元素的信息。

（3）**表面清单**。可以统计并显示使用各类表面材质的元素构件的参数信息。

2. 交互式清单的创建和数据计算

我们以上述"6 层房间面积"为例，介绍创建交互式清单的流程。

（1）在项目浏览器中右键点击元素清单分支，选择【新建清单】。在弹出的【新的清单方案】对话框中输入新建交互式清单的 ID 和名称，如图 6.1.5 所示。

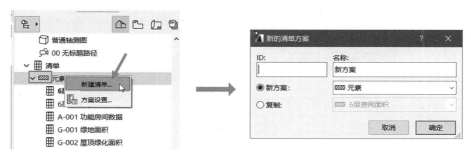

图 6.1.5　新建交互式清单

（2）如图 6.1.6 所示，在弹出的【方案设置】对话框中，Ⓐ区为项目中已有的清单列表；Ⓑ区为设定清单的【标准】（过滤条件）卷展栏；Ⓒ区为【栏目】（字段）卷展栏，这里设定符合上述标准的元素构件，它们的哪些信息会被统计和显示，并可设定统计和显示的方式。

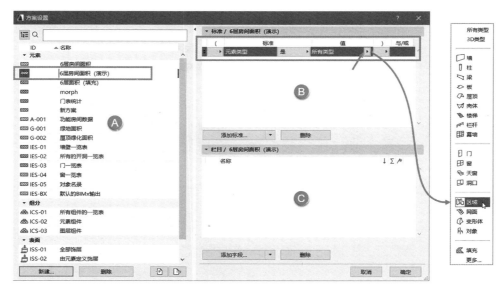

图 6.1.6　交互式清单的方案设置

（3）创建元素清单时，默认第一项标准为【元素类型】，值为【所有类型】。这里我们需要过滤出所有 6 层的区域元素，如图 6.1.7 所示。因此，我们需要把这个类型值设定为"区域 🏠"，并且要添加一个标准（过滤条件）来过滤掉不是 6 层的区域元素。楼层位置一般添加【始位楼层】这个标准，并把值设定为"6 层"。如果需要继续缩小范围，那么可以继续添加过滤条件来最终锁定需要列入清单的元素构件。

（4）设定好过滤条件，接下来就是设定需要清单统计或显示的项。在栏目区中，点击【添加字段】，软件会列出符合条件的元素，所能统计和显示的"字段"，我们在其中选择需要的项。可以对选取的项进行表格的排位，按住并拖动左侧双向黑三角"♠"即可调整栏目的顺序。

225

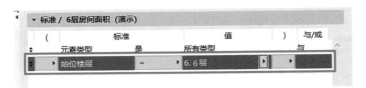

图 6.1.7 设定清单方案的标准（过滤条件）

（5）右侧的三个符号控制清单的统计和显示功能，如图 6.1.8 所示。第一个符号，上下箭头是设定按升序还是降序排列此栏目中的项。循环点击项目右侧的图标，可以切换升序 / 降序等。如果循环到空白，则意味着在排序中此字段将被忽略。第二个符号，合计"Σ"，激活后，会统计该项清单单元格的"合计"数值。如果想显示该项的总数而不是数值总和，要再点击一下，切换到"Σ1"。第三个符号，旗标"🚩"，可计算该项中同类内容的小计值。

6层房间面积				
区域类别	区域名	区域序号	已测量净面积	温度要求
教育 & 文化				
	存包处	RS01	7.17	
			7.17 m²	
	电梯厅	RS02	29.92	
			29.92 m²	
	教师工作室	R611	65.04	
	教师工作室	R612	68.14	
			133.18 m²	
	教学用房	R601	72.68	
	教学用房	R602	44.88	
	教学用房	R603	41.08	
	教学用房	R604	48.76	
	教学用房	R605	48.76	
	教学用房	R606	48.73	
	教学用房	R607	53.88	
	教学用房	R608	53.84	
	教学用房	R609	64.76	
	教学用房	R610	64.56	
			541.93 m²	
设备用房				
	进风井	RS06	1.75	
			1.75 m²	
	空调机房	RS03	12.08	
			12.08 m²	
	强电	RS05	3.87	
			3.87 m²	
	弱电	RS04	30.48	
			30.48 m²	
	正压	RS07	0.90	
			0.90 m²	

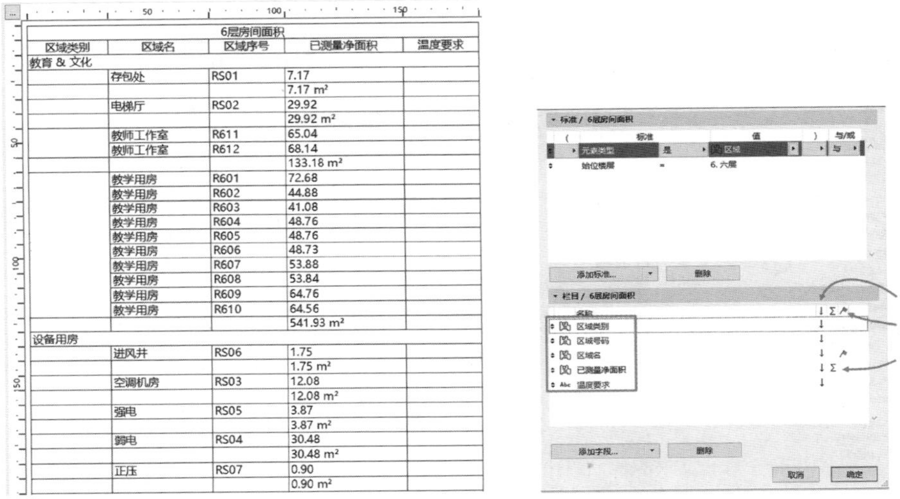

图 6.1.8 房间面积清单的设置方案

3. ARCHICAD 与 Excel 的交互操作

ARCHICAD 生成的交互式清单，可以导出为 Excel 工作簿（*.xlsx），在 Excel 中进一步计算和编辑。

这一方面是因为 ARCHICAD 本身的交互式清单界面不提供额外的单元格计算功能，有些数据需要导出到 Excel 来计算。如果数据量很庞大，那么在 Excel 中输入显然效率较高。另一方面，我们在项目中会需要相关参与专业核对信息，或是需要厂家来提供元素构件的某些信息，然后再输入到项目文件中，赋予元素构件。

具体的操作流程是：

（1）前文所述的案例中，项目 6 层房间的信息填写完整后，需要发给业主确认房间名称并增加统一管理代码。暂定存入元素 ID 属性。点击菜单【文件】→【互操作性】→【类别和信息】→【导出属性值，从清单…】，选择导出 xlsx 文件，如图 6.1.9 所示。

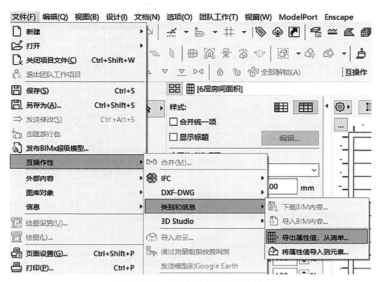

图 6.1.9 从清单导出属性值

（2）把文件发给业主，请他们根据管理需要填入例如"温度要求"单元格中，如图 6.1.10 所示。这里特别注意，左侧灰色显示的 GUID 不能变更，否则后续导入 Excel 文件到 ARCHICAD 进行数据更新时会出错。

	A	B	C	D	E	F
1	Element/Property GUID					0A33C71A-FEFB-4346-B1E2-4177D28333A2
2	灰色字符串为GUID	区域类别	区域序号	区域名	已测量净面积	温度要求 (字符串)
3	A453B105-678E-4FFD-9115-B7D0BC841080	教育 & 文化	R601	教学用房	72.68	26
4	56FC5879-F8A8-4E62-B88B-8433E3AA6FDF	教育 & 文化	R602	教学用房	44.88	26
5	C19EB6E1-8E12-40B9-88F2-E678F696378D	教育 & 文化	R603	教学用房	41.08	26
6	32259926-E22C-4CF9-BEF5-D9AA2B25F251	教育 & 文化	R604	教学用房	48.76	26
7	0138E6D8-5A8F-4DF7-BE9B-71CE047A06A4	教育 & 文化	R605	教学用房	48.76	26
8	E5122BCA-7571-4936-AFAD-B7933998F8D0	教育 & 文化	R606	教学用房	48.73	26
9	66A22D1A-50A3-4534-B9DB-9D2A557F6115	教育 & 文化	R607	教学用房	53.88	26
10	FFA5D8F0-7248-478D-9692-9319236405C9	教育 & 文化	R608	教学用房	53.84	26
11	7A969951-1D6E-4921-8085-0EC22B4566BD	教育 & 文化	R609	教学用房	64.76	26
12	C099BCCF-92CB-48CD-91E6-71DFF7425ED5	教育 & 文化	R610	教学用房	64.56	26
13	14B91051-774A-41B1-809D-EC1298AEBE44	教育 & 文化	R611	教师工作室	65.04	26
14	CC378E97-193A-43CE-9BD0-B6EC87D6A58F	教育 & 文化	R612	教师工作室	68.14	26
15	0E92A351-5797-475C-8ABF-98BA69BE7F2F	教育 & 文化	RS01	存包处	7.17	28
16	C05EBF1F-0025-48ED-8927-710B8B34DD51	教育 & 文化	RS02	电梯厅	29.92	28
17	EFA36199-543F-4CFE-B98D-D7D43D069820	设备用房	RS03	空调机房	12.08	28
18	245579D2-31E1-4AC8-91CF-5A5596C950D815AC96FE-640A-4	设备用房	RS04	弱电	8.78	28
19	FC2CC562-8804-42F6-B61B-FEB8D942F484	设备用房	RS05	强电	3.87	28
20	01E706A6-3F10-4B13-B56F-6C7CD6853246	设备用房	RS06	进风井	1.75	28

（在 E12/F12 区域内标注："校方填入温度要求"）

图 6.1.10 导出 Excel 文件填写数据

（3）通过菜单【文件】→【互操作性】→【类别和信息】→【将属性值导入到元素…】，将上述填写完数据的 Excel 文件导入，即可实现对当前清单的更新，如图 6.1.11、图 6.1.12 所示。

图 6.1.11　导入修改后的属性值

6层房间面积				
区域类别	区域序号	区域名	已测量净面积	温度要求
教育 & 文化				
	R601	教学用房	72.68	26
	R602	教学用房	44.88	26
	R603	教学用房	41.08	26
	R604	教学用房	48.76	26
	R605	教学用房	48.76	26
	R606	教学用房	48.73	26
	R607	教学用房	53.88	26
	R608	教学用房	53.84	26
	R609	教学用房	64.76	26
	R610	教学用房	64.56	26
	R611	教师工作室	65.04	26
	R612	教师工作室	68.14	26
	RS01	存包处	7.17	28
	RS02	电梯厅	29.92	28
设备用房				
	RS03	空调机房	12.08	28
	RS04	弱电	30.48	28
	RS05	强电	3.87	28
	RS06	进风井	1.75	28
	RS07	正压	0.90	28
疏散楼梯及前室				
	RS08	1#楼梯	27.49	28
	RS09	合用前室	18.08	28
	RS10	2#楼梯	31.28	28
	RS11	前室	7.93	28
卫生间				
	RS12	男卫	16.16	26
	RS13	女卫	23.20	26
	RS14	无障碍卫生间	5.38	26
			890.80 m²	

图 6.1.12　交互式清单中更新了导入的数据

小技巧：导入导出清单内容的注意事项

需要特别注意，上述操作流程只能对元素构件的自定义属性进行交互编辑，而不能编辑元素构件自身固化（ARCHICAD 默认定义）的参数，即只能编辑【信息管理器】中列出的属性。

6.1.2 属性与类别

ARCHICAD 中的元素构件和建筑材料都可以具备属性和类别。这是在三维设计工作流程中非常重要的信息模型管理所必须依赖的功能，同时也是项目管理中分类和编码的途径。属性和分类系统极大地拓展了模型的信息应用场景。

属性[1]，是用户定义的可选可编辑的数据信息，用于分配给元素构件或者建筑材料，以提供额外的搜索和管理。常见的元素构件属性很多，同时可以增加自定义的属性值，如图 6.1.13 所示。

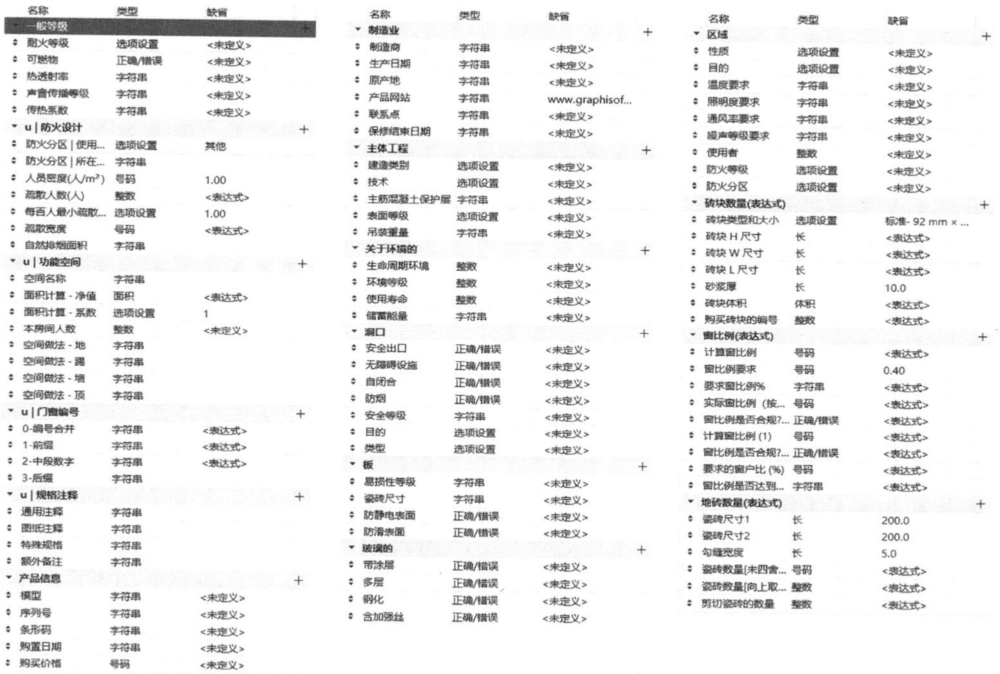

名称	类型	缺省
一般等级		
耐火等级	选项设置	<未定义>
可燃性	正确/错误	<未定义>
热透射率	字符串	<未定义>
声音传播等级	字符串	<未定义>
传热系数	字符串	<未定义>
u | 防火设计		
防火分区 | 使用...	选项设置	其他
防火分区 | 所在...	字符串	<未定义>
人员密度(人/m²)	号码	1.00
疏散人数(人)	整数	<表达式>
每百人最小疏散...	选项设置	1.00
疏散宽度	字符串	<表达式>
自然排烟面积	字符串	
u | 功能空间		
空间名称	字符串	
面积计算 - 净值	面积	<表达式>
面积计算 - 系数	选项设置	1
本房间人数	整数	<未定义>
空间做法 - 地	字符串	
空间做法 - 踢	字符串	
空间做法 - 墙	字符串	
空间做法 - 顶	字符串	
u | 门窗编号		
0-编号合并	字符串	<表达式>
1-前缀	字符串	<表达式>
2-中间数字	字符串	<表达式>
3-后缀	字符串	
u | 规范注释		
通用注释	字符串	
图纸注释	字符串	
特殊规格	字符串	
额外备注	字符串	
产品信息		
模型	字符串	<未定义>
序列号	字符串	<未定义>
条形码	字符串	<未定义>
购置日期	字符串	<未定义>
购买价格	号码	<未定义>

名称	类型	缺省
制造业		
制造商	字符串	<未定义>
生产日期	字符串	<未定义>
原产地	字符串	<未定义>
产品网站	字符串	www.graphisof...
联系点	字符串	<未定义>
保修结束日期	字符串	<未定义>
主体工程		
建造类别	选项设置	<未定义>
技术	选项设置	<未定义>
主筋混凝土保护层	字符串	<未定义>
表面等级	选项设置	<未定义>
吊装重量	字符串	<未定义>
关于环境的		
生命周期环境	整数	<未定义>
环境等级	整数	<未定义>
使用寿命	整数	<未定义>
储置能量	字符串	<未定义>
洞口		
安全出口	正确/错误	<未定义>
无障碍设施	正确/错误	<未定义>
自闭合	正确/错误	<未定义>
防闪	正确/错误	<未定义>
安全等级	字符串	<未定义>
目的	选项设置	<未定义>
类型	选项设置	<未定义>
板		
易损性等级	字符串	<未定义>
瓷砖尺寸	字符串	<未定义>
防静电选项	正确/错误	<未定义>
防滑表面	正确/错误	<未定义>
玻璃的		
带涂层	正确/错误	<未定义>
多层	正确/错误	<未定义>
弱化	正确/错误	<未定义>
含加强丝	正确/错误	<未定义>

名称	类型	缺省
区域		
性质	选项设置	<未定义>
目的	选项设置	<未定义>
温度要求	字符串	<未定义>
照明度要求	字符串	<未定义>
通风要求	字符串	<未定义>
噪声等级要求	字符串	<未定义>
使用者	字符串	<未定义>
防火等级	选项设置	<未定义>
防火分区	选项设置	<未定义>
砖块数量(表达式)		
砖块类型和大小	选项设置	标准- 92 mm × ...
砖块 H 尺寸	长	<表达式>
砖块 W 尺寸	长	<表达式>
砖块 L 尺寸	长	<表达式>
砂浆厚	长	10.0
砖块体积	体积	<表达式>
购置砖块的编号	整数	<表达式>
窗比例(表达式)		
计算窗比例	号码	<表达式>
窗比例要求	号码	0.40
要求窗比的%	字符串	<表达式>
实际窗比例(按...	号码	<表达式>
窗比例是否合规?...	正确/错误	<表达式>
计算窗比例 (1)	号码	<表达式>
窗比例是否合规?...	正确/错误	<表达式>
要求的窗户比 (%)	号码	<表达式>
窗比例是否达到...	正确/错误	<表达式>
地砖数量(表达式)		
瓷砖尺寸1	长	200.0
瓷砖尺寸2	长	200.0
勾缝宽度	长	5.0
瓷砖数量[末四舍...	号码	<表达式>
瓷砖数量[向上取...	整数	<表达式>
剪切瓷砖的数量	整数	<表达式>

图 6.1.13 默认和自定义属性列表示例

我们可以通过菜单【选项】→【信息管理器】打开信息管理器 ✎，在这里创建和修改属性（信息），并自定义属性的类别有效性（即当前的属性信息赋予哪些元素构件），如图 6.1.14 所示。属性信息的有效性和可用性都依赖于元素构件 / 建筑材料的类别（分类）。

属性主要有以下应用场景：

（1）在交互式清单中提取和管理；

（2）在标签、区域标记、门窗标记中显示；

（3）使用图形覆盖功能进行可视化数据管理；

（4）导入导出属性数据给相关专业或者应用到不同工程、不同阶段的管理；

（5）导出数据信息为 Excel 文件，供参建方或协作方汇入数据信息，再将数据信息导

---

[1] ARCHICAD 中文版将 Property 翻译为"信息"，并不够准确，容易与"信息"（Information）的概念混淆。我们倾向于将 Property 翻译为"属性"，大家在操作时要注意。本书为了和软件界面相对应，涉及界面的名称仍采用"信息管理器"。

图 6.1.14　信息管理器和类别有效性

入 ARCHICAD，进行整合。

　　类别是基于工作流程和方式以及本地 / 国际的通用标准，将元素构件和建筑材料进行分类的编码系统。

　　我们可以通过菜单【选项】→【类别管理器】，打开类别管理器 ⚘，用以创建和管理类别系统（编码系统），并定义各类别可用的属性（和上文所述属性的类别有效性相通），如图 6.1.15 所示。

　　类别可以被应用到以下场景：

　　（1）创建项目中元素构件 / 建筑材料的相关属性信息；

　　（2）定义哪种属性信息可以适用或赋予特定的元素构件或建筑材料（以上两个即上

图 6.1.15　类别管理器和类别的可用属性

面提到的属性信息的有效性和可用性都依赖于元素构件 / 建筑材料的类别 / 分类）；

（3）通过分类可以查找和选择特定类别的元素构件或建筑材料；

（4）使用图形覆盖功能进行可视化数据管理；

（5）提供符合国标分类编码标准的设计成果（法定交付物），确保与其他应用程序或者专业交换数据。

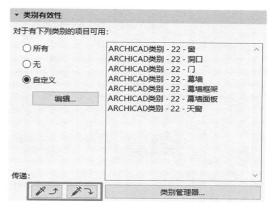

图 6.1.16　类别有效性设置的传递

6.1.3　表达式

表达式是 ARCHICAD v22 版本开始加入的新功能，是 ARCHICAD 属性管理功能的"超级"延伸。我们可以通过系统提供的功能性表达式，将元素构件的属性值通过一定的逻辑关联在一起，进行自动运算。

上面所说的功能性表达式，是指使用一定的函数关系式，类似于 Excel 中的一些公式，进行自动运算，生成所需要的属性值。然后，在清单、标签以及区域标记等可以提取数据的对象中显示并表达在图纸或模型中。

表达式应用的场景很多：

（1）可以用来读取和计算元素构件自身的属性值和参数，从而求出需要的数据；

（2）通过来自元素构件所在区域的数据，或者来自上一级热链接模块的数据进行计算；

（3）读取全局属性（如项目信息对话框中的内容等）。

目前表达式功能的局限性：表达式无法跨元素构件进行计算，即只能对被赋予该属性值的元素构件读取自身属性和参数来进行函数运算。

创建一个使用函数表达式的属性值，可按下述的步骤：

（1）打开【信息管理器】创建一个新的属性值。在【数值定义】卷展栏中，点击【表达式】前的圆钮，即会弹出【表达式编辑器】，如图 6.1.17 所示。

（2）根据计划好的计算公式，在【表达式编辑器】上部的【函数】按钮菜单中选择合适的函数公式，然后选择要操作的【参数 & 属性】。必要时需要选择右侧的【单位】按钮菜单进行参数的数据类型转换。点击【参数 & 属性】按钮，在弹出的列表中双击其中

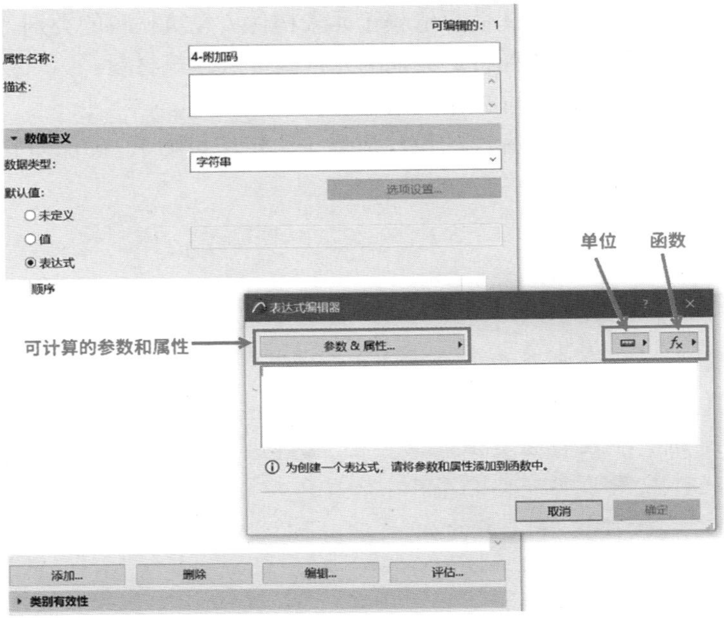

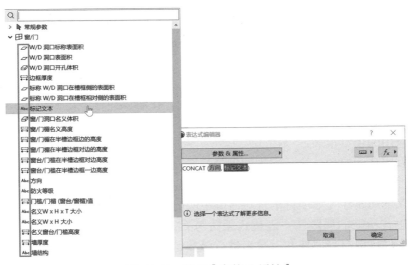

图 6.1.17　创建属性值并选择表达式定义

的所需条目，即可添加进编辑器中，如图 6.1.18 所示。图中举例列出了"门／窗"包含的可以通过函数表达式访问的属性名。注意属性名左侧的图标，可以提示该属性的数据类型。另外，在属性条目的上方有搜索栏，能根据关键词快速搜到我们需要的参数和属性。

图 6.1.18　添加【参数＆属性】

（3）在【信息编辑器】的【数值定义】卷展栏中，选择一种对应属性的数据类型非常重要。选错了，就会有警告，并且无法得到正确的结果。我们需要熟悉各种数据类型的含义，这里对比国际版 ARCHICAD 中的名称，帮助大家理解，如图 6.1.19 所示。注意，ARCHICAD 中文版中，"号码"应该翻译为"数字"数据类型。

图 6.1.19 数据类型的名称

（4）在【类别有效性】卷展栏中，选择该属性值所赋予的元素构件的分类，以便在元素参数设置中可以显示这些属性值。

小技巧：带单位的数据转换成数字数据

要把带单位的数据转换成数字数据，需要除以一个该单位的值，如图6.1.20所示，"顶部标高"是长度数据，单位 mm，那么就除以 1mm，这样就可以得到一个纯数字类型的数据了。

图 6.1.20 转换数据类型的技巧

小技巧：表达式错误的提示

在表达式编辑器中，如果语法不正确，软件会显示黄色三角警示符号，告知使用者错误的大致类型，如图 6.1.21 所示。我们根据提示可以进行调整，没有警示符号后，基本在语法方面就没有错误了。另外分享一个技巧：如果觉得表达式窗口中的文字太小看不清，在窗口中按住〈Ctrl〉键的同时滚动鼠标滚轮，即可对内容进行缩放。

图 6.1.21 表达式编辑器中的警告提示

6.2　面积计算的自动化

6.2.1　建筑面积的计算和管理

在发展细化阶段，进行面积计算和管理的要求会更高一些，我们可能会需要计算建筑的总建筑面积、各层建筑面积、面积使用系数（得房率）、主要功能空间的面积及其占比、人防分区面积等。这些面积的计算和管理流程可以概括为使用三种工具进行面积对象的建模，然后借助交互式清单进行数据提取和管理。

ARCHICAD 中的面积计算工具主要有三种：

（1）填充工具；

（2）区域工具；

（3）楼板工具。

下面结合不同工具的使用，介绍计算面积的流程。

1. 使用填充工具

使用填充工具计算面积是最快捷、方便的做法，对各个设计阶段都有较好的适用性。

填充类似于 AutoCAD 中的 Hatch 填充工具。创建填充后，勾选【显示面积文本】，即可显示出当前填充的面积，如图 6.2.1 所示。

面积标注的单位是通过菜单【选项】→【项目个性】→【标注】进行设置，如图 6.2.2 所示，一般设置为两位小数，面积单位为 m^2。

可以通过新建单独的工作图，使用描绘参照功能把各层平面作为参照底图垫在工作图下面，然后开始绘制各种填充。通过设置这些填充元素的元素 ID，可以对它们进行管理，并且通过清单功能可以生成面积统计表格。这种方法类似于传统二维绘图使用多义

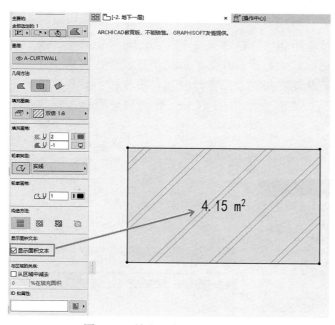

图 6.2.1　填充对象显示面积数值

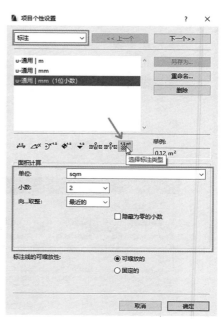

图 6.2.2　设置面积文本的单位

线绘制面积轮廓，然后进行计算的方式。不同的是，通过 ARCHICAD 的 BIM 功能，面积是自动标在图上，可以直观地显示和统计数据。当建筑方案或者平面调整后，需要对这些填充对象边界进行手动调整，以便计算出调整后的建筑面积数据。

2. 使用区域工具

区域工具的面积计算，对初次应用的建筑师会比较难上手。一方面，区域工具的面积计算涉及 ARCHICAD 软件中多种元素构件和多处参数设置；另一方面，软件的中文界面翻译不够准确，很难推理出面积计算的关系。在对照了英文版的 ARCHICAD 和参阅了多篇网络学习资料后，我们基本理清了区域工具计算面积的内在逻辑。

我们选择区域元素并打开属性设置对话框，有一个【面积计算】卷展栏，其中有一些面积计算相关的数值，如图 6.2.3 所示。

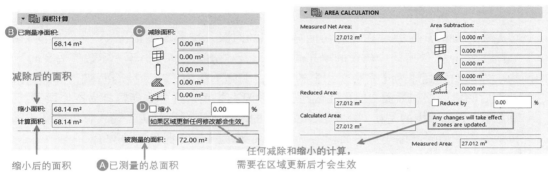

图 6.2.3 区域元素的面积计算页面

图中Ⓐ和Ⓑ是两个关联的数据，这两个面积数据与区域工具创建的几何方式（内边 / 参考线）有关，如图 6.2.4 所示。当选择【内边】方式时，区域工具测量的是房间内轮廓内的净面积。当选择【参考线】方式时，下方出现【总】和【净】两个选项。选择【总】，显示的是以墙体或区域边界物体的参考线来测量的面积数；选择【净】则是房间净面积，和【内边】方式测量得到的值是相等的。如图 6.2.5 所示，"教师工作室"的内墙参考线定在墙中线，因此区域对象按参考线计算时，边界的紫红色点围合的范围包括半墙面积，这和我们常规计算建筑面积的算法是一致的。

图 6.2.4 区域工具创建的几何方式

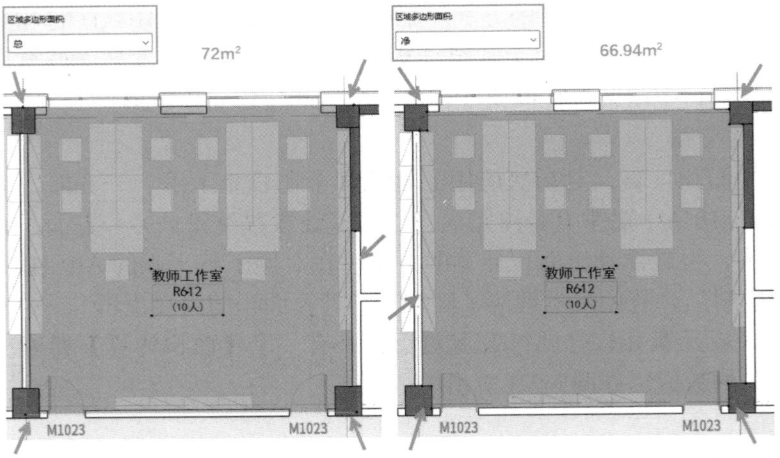

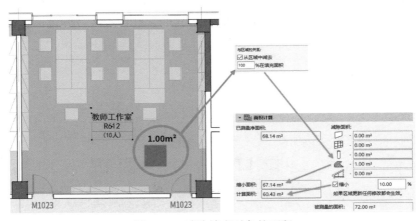

图 6.2.5　区域创建的几何方式：参考线"总"和"净"的区别

Ⓒ【减除面积】指的是在计算房间净面积的时候，减除 5 种情况（"突入房间的墙体""幕墙""柱子""房间中放置的填充图案"以及"房间中高度小于一定数值的空间"）的面积。界面左侧翻译为【缩小面积】的数值，实际上应为"减除后的面积"，即减除Ⓒ这些面积后的值。这和界面右侧的【缩小】选项没有关系，这个翻译很容易产生误导。

Ⓓ【缩小】选项指的是在"减除后的面积"的基础上再进行打折，输入打折的百分比，打完折后的面积就是"缩小后的面积"，即界面中称为【计算面积】的数值。

【面积计算】页面中的提示语"如果区域更新任何修改都会生效"，翻译得不够准确。我们对照了英文国际版，其实是"任何修改只有在区域更新后才会生效"的意思，即这个【面积计算】页面中的数据是要在减除操作和缩小调整后，更新区域，才会显示正确的，而不是实时反馈在对话框中。

下面简单介绍"减除面积"的实现方法，同时验证界面中面积数值的关系。

（1）填充元素的面积减除。选中放置在区域工具范围内的填充对象，在其参数设置对话框中，找到【与区域的关系】项，可以勾选【从区域中减去】，然后填入减去的比例。更新区域对象后，即可查看到面积减掉了，如图 6.2.6 所示。净面积是 68.14m²，减去

图 6.2.6　减除填充对象的面积

100% 减除的填充面积（1.00m^2）后，是 67.14m^2。接着，我们勾选【缩小】，填入 "10%"，更新区域，可以看到和上面的说法是一致的：缩小后的面积为 67.14×（1–10%）= 60.426 ≈ 60.43。

（2）添加壁凹的面积。这部分面积减除的计算和 ARCHICAD 中的项目个性设置有关。打开菜单【选项】→【项目个性】→【区域】，这里可以设置区域净面积的计算规则，如图 6.2.7 所示，①【添加壁凹到区域中】是指可以添加门洞、窗洞的面积到区域净面积中。实际工程中，如图 6.2.6 中的教师工作室、门窗洞口等空间都是室内可以使用的面积，都会算入建筑面积。图中此处设定的意思是"门洞深于 50mm，且凹进的面积大于 0.4m^2 时，这部分面积计入区域对象的面积中"。此时，我们得到房间测量净面积为 68.14m^2，这是墙内边净面积 66.94m^2 加上两个落地门洞（0.6×2=1.2m^2）后的值，如图 6.2.8 所示。

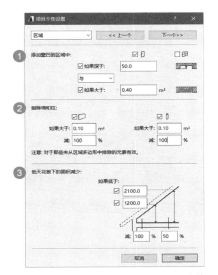

图 6.2.7　项目个性设置中有关区域面积计算的设置

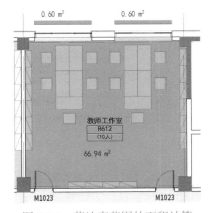

图 6.2.8　落地窗范围的面积计算

（3）减除墙、柱的面积。在图 6.2.7 中，②【刨除墙和柱】的计算相对复杂一些，会额外涉及一个墙柱的参数设置。图中此处设定的意思是"对于墙柱对象，如果面积大于 0.1m^2，则在区域中减除这部分墙柱的面积"。此时，我们在房间中放入一段墙体和一个柱子，需要设置墙体和柱子的参数项【与区域的关系】为【只减除区域面积】，更新区域后，我们看到图 6.2.9 中，墙体和柱子的减除面积中列出了数值。注意，此时视图中区域的边界和放入墙柱之前一样是完整的。

这里补充一下，墙、柱参数中【与区域的关系】，默认选项是【区域边框】，因此如果什么都不动，直接放入区域中，那么区域的边界就会更新到墙柱的边，如图 6.2.10 所示。【面积计算】页面也会出现一些不同，【减除面积】那里是不会列出此墙柱的面积的，计算时是直接在【已测量净面积】中，列出房间扣除墙、柱后的净面积。

那么【与区域的关系】下拉选项中的【只减除区域面积】是什么作用呢？两种方式的区别，其实是和计算区域体积有关：【只减除区域面积】是在区域面积中减除墙、柱所

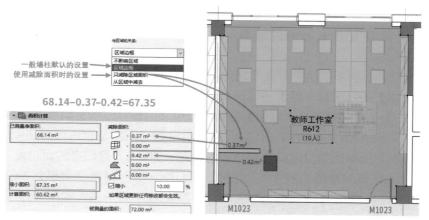

图 6.2.9　区域面积扣减墙、柱的面积

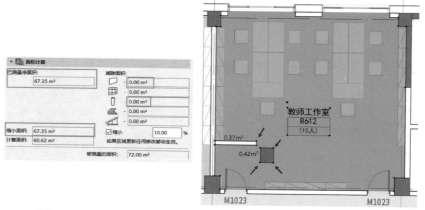

图 6.2.10　墙、柱【与区域的关系】为【区域边框】时的计算结果

占的面积，而不影响区域体积的计算；【区域边框】则是会在计算区域体积的时候扣除这部分墙、柱的体积。

（4）减除净高过小的空间面积。在图 6.2.7 中，③【低天花下的面积减少】功能的意思是"在计算面积时，高度低于 2.10m 的计算一半面积，高度低于 1.20m 的不计算面积"。这个和我们计算面积的习惯相同。但要注意，如果要按这种方式计算，需要对区域元素进行布尔运算，剪切区域的三维形体，使其形体的高度真正与房间形体一致后，才能在【面积计算】页面正确地显示结果，如图 6.2.11 所示。

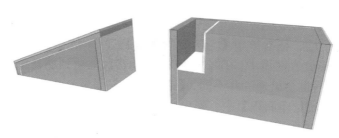

图 6.2.11　剪切区域对象使其与房间形体一致

3. 使用楼板工具

区域工具是计算面积比较好的工具，但是由于其拥有太多的参数，项目文件中存在大量区域元素的时候，会使编辑和调整变得卡顿。因此，我们考虑有没有一种元素既有面积的参数，又能添加自定义属性值。我们发现，楼板工具是一个比较合适的选择。

由于 ARCHICAD 中的对象分类灵活，通过特定的分类可以将 ARCHICAD 中的元素按照国家标准或者公司标准分别定义，然后依托相应的分类赋予不同的属性，这些属性可以赋值并通过表达式功能进行运算。通过这种方式，可以给每一个需要的元素赋予数据并运算，可应用的场景非常丰富。下面我们来介绍一下这种计算面积的方法。

我们先在类别管理器中定义一个新的分类分支，例如"UAD- 自属性楼板"，如图 6.2.12 所示。同时，在属性编辑器中，创建希望赋予这类特殊楼板对象的属性值，例如"ul 功能空间"，并将它的类别有效性设定为上述"UAD- 自属性楼板"分类，如图 6.2.13 所示。

图 6.2.12　新建自定义的分类

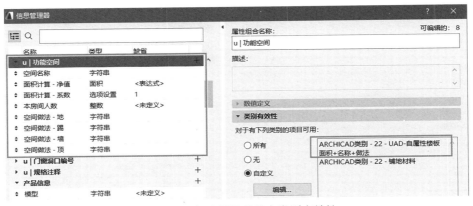

图 6.2.13　新建属性并设定类别有效性

这样我们就可以应用这种特殊的楼板对象了。在平面图中创建楼板，将楼板的分类设定为"UAD- 自属性楼板"。然后通过标签工具并设定"自动文本"，将这些自定义的属性都读到图纸上。如图 6.2.14 所示，房间名称用的就是标签工具，读取了自定义的楼板对象，将我们定义的"空间名称""本房间人数""面积计算 – 净值"读取并标注到图纸上。

同样的，运用交互式清单功能，可以对本层的房间信息进行列表统计，如图 6.2.15 所示。

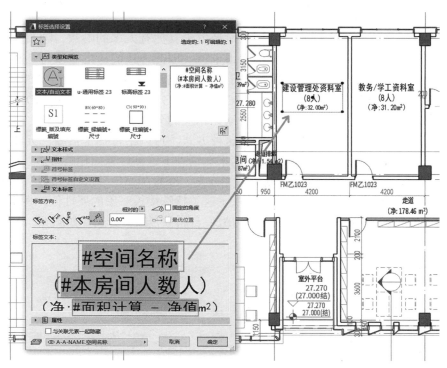

图 6.2.14 使用标签读取自定义楼板的属性信息

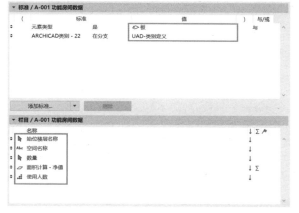

功能房间数据				
基层名称	空间名称	数量	房间净面积	房间使用人数
TMP｜测试楼层				
		2	---	---
七层				
	茶水间	1	16.7400	0
	电梯厅	1	28.8000	0
	合用前室	1	18.0750	0
	会议室	1	73.5925	40
	建设管理处资料室	1	32.0000	8
	教师办公室	1	26.4000	5
	教师办公室	2	84.3900	6
	教师办公室	2	109.4500	10
	教师办公室	3	142.9825	8
	教务/学工资料室	1	31.2000	8
	教学用房	1	12.4800	0
	开放式办公室	1	75.9800	15
	空调机房	1	12.0450	0
	男卫	1	14.4975	0
	女卫	1	22.3900	0
	前室	1	8.1250	0
	强电间	1	3.8700	0
	弱电	1	4.8750	0
	讨论室	3	48.3600	6
	走道	1	178.4575	0
	走道排烟	1	1.5375	0
			946.2475 m²	

图 6.2.15 使用交互式清单统计每层房间信息

使用楼板作为面积计算对象时，需要注意以下两点：

（1）使用楼板作为面积计算对象时，0mm 厚度的楼板提取不了真实面积。虽然该楼板在平面视图中能显示轮廓，但是面积提取时为 0m²。

（2）使用楼板作为面积计算对象有一个优势，就是在剖面图中标注房间名称的时候，可以用标签标注这个楼板对象的名称，即房间名称，可以实现房间名称在平面图和剖面图中一致调整。

6.2.2 消防设计数据计算

通过对区域工具和楼板工具计算面积的理解，我们发现可以将它们应用到消防设计数据的计算上，辅助建筑师复核消防设计内容，比如防火分区面积复核、疏散宽度计算等。

下面以商店营业厅的疏散计算作为例子来讨论。按照国家标准《建筑设计防火规范》GB 50016—2014（2018 年版）第5.5.21 条的内容，商店营业厅的疏散人数主要与营业厅面积和该场所所在楼层有关，如图 6.2.16 所示。我们可以使用 ARCHICAD 的属性和函数表达式来搭建疏散计算的逻辑。

7 商店的疏散人数应按每层营业厅的建筑面积乘以表 5.5.21-2 规定的人员密度计算。对于建材商店、家具和灯饰展示建筑，其人员密度可按表 5.5.21-2 规定值的 30% 确定。

表 5.5.21-2 商店营业厅内的人员密度（人/m²）

楼层位置	地下第二层	地下第一层	地上第一、二层	地上第三层	地上第四层及以上各层
人员密度	0.56	0.60	0.43～0.60	0.39～0.54	0.30～0.42

图 6.2.16 商店营业厅的疏散人数计算规定

（1）使用区域工具，描绘商业营业厅的范围，从而可以根据提取区域面积，得到商业营业厅面积；

（2）根据营业厅所在楼层和整个建筑的建筑层数，求得人员密度（人/m²）和每 100 人最小疏散净宽度（m/ 百人）；

（3）用"商业营业厅面积 × 人员密度 × 每 100 人最小疏散净宽度 ÷100"，即可计算出该分区内商业营业厅所需要的疏散宽度；

（4）填入分区内设计的楼梯净宽度总和，即可求得分区疏散宽度占比。占比≥ 1.0，则满足疏散条件（如需要借用疏散宽度，则按照防火规范的规定进行计算）。

计算逻辑确定后，我们就可以开始搭建属性项和函数表达式了。

（1）在【类别管理器】中创建一个新的分类"u- 商业疏散计算"；

（2）在【信息管理器】（属性管理器）中创建属性组"u| 商店营业厅消防设计"，在该属性组下创建如图 6.2.17 所示的所有属性项，并指定属性的类别有效性为分类"u- 商业疏散计算"。这样，当我们选中区域对象，设定其分类为"u- 商业疏散计算"后，它的属性页面就会出现"u| 商店营业厅消防设计"属性组；

（3）属性项"商店所在楼层"的数据类型设定为下拉选项值，并按照防火规范设定场所所在的楼层，如图 6.2.18 所示；

（4）属性项"人员密度（人/m²）"根据规范设定，通过表达式读取所在楼层的值，做自动判断。函数表达式如图 6.2.19 所示。表达式中的【STRTONUM】函数是将【IFS】

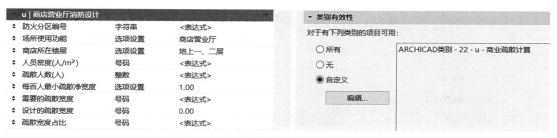

图 6.2.17 属性管理器中创建新属性组

图 6.2.18　场所所在楼层的属性设置

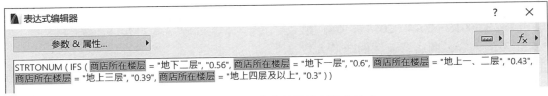

图 6.2.19　人员密度计算的函数表达式

函数获取的字符串数字转换为真正的数字类型。说明一下：为了简化计算，此处对于防火规范中有区间值的人员密度设定，按最低值取值，即认为该商业空间为总建筑面积大于 3000m² 的大型商业场所。如果商业面积较小，需要修改此属性值的定义至防火规范中规定的最高限值；

（5）根据建筑层数，建筑师可以输入"每百人最小疏散净宽度（m/ 百人）"，这个属性设定为选项选择，也可以简单地设定为数值输入，在搭建表达式计算的时候注意数据类型即可；

（6）根据疏散宽度计算公式，创建属性项"疏散人数（人）"，并取整，如图 6.2.20 所示。创建属性项"需要的疏散宽度"，根据每 100 人最小疏散净宽度进行计算，比较简单，只需注意数据类型转换即可，如图 6.2.21 所示；

图 6.2.20　"疏散人数"属性项的表达式设定

图 6.2.21　"需要的疏散宽度"属性项的表达式设定

（7）根据项目的设计，计算出商店营业厅分区目前设计的疏散宽度，填入"设计的疏散宽度"属性项。此时，"疏散宽度占比"属性项的数据就会根据"设计的疏散宽度 ÷ 需要的疏散宽度"的设定自动计算出来。创建的区域元素开启标签后，设定所要显示的属性值，即可在视图中直观地计算和表达了，如图 6.2.22 所示。这种工作流程和良好体验是传统二维设计流程所不具备的。

图 6.2.22 疏散设计数据通过区域工具标签显示在视图中

6.2.3 绿地面积自动计算

利用 ARCHICAD 中模型和数据统一联系的特点进行绿地率的自动计算。

传统的二维工作流程中，调整绿地并统计绿地率是一项重要且繁琐的工作。而借助交互式清单工具，就可以方便地统计绿地面积，并生成列表。

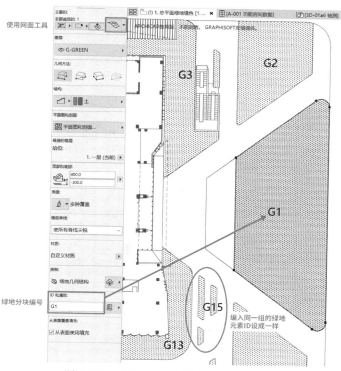

（1）使用带有面积属性的元素构件创建绿地。这里我们选取"网面"工具 ，在一层平面中建立模型，并且对这些绿地分块输入元素 ID，如图 6.2.23 所示。案例项目中的绿地编号为"G1"～"G17"。如果是不连续的几块小绿地需要一起编号计算时，可将元素 ID 设为同样的值。

图 6.2.23 绿地对象的创建和 ID 的设定

（2）创建元素清单，设定清单过滤条件为"ID带有G的网面元素"，在列入清单的字段中，选择【元素ID】和【顶部表面面积】，并对表面积进行合计，如图6.2.24所示（对于不同的元素构件，清单所能列示的项是不同的；ARCHICAD中的每个元素各自有哪些字段可供提取，请参考ARCHICAD软件自带的帮助手册中"元素参数"章节的内容）。

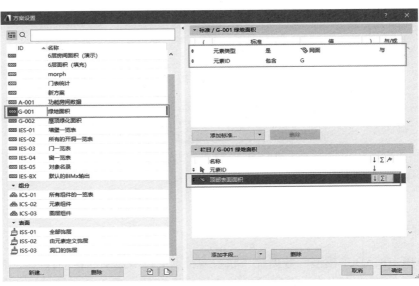

图 6.2.24　创建"绿地面积"清单

（3）此时，可以看到生成的清单已经把项目中的绿地对象都列出来了。通过勾选清单样式控制栏中的【合并统一项】，可以将几块同样ID的绿地合并计算，如图6.2.25所示。

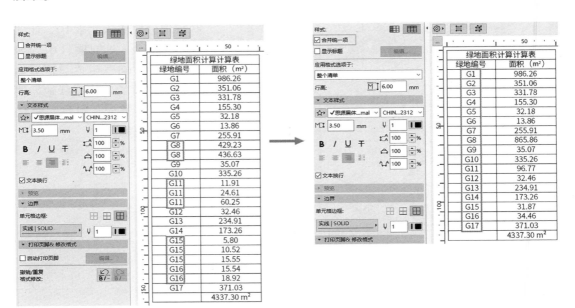

图 6.2.25　绿地面积清单内容

（4）当对场景中的绿地进行调整时，这些数据都会随之更新，省去了很多重复劳动。这是使用 ARCHICAD 进行建筑设计的一个优势。

当然，实际工程中，绿地面积的计算还有很多规则，例如"建筑周边 1.5m 范围内不计入绿地面积"等。针对这类规则，我们可以使用以下方法：把那些不计入绿地率的绿地也建模出来，同时在元素 ID 中加以区分，这样可以在三维可视化的时候不缺少绿地，而在计算数据的时候则可以通过设置过滤条件，将不计算绿地面积的网面元素过滤掉。这一步细化建模的工作，是随着项目基本成型和精细计算数据后，经过细致的建模，实现数模统一的过程。虽然在早期方案阶段，我们可以利用填充图案来创建绿地和计算数据，但不足之处是绿地本身的建模和填充图案无法进行联动修改。

6.3　门窗编号及其统计

6.3.1　门窗编号的自动化

门窗编号是建筑设计成果中表达的内容，需要保证洞口尺寸和编号是对应的。但我们在绘制图纸的时候，洞口尺寸和编号显示的尺寸或者和门窗表中的尺寸容易出现偏差。

在设计流程从二维转向三维的过程中，常规的门窗编号依然是在门窗元素的 ID 栏输入门窗编号，避免不了二维绘图中的问题。因此，需要通过 ARCHICAD 管理信息的功能，自动读取门洞的宽和高，以实现更加高效和准确的工作流程。

借助 ARCHICAD 的表达式功能可以实现自定义的自动编号，主要流程如下：

首先建立计算逻辑。常见的编号规则是"类型码（包括材质）"+"尺寸码"+"附加码"。例如："FM 乙 1523""M1023""LC1215a""DK1509"等，如图 6.3.1 所示。①通过表达式自动判断元素分类，是门、窗还是洞口，并生成部分类型码；材质和门窗防火性能通过建立选项属性由设计人员选择，函数表达式根据选择结果生成部分类型码；②通过表达式计算出尺寸码，同时考虑到一定的灵活性，附加码由设计人员自行填入。通过表达式功能将几段码组合成编号字符串。

F M 乙 1523

M 1023

L C 1215 a

DK 1509

防火门：甲、乙、丙
类型：门M、窗C、洞口DK
门窗材质：铝合金L、木M
附加代码：a\b\c\A\B\C

图 6.3.1　门窗编号构成分析

计算逻辑确定后，创建用于计算的属性项，并将这些属性项指定给特定的元素类别。只有需要计算的元素才会继承这些属性项。我们新建一个"ul 门窗洞口编号"的属性组，在组内分别新建如图 6.3.2 所示的属性项，并将这些属性项的类别有效性指定给"门、窗、洞口"这几个类别。

图 6.3.2 创建门窗洞口编号属性组和属性项

（1）"1- 材质"和"6- 耐火性能"，由建筑师选择。材质的选项为："木""铝合金""钢""不锈钢""洞口无材质"（图 6.3.3）；耐火性能级别选项为："未定义""甲级""乙级""丙级"。

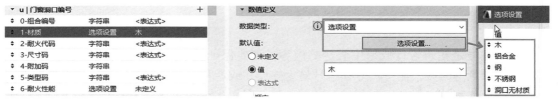

图 6.3.3 门窗材质选择

（2）"2- 耐火代码"，通过表达式语法[1]判断"6- 耐火性能"中的选项分别生成代码，"未定义"则空，"甲级" = "F 甲""乙级" = "F 乙""丙级" = "F 丙"，如图 6.3.4 所示。

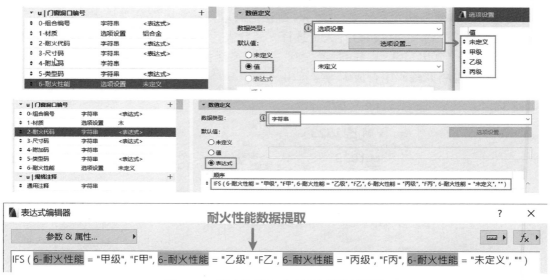

图 6.3.4 耐火代码和耐火性能属性项设置

---

[1] 对话框中输入的"IFS"以及下面的"CONCAT""SUBSTITUTE""STR""ROUND"都是 ARCHICAD 提供的函数表达式，每个函数的具体语法和功能，请参考软件自带的帮助手册《ARCHICAD v23 参考指南》第 1837 页开始的内容。

（3）"3- 尺寸码"，通过表达式读取门窗对象的宽度和高度值进行换算和组合，数据类型设定为字符串，如图 6.3.5 所示。

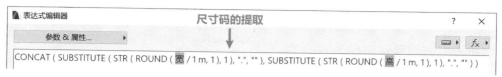

图 6.3.5　尺寸码的设置

（4）"5- 类型码"，通过表达式判断当前对象的元素类型，并返回相应的类型码，是"门"返回"M"，是"窗"返回"C"，是"天窗"返回"TC"，是"空洞口"返回"DK"，类型码的数据类型设定为字符串，如图 6.3.6 所示。这里要注意，每个项目的分类系统可能不同，要针对当前的分类系统设定相关的判断表达式。

图 6.3.6　类型码的设置

（5）"0- 组合编号"，进行编号组合。将材质选项转换为字母后，将"2- 耐火代码"拆分，并与"5- 类型码"的结果组合，接着加上"3- 尺寸码"和"4- 附加码"，如图 6.3.7 所示。

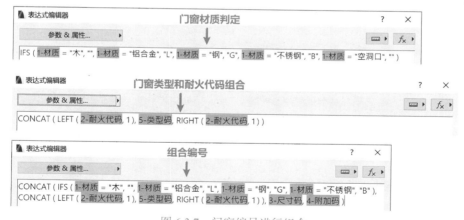

图 6.3.7　门窗编号进行组合

到这里，核心的计算逻辑就通过属性项和表达式功能建立完毕。接下去，就是在门窗元素的标签设置中勾选显示出"0- 组合编号"这个属性项的值。选中门窗对象，开启门窗标签，在标签的设置对话框中勾除默认的显示【元素 ID】，勾上显示【类别和信息】，并选择"0- 组合编号"。这样，我们就可以根据门窗元素的参数设置自动得到编号并标注在图纸上，如图 6.3.8 所示。

247

6.3.2　门窗统计和门窗表

门窗统计和门窗表的创建，主要通过清单功能实现。

在清单【方案设置】对话框中中创建清单方案，设置过滤标准和清单字段。过滤标准就是设定哪些构件元素进入清单，清单字段则是设置这些构件元素中的哪些信息需要提取出来。下面举例提取案例项目中一层所有门的门表清单。

（1）设定清单方案，设定过滤条件和所要列出的内容，如图6.3.9所示。这里的方案设置是按照常规统计门窗 ID 来统计编号的方法。如果自动生成门窗编号，那么过滤条件和统计字段应该按自动编号的方法，选择"0- 组合编号"。

（2）点击确定后，就可以生成分类统计的表格，如图6.3.10所示。ARCHICAD 的优势是，清单和模型是

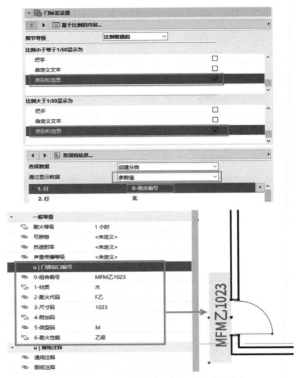

图 6.3.8　门窗编号自动标注在视图中

交互的，可以通过清单来反向检查模型和图纸是否有问题。这就是传统工作流程中非常难做到的一点。发现问题后，我们就可以直接转到模型中修正。

图 6.3.9　创建门表清单设置

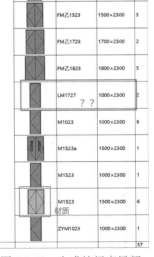

图 6.3.10　生成的门表局部

小技巧：门窗清单中显示门窗立面并标注尺寸

ARCHICAD 的清单功能中，有一个功能是生成预览，可以借助模型方便地把门的立面直接生成，并标注尺寸，生成类似门窗详图的内容，如图 6.3.11 所示。

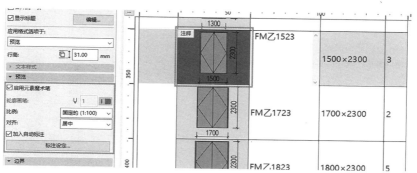

图 6.3.11　门窗清单中标注门窗尺寸

小技巧：门窗表制作的注意事项

在整理门窗表的时候，建议先按楼层建立清单，每层检查完毕，再出汇总清单。这样编辑和刷新的时候速度比较快。

门窗统计表无法做到和传统的天正门窗总表格式一模一样，但是因为信息其实都在，我们只要更好地表达出来即可，不用太纠结于既有的表格样式。

6.4　房间信息与装修做法

当我们需要统计建筑中主要功能房间的数据时，能快速地使用清单功能提取每一层房间的数据，包括房间的类别、房间名称、房间编号、净面积、房间的墙面、顶面、地面等的装修做法。

6.4.1　主要功能房间的数据计算

在设计过程中，我们经常会需要统计建筑中各功能空间、房间的名称、面积、数量等，用于设计交流和决策。这个工作在概念方案阶段就应该开始做。传统的做法一般是依靠手动清点。但借助 ARCHICAD，我们可以使用区域工具创建房间，赋予其更多的属性。通过交互式清单功能来提取这些数据。下面以 6 层的房间面积清单为例，介绍提取主要功能房间清单的方法。

（1）准备工作，使用区域工具创建每个房间，输入房间的名称。

（2）创建元素清单，添加标准：元素类型选择"区域"工具，始位楼层设为"6 层"。这里我们以单层统计为例。

（3）添加字段：区域类别、区域名、区域号码、已测量净面积。选择加权统计净面积之和，如图 6.4.1 所示。

6层房间面积			
空间类别	房间名	房间编号	已测量净面积
管道井			
	进风井	RS06	1.75
	空调机房	RS03	11.84
	强电	RS05	3.87
	弱电	RS04	4.87
	正压	RS07	0.90
教学空间			
	存包处	RS01	7.17
	电梯厅	RS02	29.16
	教师工作室	R611	66.24
	教师工作室	R612	68.14
	教学用房	R601	72.68
	教学用房	R602	43.44
	教学用房	R603	40.30
	教学用房	R604	48.76
	教学用房	R605	48.76
	教学用房	R606	48.73
	教学用房	R607	53.88
	教学用房	R608	53.84
	教学用房	R609	64.76
	教学用房	R610	63.60
疏散楼梯			
	1#楼梯	RS08	27.49
	2#楼梯	RS10	31.03
	合用前室	RS09	18.07
	前室	RS11	7.93
卫生间			
	男卫	RS12	16.16
	女卫	RS13	23.20
	无障碍\n卫生间	RS14	5.38
			861.95 m²

图 6.4.1　房间面积清单设置

在清单中，我们可以通过交互编辑功能进行数据的录入、检查和调整，非常方便。

6.4.2　装修做法表

装修做法表，我们可以通过自定义属性和元素清单等功能来制作。

（1）如图 6.4.2 所示，在属性管理器中点击①【+】位置，创建属性项"装修做法－楼地面""装修做法－踢脚""装修做法－墙面""装修做法－吊顶"，属性名称可在②【属性名称】处修改。③④⑤⑥每个属性的数据类型选择为"选项设置"，通过设定选项的值，预设不同的装修做法名称。

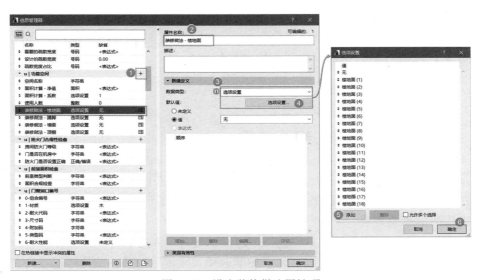

图 6.4.2　设定装修做法属性项

（2）在上面提到的房间清单方案中，①点击【添加字段】按钮，添加装修做法字段。②根据设计说明中的做法种类，进行创建，如图6.4.3所示。这样，属性设定的时候就可以根据实际设计的做法进行选择。

（3）完成后的表格就可以插入视图或者布图中去了，如图6.4.4所示。后续若有调整，也都是能够联动修改的。

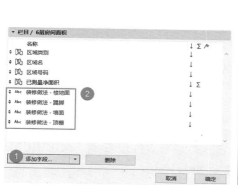

图 6.4.3　在清单方案中添加装修做法的字段

6层房间面积						
空间类别	房间名	已测量净面积	楼地面	踢脚	墙面	顶棚
管道井	进风井	1.75	无	无	墙面 (1)	无
	空调机房	11.84	无	踢脚 (1)	无	顶棚 (1)
	强电	3.87	无	踢脚 (1)	无	顶棚 (1)
	弱电	4.87	无	踢脚 (1)	无	顶棚 (1)
	正压	0.90	无		墙面 (1)	无
教学空间	存包处	7.17	楼地面 (5)	踢脚 (1)	墙面 (2)	顶棚 (3)
	电梯厅	29.16	楼地面 (5)	踢脚 (1)	墙面 (2)	顶棚 (3)
	教师工作室	134.38	楼地面 (6)	踢脚 (2)	墙面 (1)	顶棚 (4)
	教学用房	156.42	楼地面 (7)	踢脚 (3)	墙面 (1)	顶棚 (2)
	教学用房	382.33	楼地面 (7)	踢脚 (3)	墙面 (1)	顶棚 (2)
疏散楼梯	1#楼梯	27.49	楼地面 (4)	踢脚 (4)	墙面 (1)	顶棚 (1)
	2#楼梯	31.03	楼地面 (4)	踢脚 (4)	墙面 (1)	顶棚 (1)
	合用前室	18.07	楼地面 (4)	踢脚 (4)	墙面 (1)	顶棚 (2)
	前室	7.93	楼地面 (4)	踢脚 (4)	墙面 (1)	顶棚 (2)
卫生间	男卫	16.16	楼地面 (3)	踢脚 (4)	墙面 (3)	顶棚 (5)
	女卫	23.20	楼地面 (3)	踢脚 (4)	墙面 (3)	顶棚 (5)
	无障碍\n卫生间	5.38	楼地面 (3)	踢脚 (4)	墙面 (3)	顶棚 (5)
		861.95 m²				

图 6.4.4　生成的房间做法清单

我们可以进一步把装修做法的信息添加到区域标签里，并增加地面标高的标注，如图6.4.5所示，地面面层标高和结构标高都可以设定。

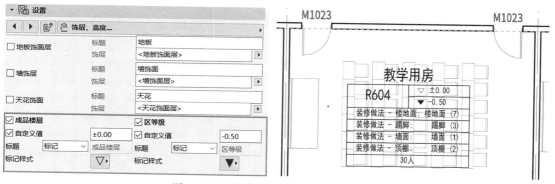

图 6.4.5　区域标签中增加房间标高信息

这里需要说明的是，在【饰层、高度】页面里，默认标签也提供了墙、顶、地的饰面层设置，但供选择的项很少，且调整时需要编辑GDL标签和宏定义，比较复杂，所以我们不用这里的饰面设置，而采用自定义属性的方法来实现。

6.5　合规性检查初探

合规性检查是个时髦的名词，同时也是一个实在的需求。对于规则清晰的规范或者标准内容，大多数情况下，可以通过ARCHICAD提供的信息功能辅助自动化地进行合规性检查。

当然，有了清晰的规则后，要实现合规性自动化检查的另一个重要方面，就是在创建模型和图纸的时候，需要做到标准化，即按照设定好的建模标准来进行，否则会出现判断不准确，或者无法判断的情况。

下面举例介绍几个应用点。

6.5.1 机房防火门检查

上一节通过表达式创建了自动门窗编号。我们还可以延伸思考一下，是否可以通过表达式判断"设备机房的门是否采用了甲级防火门"这个自定义的合规性检查。

门的常规属性字段中有一个"相关区域名" 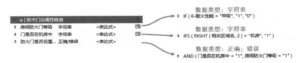 的属性，可以通过它读取门元素所在区域的名称。我们可以通过表达式判断，区域的名称中是否包含"机房"二字。如果包括，接着判断该门的"6- 耐火性能"是否等于"甲级"。如果是，就返回"正确"；不是，就返回"错误"。

先来创建属性组和属性项：

（1）建立一个新的"ul 防火门合规性检查"，将它的类别有效性设置成"ARCHICAD类别 –23- 门"（类别根据不同版本的 ARCHICAD 可能有所差异）。

（2）建立属性"房间防火门等级"，判断该门的"6- 耐火性能"是否等于"甲级"，如果是，返回"1"，否则返回"0"。

（3）建立属性"门是否在机房中"，判断该门的"相关区域名"属性是否包含"机房"二字，如果是，返回"1"，否则返回"0"。

（4）建立属性"防火门是否正确设置"，判断上述两个属性值是否同时满足。满足则返回"正确"，不同时满足则返回"错误"，如图 6.5.1 所示。

图 6.5.1 创建防火门合规性检查的属性组和属性项

设定好后，我们在平面中选中机房旁的门，就可以测试了。测试结果如图 6.5.2 所示。

图 6.5.2 门的合规性检查测试

6.5.2 前室面积检查

规范中对于前室净面积的规定，规则清晰，可以用做自动化的判断。我们还是借助区域工具，创建普通前室、消防前室或合用前室，并提取区域净面积，通过自定义属性进行判断，符合规范的，返回"是"，否则返回"否"。

（1）在【信息管理器】中创建属性组"u|前室面积检查"，以及属性项"前室类型判断""面积合规检查"，如图6.5.3所示。将它的类别有效性设置成"ARCHICAD 类别 –23–空间"。这样，所有的区域对象都会获得这个属性组。

图 6.5.3　新建属性组和属性项

（2）我们规定常规的前室名称为三类："前室""合用前室""消防电梯前室"。"前室类型判断"使用 IF 语法，判断作为前室的区域名称，并分别返回字符"1""2""3"；如果前室名称不在预先定义的规定名称中，则返回"区域名称未匹配"，如图6.5.4所示。

IF (区域名 = "前室", "1", IF (区域名 = "合用前室", "2", IF (区域名 = "消防电梯前室", "3", "区域名称未匹配")))

图 6.5.4　前室判断表达式

（3）根据前室类型，"面积合规检查"属性项用来判断各类型的面积是否满足规范规定的面积数，如图6.5.5所示。这里用的是 IF 逻辑语句，它的函数表达式是"IF（逻辑，正确数值，错误数值）"。

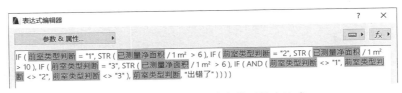

图 6.5.5　面积合规性检查的函数表达式

（4）创建交互式清单，列出所有前室及其面积，如图6.5.6所示。

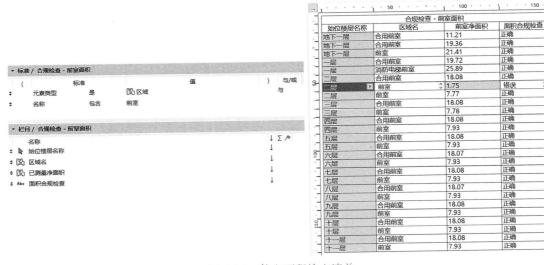

始位楼层名称	区域名	前室净面积	面积合规检查
	合规检查 - 前室面积		
地下一层	合用前室	11.21	正确
地下一层	合用前室	19.36	正确
地下一层	前室	21.41	正确
一层	前室	19.72	正确
一层	消防电梯前室	25.89	正确
二层	合用前室	18.08	正确
二层	前室	1.75	错误
二层	前室	7.77	正确
三层	合用前室	18.08	正确
三层	前室	7.78	正确
四层	合用前室	18.08	正确
四层	前室	7.93	正确
五层	合用前室	18.08	正确
五层	前室	7.93	正确
六层	合用前室	18.07	正确
六层	前室	7.93	正确
七层	合用前室	18.08	正确
七层	前室	7.93	正确
八层	合用前室	18.07	正确
八层	前室	7.93	正确
九层	合用前室	18.08	正确
九层	前室	7.93	正确
十层	合用前室	18.08	正确
十层	前室	7.93	正确
十一层	合用前室	18.08	正确
十一层	前室	7.93	正确

图 6.5.6　前室面积检查清单

253

6.5.3　借助交互式清单检查模型信息

交互式清单不但显示数据和其他信息，而且还可以在其中进行编辑。在这里，可以批量为建筑元素构件输入数据，也可以统一检查元素构件自身的数据是否正确。参见6.1.1 交互式清单。

6.5.4　借助数据可视化技术检查模型和图纸

BIM 技术优越的地方在于，它可以实现多维度和多任务处理，平面、立面、剖面、三维视图、清单等，所有这些其实是相互关联的，这也就是我们未来提升速度和效率的地方，并且可以尽量减少错误。但是，这种复杂性有时也会导致一些错误或疏漏，只要能找到它们，就可以迅速地在多个地方一起纠正。通过 ARCHICAD 提供的图形覆盖功能，可以方便地检查模型和图纸，举例如下。

（1）元素构件是否是结构构件。核对元素的类型，为后续协同设计提供基础，如图 6.5.7 所示。通过设定一个图形覆盖规则，将属性是结构构件的对象显示为灰色实体，非结构构件显示为线框形式。这样就很容易找到受力设置不对的构件了。

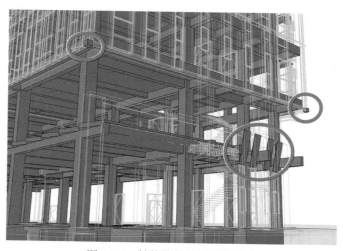

图 6.5.7　结构构件的可视化检查

（2）如果我们要在平面中查找没有编号的门窗是比较麻烦的，容易遗漏。此时可以通过图形覆盖，将没有编号的门窗显示为实体，把其余元素构件显示为线框。这样在三维视图中就可以一下子找到没有编号的门窗了。

通过 ARCHICAD 提供的数据信息的管理功能和图形覆盖等可视化功能，可以有很多的应用场景，这里就不再一一举例了。

第7章 协同协作高效开放

三维设计工作流程中重要的一个内容就是协同设计。建筑设计和建筑技术等都要在协同的大框架中进行。各专业的协同协作已经成为项目顺利推进和高完成度作品的必要条件。传统二维设计流程中已经磨合成熟的协作和互提资料的工作流程,依然是三维设计工作流程中的重要组成部分,通过更多的三维模型和资料的接入,这种协作和互提资料会更加充分和直观,也更加有利于问题的解决。

现实工作中,各专业间的协作没有得到应有的重视,同时随着设计周期的压缩,甚至有弱化的现象。作为专业的设计人士,我们必须通过新的技术加强协同协作,更加快捷有效地解决问题。这是我们需要不断探索,努力提升的方向。

7.1 openBIM

1. BIM 的基本概念

BIM 是 "Building Information Model" 的英文缩写,即 "建筑信息模型"。有时这个 M 也会写成 "Modeling",即一种建模的动作,有时候也会倡导这个 "M" 有 "管理" 的含义,即 "Management"。因为建筑设计更多的应该是设计和管理,不应该纯粹是建模。

BIM 是以三维数字技术为基础,集成了建筑工程项目各种相关信息的工程数据模型,是对该工程项目相关信息的详尽表达。建筑信息模型是数字技术在建筑工程中的直接应用,以解决建筑工程在软件中的描述问题,使设计人员和工程技术人员能够对各种建筑信息做出正确的应对,并为协同工作提供坚实的基础。建筑信息模型同时又是一种应用于设计、建造、管理的数字化方法,这种方法支持建筑工程的集成管理环境,可以使建筑工程在其整个进程中显著提高效率和大量减少风险。

通俗来说,BIM 是整合了信息数据的三维建筑模型,其信息数据在设计、建造、运营管理等建筑全生命周期均可发挥巨大的作用,被认为是未来建筑业的发展趋势,如图 7.1.1 所示。

BIM 技术的实现离不开软件的支持。一般来说,BIM 软件有以下一些共性:

(1)由参数定义的、能交互的建筑物元素/构件;

图 7.1.1 BIM 与建筑全生命周期

255

（2）二维和三维同步的模型显示与编辑；

（3）整合的非图形的数据和信息管理；

（4）可与上下游软件进行数据和信息的传递。

2. openBIM 的理念

在目前的环境下，BIM 概念的运作已经过了很长一个阶段，"BIM 万能论""BIM 无用论"以及"BIM = Revit"等论述，往往纠缠于概念的争论和软件的选择，无形中增加了行业发展的内耗，这会使我们忽略了建筑行业真正需要提升的设计和建造效能，无法聚焦真正迈向可持续发展所需要面对的诸多挑战。国内崇尚的大而全以及非此即彼的二元论思维，无益于建筑行业的健康可持续发展。

由国际组织 buildingSMART 提出的 openBIM 的理念，其 logo 如图 7.1.2 所示，我们认为更值得提倡。

图 7.1.2 openBIM 和 buildingSMART 的 logo

我们从 buildingSMART 官网可以了解到，openBIM 通过提高建筑行业中数字数据的可访问性、可用性、管理性和可持续性，拓展了 BIM 的价值。从本质上讲，openBIM 是一个供应商中立的协作过程。openBIM 流程可以定义为支持所有项目参与者无缝协作的共享项目信息。openBIM 促进各方协作的互操作性，使项目和资产在整个生命周期中受益。openBIM 致力于确保以下六个方面：

（1）互用性，即数字资产能在行业中共享和流转，是行业数字化转型的关键。

（2）开放性，即通过开放和中立的标准，促进数字资产的互用性。

（3）可靠性，即数据交换依赖于独立的质量标准。

（4）协作性，即工作流程不受专有流程、软件和数据格式的限制。

（5）灵活性，即灵活的技术选择，为所有参与方创造更多的价值。

（6）可持续性，即对互用性和标准数据的长效维护，确保数据流转和利用在全生命周期内可持续。

简单来说，openBIM 的核心理念，就是行业内各方专业人士，使用自身专业领域及项目需要的最高效、最顺畅的工作流程和最顺手的软件来进行设计工作，通过开放通用的标准和数据格式进行协同和交互，以务实的态度来应对工程建设行业面临的挑战。

建筑师使用最适合他们的 BIM 软件，结构工程师使用最适合他们的结构设计软件，甲方和施工单位使用最适合他们的管理和深化软件，大家通过通用的标准和软件格式，如 IFC（Industry Foundation Classes）、BCF（BIM Collaboration Format）、DWG、PDF 等，进行数据交互。而不是所有人都必须使用特定软件（特定版本）或平台，在其中艰难地工作和协同。

每个专业对于自己设计的内容和提供的交互数据负责，在此基础上进行协作。同时，协作的时候是有策略的，不是一股脑把自己专业的包含超量信息的项目文件都拿给相关专业进行协同，这样只会造成数据冗余和效率降低；而是应该在"正确"的时间节点交换"正确"的信息。第一个"正确"，指的是约定数据交换的次数和时间点，避免无效的"实时协同"；第二个"正确"，指的是根据各专业的需求，合理制定数据交互的内容，避免数据冗余和因此进行的数据过滤等带来的效率降低。

我们在研究过程中，查阅了一些建筑设计公司的 openBIM 工作流程表。这里推荐大家看一下英国 Bond Bryan Architects 事务所和日本日建设计的 openBIM 流程。由于我们还没有做全专业的项目测试，因此还无法整理出公司内部各专业协作的最佳工作流程。本书内容仅限于建筑专业内部。这里分享给大家我们初步思考的关系网络，如图 7.1.3 所示。

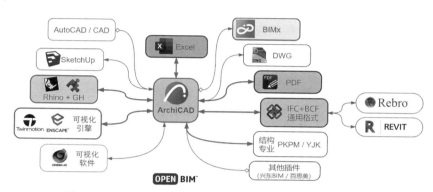

图 7.1.3　ARCHICAD 为核心平台的建筑专业软件工作流程

7.2　数据交互和资料互提

7.2.1　数据交互的原则

协作中的数据交互是各专业协同设计的核心诉求。各专业使用各自成熟的工作流程和软件，是最务实的协同策略。因此，各专业间就会基于不同的软件和数据格式工作。而彼此间的协作首先碰到的技术问题，就是数据的交互。

数据交互的第一原则，是尽量保证数据源的准确性和唯一性。由各自专业的设计人员对各自设计内容进行复核确认，并通过既定的协同规则，统一提交接口提资文件，文件的格式和名称通过命名规则约定，保持过程中不变化。

数据交互的第二原则，是方便协同和管理。基于 openBIM 的理念，我们认为最佳的数据交互方式是采用参照的方式，引用来自相关专业的设计内容。不建议粗暴导入外部数据，或者强制使用同一软件或平台进行工作。这样做的好处首先是不会让项目文件中的数据混乱，甚至拖累本专业工作效率，增加错误的可能；其次是数据源在更新后可以方便地同步到各专业，保证设计内容正确及时地在各专业间传递。

数据交互的第三原则，是有限交互。各专业提交的数据应避免过度提资。根据协同需要，定义不同的"模型视图定义"（Model View Definition，简称 MVD），将与资料接受专业或所处阶段无关的数据移除，避免数据冗余。与此同时，数据交互不建议进行实时的高频率交互，而应该按照约定的协同标准，按节点进度逐步提交，避免无谓的时间消耗和修改反复。

7.2.2　引入外部文件

在协同工作的流程中，对于外部文件的使用，一般不直接导入到 ARCHICAD 项目文件中，而是通过参照引用的方法使用这些外部文件，进行协同。

引用外部文件的方法主要有三种，如图 7.2.1 所示：①放置热链接，②放置外部图形，③附加 Xref。通过菜单【文件】→【外部内容】访问这些功能。

1. 热链接

热链接常见的应用是引入三维模型文件，如 ARCHICAD 的 pln 和 mod 文件、Rhino 的 3dm 文件以及通用的交换格式 ifc，如图 7.2.2 所示。通过插入热链接和热链接管理器进行操作。相关内容详见 4.1.10 热链接的应用。

图 7.2.1　引用外部文件的菜单位置　　　　图 7.2.2　热链接支持的文件格式

2. 外部图形

外部图形的引入，是案例项目中使用最多的一个方式，可以支持的文件类型较多，主要是二维文档文件，如图片文件、AutoCAD 的 DWG 文件、通用的 PDF 文件等，如图 7.2.3 所示。外部图形引用的文件，一般插入到独立的工作图中，通过描绘参照等功能，进行参照使用；除图片以外，DWG 和 PDF 等矢量文件，支持对象的捕捉和定位。另外，外部图形引入 ARCHICAD 项目文件后，也可以分解整理，成为 ARCHICAD 的二维绘图元素，融入项目文件中使用。

```
全部ARCHICAD 项目 (*.pln; *.pla)
ARCHICAD 团队工作项目 (*.plp)
AC 团队工作项目档案 (*.ppa)
ARCHICAD 团队工作草图 (*.plc; *.pca)
PMK 图形 (*.pmk)
绘图仪文件 (*.plt)
Windows Enhanced Metafile (*.emf)
Windows Metafile (*.wmf)
PDF文件 (*.pdf)
全部图像 (*.bmp; *.dib; *.rle; *.gif; *.jpg; *.jpeg; *.jpe; *.jfif; *.exif; *.png; *.tiff; *.tif; *.hdr; *.lwi)
DWF文件 (*.dwf)
DXF 文件 (*.dxf)
DWG 文件 (*.dwg)
MicroStation设计文件 (*.dgn)
HPGL 文件 (*.plt)
```

图 7.2.3　ARCHICAD 支持的外部图形文件格式

　　外部文件的使用比较灵活，同时通过外部图形引入的 DWG 文件，其文件中的图层不会影响到 ARCHICAD 项目文件的图层。而 Xref 参照方式引入的 DWG 文件，会在 ARCHICAD 项目文件的图层管理器最后显示其中的图层。

【导入 PDF 文件】

　　导入 PDF 文件，通过菜单【文件】→【外部内容】→【放置外部图形…】，找到需要导入的 PDF 文件即可。推荐使用矢量化的 PDF 文件，可以获得最佳显示。同时在随视图导出 PDF 成果或者打印的时候都能获得最佳效果。另外，矢量化的 PDF 文件（含带图层信息的 PDF 文件），甚至可以将其分解为矢量线条，放置到视图中进行后续的编辑。如图 7.2.4 所示，只需要选择该外部图形对象，调出右键菜单，选择①【分解当前视图】（更准确的翻译应为"分解到当前视图"），在弹出的【分解当前视图】对话框中进行设置即可，其中勾选②【分解后保持初始的元素】可保留原 PDF 对象。

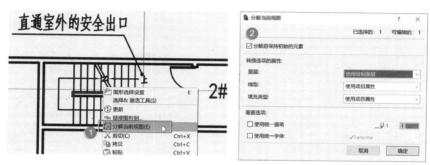

图 7.2.4　分解矢量 PDF 图纸

【导入 DWG 文件】

　　DWG 的导入导出和其他文件的导入导出操作类似，但是设置参数会复杂一些。ARCHICAD 专门设计了一个【DXF-DWG 转换设置】功能来控制导入导出的设置。

【图形管理器】

　　当外部文件引用的内容发生改变后，可以在【图形管理器】中检查状态并更新。如果出现黄色三角感叹号，可以选中它，点击绿色更新按钮，如图 7.2.5 所示。注意，图形管理器不仅管理外部图形内容，也管理内部图形内容。

3. 外部 Xref 参照

　　Xref 参照功能常见的应用场景是引入 DWG 和 DXF 文件。参照的方法和在 AutoCAD 中使用外部参照 Xref 的功能是类似的。打开菜单【文件】→【外部内容】→【附加 Xref…】，弹出如图 7.2.6 所示对话框。①点击【浏览】按钮，可以在浏览器中选择需要外部参照的文件。②【转换器】下拉菜单，可以选择合适的转换器，将 DWG 图纸转换到 ARCHICAD 中进行编辑。③点击【附加】按钮，会弹出【DWG/ DXF 部分打开】对话框，其中④可以选择哪些图层参照到当前文件中，进行图层操作后，⑤点击【确定】按钮即可。

　　选择需要引入的 DWG 文件，点击视图（建议在独立工作图中插入），可以选择打开哪些图层。这里会涉及到"DXF-DWG 转换器"的设置，比较复杂，详见后文。

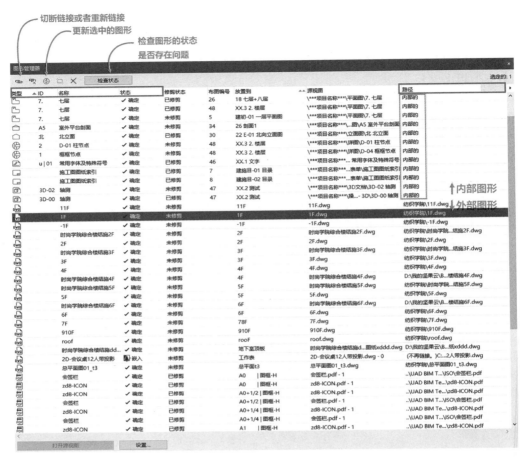

图 7.2.5　图形管理器界面

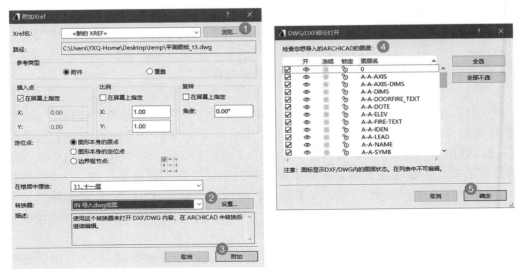

图 7.2.6　附加 Xref 对话框设置

引入 Xref 文件的时候要注意，在【图层管理器】中会出现该文件中的所有图层，图层名称等会附在最后，当图层较多的时候，列表会比较长，如图 7.2.7 所示。

打开【文件】→【外部内容】→【Xref 管理器】，可以对载入的 Xref 文件进行管理，如图 7.2.8 所示，这部分的管理思路和 AutoCAD 中的类似。

图 7.2.7　Xref 文件引入的图层

图 7.2.8　Xref 管理器

小技巧：外部内容的引入操作

（1）外部内容的引入，一般在平面视图中操作。三维视图中调用外部内容时，很多功能是灰显不可用的。

（2）引入的 PDF 或者 DWG 文件，如果使用右键菜单中的【分解当前视图】，视图中线条都不见了。此时可以首先检查一下是否所在的图层被关闭了，其次看一下翻新过滤器的状态是否为显示全部元素构件。

4. 外部图形的管理

一个项目到后期，外部图形的数量会很多，我们需要预先约定规则进行管理，才不至于造成发布成果的缺失。

（1）放置在平、立、剖等视图上的外部图形，一般为其他专业分离的 DWG 二维图纸，需要放置在对应的图层上。同时在图形管理界面控制其内部图层的显示，控制显示的内容。

（2）放置于布图空间的外部图形，必须放置在对应的图层。

（3）外部图形文件的文件路径，应尽量设置在网络端的共享目录下，保证文件在不同计算机终端上均能访问到正确的文件。

（4）用于参照的外部文件，需要放置在独立的工作图中，通过工作图 ID 区分不同类型的外部图形内容。

5. 导入其他常用格式

通过菜单【文件】→【互操作性】→【合并…】命令，ARCHICAD 可以导入其他常用文件格式，如图7.2.9 所示。导入后，外部文件数据会包含在 pln 项目文件中，转换为 ARCHICAD 内置的元素或对象。常用的 skp 文件和 3dm 文件，可以通过这种方式导入。导入后一般不再编辑，必须编辑时，需要转换为变形体。注意，项目文件中变形体增多会增加项目文件大小并影响文件的交互速度。

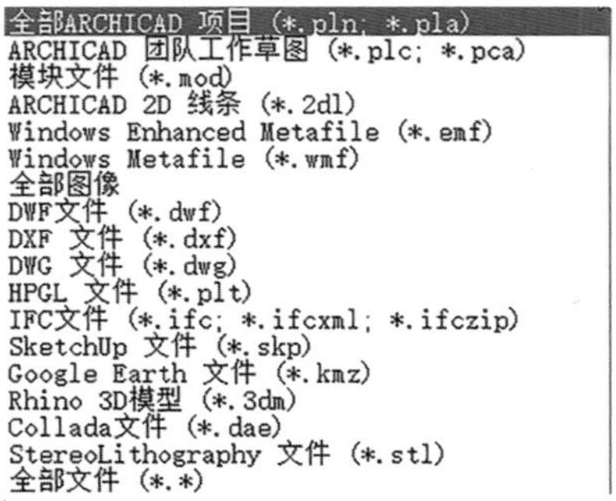

图 7.2.9　合并方式导入其他格式文件

7.2.3　导出 PDF、DWG 文件

1. 导出 PDF 文件等常规文件

PDF 文件的导出，除使用视图直接打印或者另存外，一般推荐的流程是将图纸的视图进行排版后，通过【发布器集】进行单独或者批量的导出。这种导出方式的好处是，开始阶段花一点时间进行设置，后续就可以"一键"操作，导出所需的内容到指定的地址。尤其适合批量导出，提升效率。详见 5.3 布图和出图。

2. 导出 DWG 文件（DXF-DWG 转换设置）

现状以及未来一段时间内，在各专业间配合以及与上下游专业之间的协作，还是需要互相提供 DWG 文件等传统文件格式。不仅如此，报建报审、节能计算、电子文件归档，现有协同流程系统中，都还需要导出 DWG 文件。因此对于建筑师来说，这个工作麻烦，但还必须要做。未来当时机成熟的时候，可以尝试三维设计文件互提资料，并实现其他数字交付方式。

ARCHICAD 提供了导出 DWG 文件的功能，常用方法是通过设置【发布器集】配合 DWG 转换设置预设，进行批量的视图导出。此外，导出 DWG 文件可以通过菜单【文件】→【另存为…】直接选择保存当前视图为 DWG 文件，但我们不推荐后面这种方法。

打开菜单【文件】→【互操作性】→【DXF-DWG】→【DXF-DWG 转换设置…】，可以调出设置窗口。其中最主要的设置内容如图 7.2.10 所示，有 6 个部分：制图单位、打开选项、保存选项、属性、杂项、自定义功能。

【DXF-DWG 转换设置】对话框最上方的是【可用的转化器】，这里列出了默认的几个转换器。一般我们都要根据公司自身的标准重新设定。可以点击右上角的【创建新的…】按钮，创建一个"DWG 转换器 – UAD 1.0"，文件保存在一个 xml 文件中。最后都设置完成后，这个 xml 文件可以供后续再次调用，形成模板预设内容。

【制图单位】这里一般选择默认的"1mm"。如果导出或导入的图纸需要采用"m"单位，需特别设置。

【打开选项】只针对导入 DWG 文件。当转化器设置为导入方向时，设置内容才会可编辑，如图 7.2.11 所示。

①【把 AutoCAD 图块转换为：】选项，一般选择【编组 2D 元素】。这样导入的大部分内容后续还能编辑。当然此时 DWG 文件中的块不复存在，会被分解，例如门窗的块。在测试中发现，块到编组的转换并不完美，有时不是块内的物体会成组。另外，导入后

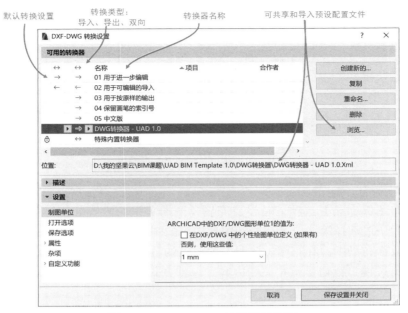

图 7.2.10 DXF-DWG 转换设置界面

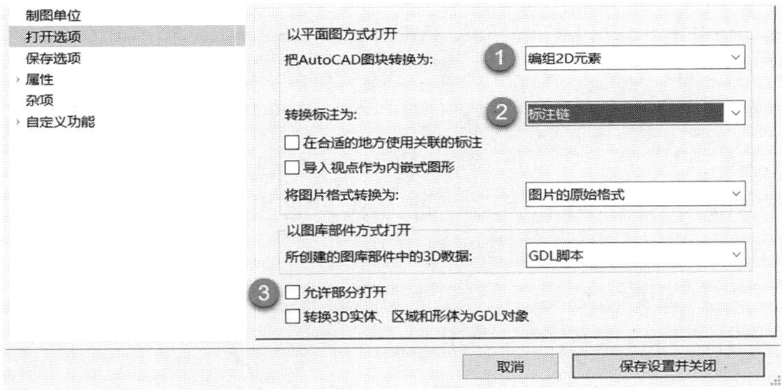

图 7.2.11 转换器的【打开选项】设置

发现楼梯上下的箭头符号和其他箭头符号都会消失。采用圆点的引注线头可以正常显示。

②【转换标注为：】选项，一般选择【标注链】，虽然最后尺寸标注仍然不会成为 ARCHICAD 中的链，但至少导入后的内容是尺寸标注对象。

③【允许部分打开】勾选项，功能是可以在导入时选择部分图层导入，部分图层不导入。其他设置如图 7.2.11 所示。

【保存选项】是最重要的部分，如图 7.2.12 所示。

①【模板文件】路径选项。这里可以选择一个 DWG 文件作为转换的模板文件，文件中需有设定好的图层、颜色、文字样式、标注样式、线型等。这样在设置后面的图层等参数时，可以选择模板中的内容。案例项目中调用了公司的标准图层文件，并在其中设定好上述默认的内容。

图 7.2.12　【保存选项】设置

②【将布图保存至】选项，是设置布图（图册）里的内容如何导出转换。这里有 4 个选项。我们一般选择第 3 个【有全部图形内容的图纸空间】，在布图（图册）中绘制的内容导出后放在布局中；在布图（图册）中放置的各类视图，源内容全部放入模型空间，而在布局中通过视口裁切显示相关的内容。这种方式比较符合我们在 AutoCAD 中的出图布局习惯。

③【将图形放置到】选项，是设置图形内容是否采用外参方式。我们希望导出后的文件精简，因此选择【单个 DXF/DWG 文件】。

④【保存平面图】选项，是影响平面图纸转换的主要部分。下拉菜单有四个选项。【将复杂元素转化成块】：每一个建筑元素构件变成一个图块，这些图块可能是嵌套的。【分解复杂的 ARCHICAD 元素】：所有元素变成零散的线条和文字。【将对象转换成图块】：将 ARCHICAD 中的对象比如门窗转换为块，其他内容比如墙体转换成线条。这个选项最接近导出天正 t3 文件的设置，我们一般选择这个选项。【为智能合并准备文件】：这是使用 ARCHICAD 和 AutoCAD 协同工作的一种方式，它可以将图纸导出到 AutoCAD 中进行编辑，再导回到 ARCHICAD 中进行模型的更新。

⑤【区域另存为】选项，这里一般选择【只有标志】，这样导出区域房间名称的时候，区域的轮廓不会导出，只有名称文字导出去。

小技巧：导出 DWG 文件的注意事项

（1）【将复杂元素转换成块】，转换后存在的主要问题是文字偏移，如图 7.2.13 所示。

（2）目前存在的暂时无法解决的一个问题是导出的 DWG 文件，尺寸标注的类型会变成"转角标注"。尺寸标注对象在导出后不编辑的状态下，显示效果和 ARCHICAD 中是一致的。但如果后续编辑尺寸标注，文件中的尺寸标注对象显示的样子会发生较大的变化，如图 7.2.14 所示。因此，一般需要将 DWG 文件进行后处理，把尺寸标注的样式统一调整后，才能提供给其他专业。目前的解决方案：导出给各专业提资的 DWG 文件，尺寸标注及其样式不允许调整，图层锁定。需要尺寸标注的，在 AutoCAD 软件中重新标注和编辑。

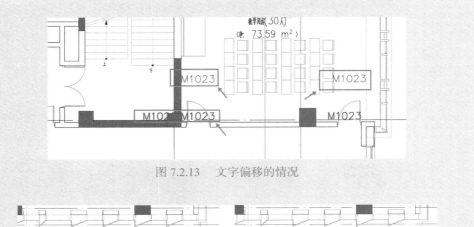

图 7.2.13　文字偏移的情况

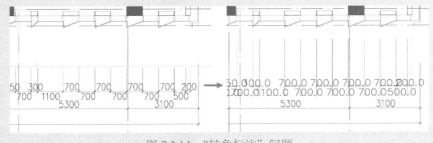

图 7.2.14　"转角标注"问题

（3）对于包含文字的图块，如门窗编号、轴号对象、区域名称和面积标注，会变成属性块。这些属性块不便于灵活编辑。因此，建议先分解属性为文字，再提资。

（4）由于 ARCHICAD 对图块的命名方式是内部规则确定，导出的多个 DWG 文件中会包括同名但不同内容的图块，当这些 DWG 文件互相导入或者参照绑定的时候，可能会出现同名图块替换的问题，导致错误。因此需要格外注意，可以在 ARCHICAD 中制作一张多图的布图，一次性导出提资文件。

（5）导出 / 另存 DWG 等文件时，如果碰到错误提示"不能书写输出文件"，可以检查一下项目文件是否有路径丢失的 Xref 外参文件，路径正确或清理 Xref 后，一般可以正常导出，v24 版最新的升级文件已经修复了这个问题。

【属性】设置中包括了图层、画笔、线型、填充、字体等各种属性的转换设置，内容非常多，如图 7.2.15 所示。其中图层部分的设置内容，对导出 DWG 文件最为重要。

【图层→方法】分支：①【创建图层，按照：】选项，一般选择【ARCHICAD 图层】即可。由于案例项目需要对应公司二维图层标准，某些图层（例如轴线图层）需要通过画笔颜色来区分导出。因此，图中选择【图层或已声明的画笔号】。②【保存元素在：】选项一般选【只有可视图层】，可以避免一些无关图层导出给各专业造成干扰。③【创建自定义图层给：】，是专门给 ARCHICAD 中没有图层选项的图元设置的导出控制选项，比如门、窗、天窗、复合层分割线等。可以在这里设置转换后的图层名称。如果对某个

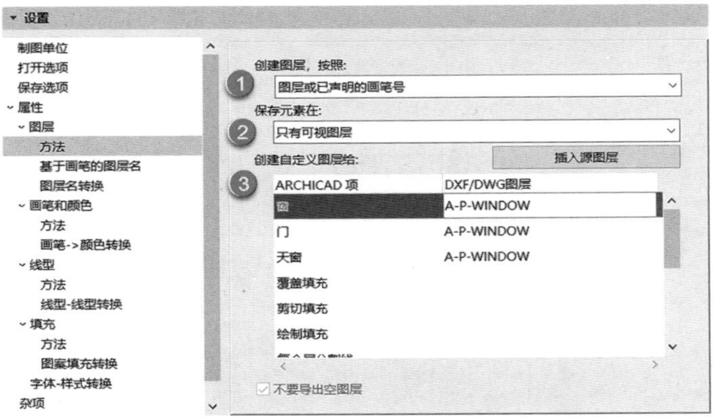

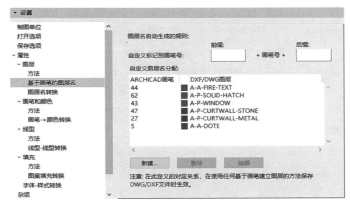

图 7.2.15　图层方法设置内容

内容点击插入源图层按钮，比如"窗"设定"WIN-【源图层】"，那么转换后的窗的图层名就是"WIN-A-WALL"（其中假设 A-WALL 为窗所在的墙体的图层名）。

【图层→基于画笔的图层名】分支：因为我们上面选择了【图层或已声明的画笔号】，这里就能根据画笔的编号来设定转换图层，如图 7.2.16 所示，我们把不方便通过 ARCHICAD 图层来区分的对象导出到公司标准的图层上，逐项新建即可，比如轴线图层、石材幕墙图层和金属幕墙图层等。

图 7.2.16　基于画笔的图层名设置

【图层→图层名转换】分支：这里设置图层名称对应转换规则，需要逐项点击新建，如图 7.2.17 所示。我们之前选择了转换模板文件（包含 UAD 标准图层的 DWG 文件），在新建条目时，可以直接选择模板文件里的现有图层。这样就能很方便地对应转换了。

【画笔和颜色→方法】分支：AutoCAD 中一般采用标准颜色 255 色为基准，因此，勾选【最好的匹配标准 AutoCAD 颜色】；如果我们勾选了下方【把所有元素的颜色和线条宽度设为"按图层"】，那么上面两项就不太重要了，我们一般的绘图习惯是采用"ByLayer"的方式。最后，勾选【不要输出 ARCHICAD 的画笔宽度】，因为我们在 AutoCAD 中的打印习惯是按照颜色设定线条打印宽度，如图 7.2.18 所示。

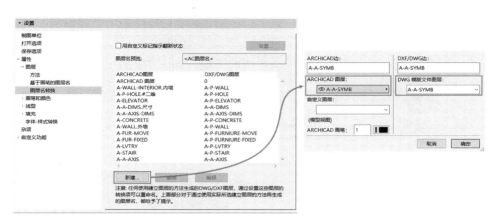

图 7.2.17 图层名转换设置

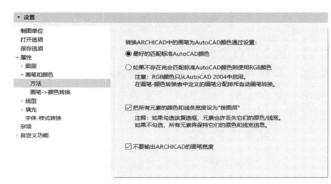

图 7.2.18 画笔和颜色设置

【线型】：这里对 ARCHICAD 中的线型对应到 AutoCAD 中的线型进行转换设置，如图 7.2.19 所示。我们一般将 LT 比例（Line Type Scale）统一设置为 1000。同时可以在线型转换表中设置对应的线型转换；同样的，前面设定过转换模板后，这里可以直接读入 DWG 文件中预设的线型。如果在 ARCHICAD 中定义了不常见特定的自定义线型，在导出时会生成线型文件 shx，需要注意，如果这个 shx 文件丢失，那么在 AutoCAD 中的显示会不正确。

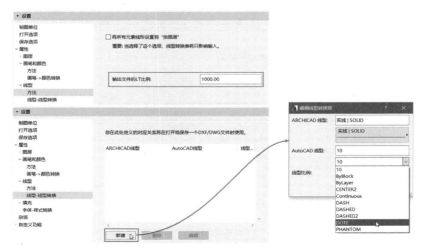

图 7.2.19 线型设置

【填充方法】分支：填充图案的转换，如果在图案填充转换表中已经设置了规则，则按表转换，否则会自动匹配 AutoCAD 中的填充图案。如果在 AutoCAD 中找不到可对应的填充样式，则会将填充图案转换为由线条组成的图块，如图 7.2.20 所示。

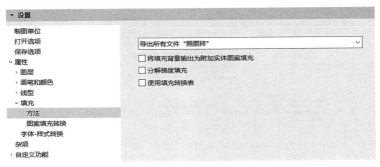

图 7.2.20 填充方法设置

【字体 – 样式转换】：这里可以设置 ARCHICAD 中的字体和对应 AutoCAD 中的字体样式。新建转换项的时候，同样可以选择转换模板中的预设字体，如图 7.2.21 所示。如果字体是转换表中没有的，那么会转换成类似"生成 _ 样式 _n"的文字样式，n 从 1 开始递增。由于我们能够接受在 AutoCAD 中使用 TrueType 字体，因此在 ARCHICAD 中同样使用 TrueType 字体后，显示效果基本一致。

图 7.2.21 字体 - 样式转换设置

【杂项】：这里有字体编码的设定，可以方便正常显示中文字体，如图 7.2.22 所示。需要勾选【在图层、线型、块名中允许本地字符】，否则可能会出现乱码。

图 7.2.22 杂项设置

通过上述的设定，导出的 DWG 文件基本可以满足给各专业提资的要求。保存的转换器设置文件，可以作为项目模板的一部分，供团队共同使用。

理想的数据交互方式是类似 openBIM 理念的工作流程，结构、机电等专业也转变到三维设计的工作流程中来，到那时，数据交互可以更加高效，交互数据的格式可能会采用 IFC、BCF 等国际通用格式。

7.3 Teamwork 建筑专业内协同

Teamwork 团队协作功能，是 ARCHICAD 提供的可以通过网络让各参与者共同操作同一个项目文件进行协同设计的功能。

通过搭建 BIMcloud 平台，可以实现多方共享项目模型和信息、同步协同设计、同步反馈交流等。这里介绍的是基础版 BIMcloud Basic，它支持局域网内部的协同。

基本搭建步骤是：

（1）在局域网内的服务器上安装 BIMcloud 软件，包括 BIMcloud Server 和 BIMcloud Manager 两个模块。设定端口，一般按默认即可；设定 ARCHICAD 的使用版本，如图 7.3.1、图 7.3.2 所示。

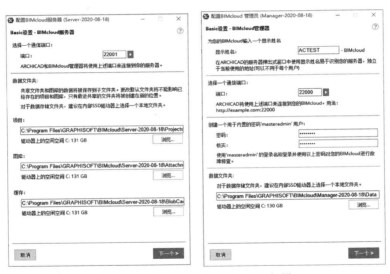

图 7.3.1　开始配置 BIMcloud 服务器

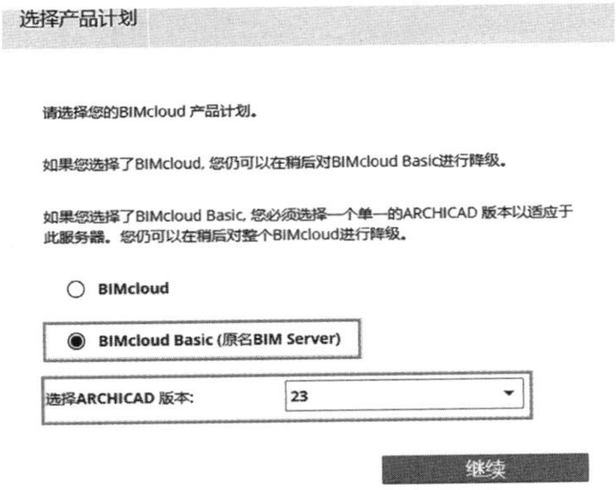

图 7.3.2　选择 ARCHICAD 版本

图 7.3.3　管理员登录后页面

图 7.3.4　登录设定人员和权限

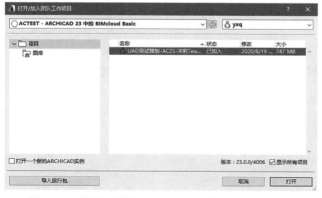

图 7.3.5　设计人员从 ARCHICAD 中登录 BIMcloud

（2）安装完成后，即会开启 BIMcloud Server 服务。管理员在 BIMcloud Manager 中设定参与人员的账号和角色权限，以便设计人员从各个终端登录 BIMcloud，如图 7.3.3、图 7.3.4 所示。

（3）三维设计负责人（或 BIM 经理）将项目共享至服务器。

（4）设计人员从终端（工作计算机），通过 ARCHICAD 中的团队工作功能，打开团队工作项目，如图 7.3.5 所示。

7.3.1　统一的模板和图库

团队协作的基础，需要有统一的模板和图库等标准性的内容，对后期推进项目非常重要。模板和图库放置在公司局域网目录下，项目的链接图库均指向该目录。团队工作的项目中，需要新建模板内容或添加图库内容时，均需由三维设计负责人统一执行，各设计人员不应自行添加。

7.3.2　Teamwork 团队协作

加入团队项目后，拥有相应权限的用户可以根据安排将项目中的元素构件"认领"，作为自己的工作范围。在 ARCHICAD 团队功能中叫作【保留】，即将权限保留在自己这里。自己新建的内容，默认状态均为自己保留的内容。

其他用户"创建"或"保留"的元素构件，自己是无法编辑的；如需编辑，需要获得权限，对方释放后，可保留为自己的工作内容，进行编辑。

如图 7.3.6 所示，①选中【中庭楼梯透视】视图。②点击【保留】按钮。③视图图标上出现"小绿点"，表示这个视图的编辑权限被自己"保留"了。④在其他同事需要编辑该内容时，自己需要点击【释放】按钮，将元素的编辑权限返还到服务器。自己保留的元素构件内容包括视图映射等，图标上都有一个绿点。如果是红点，则表示是其他用户保留的内容。

　　各项操作结束后，需要将修改内容与服务器同步更新，点击团队工作面板中的【发送 & 接受】按钮即可同步。这里需要提一下，ARCHICAD 的团队工作的更新，采用的是图软独有的 Delta 核心算法，增量同步，因此数据交换量很小，速度很快，这方面有很大的优势。

　　【团队工作】面板是进行协作、交互信息的主要界面，如图 7.3.7 所示，上部的【工作空间】卷展栏中的按钮，主要进行元素构件编辑权限的交互，包括【发送 & 接收】【保留…】【释放所有】，右侧黑三角还可选择更加丰富的操作功能。

图 7.3.6　保留和释放内容　　　　图 7.3.7　团队工作面板

　　通过【新消息】卷展栏，各用户之间可以发送消息和请求等进行交流协作。BIMcloud 的高级版本支持全球范围内的设计人员共同协作，这一功能提供了沟通交流的便利。如图 7.3.8 所示，发送一条注意事项给 fyc 用户。

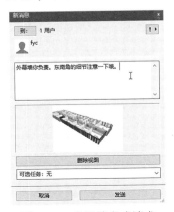

图 7.3.8　发送消息或请求

　　【彩色工作空间】部分，主要是通过颜色将工作空间中不同部分权限的内容进行可视化显示，以便各个设计人员可以直观地掌握模型的归属。其中没有归属的元素构件是蓝色的。各用户的颜色方案可以在【用户】卷展栏部分进行自定义。通过设置不同的彩色工作空间，显示不同权限用户的不同内容，可以直观地看到大家所保留的内容，如图 7.3.9 所示。

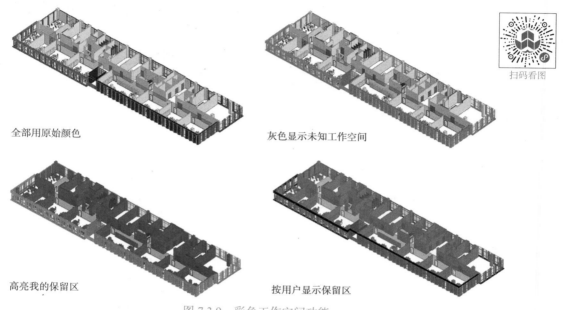

扫码看图

全部用原始颜色　　　　　　　　　　　　　灰色显示未知工作空间

高亮我的保留区　　　　　　　　　　　　　按用户显示保留区

图 7.3.9　彩色工作空间功能

　　ARCHICAD 提供的团队工作（Teamwork）功能中，对于各个设计人员的协作和对于编辑的权限设置相对灵活，但需要三维设计负责人在前期做很多工作，提前设定一定的协同标准，划分设计人员的工作界面，避免出现分工不清、交叉编辑的情况。

第8章 ARCHICAD 应用基础

8.1 ARCHICAD 工作环境的设置

开始使用 ARCHICAD 工作时，需要正确设置初始的工作环境。

1. 解决软件安装过程中"操作系统已过时"提示的方法

在安装 ARCHICAD 的过程中，有时候会出现"操作系统已过时"的提示。这是因为计算机系统中缺少相关的软件运行环境。

根据图软官网的资料，ARCHICAD 从 v23 版本开始，不再支持 Windows 7 操作系统，应升级到 Windows 10 操作系统，并需要以下软件运行环境：

（1）Microsoft Visual C++ 2012 Redistributable（x64）；

（2）Microsoft Visual C++ 2013 Redistributable（x64）；

（3）Microsoft Visual C++ 2017 Redistributable（x64）；

（4）Intel C++ Redistributables 2018 for Windows on Intel 64；

（5）Microsoft .NET Framework 4。

一般安装前三个即可。以上运行环境的安装文件大家可以去微软官方网站下载。

2. 解决尺寸数字分组显示的问题

学习 ARCHICAD 最常见的问题之一，是发现尺寸标注的数字中出现千分位分隔符，如图 8.1.1 所示。这主要是 ARCHICAD 读取了 Windows 系统的数字分组设置。解决方法：如图 8.1.2、图 8.1.3 所示，①点击 Windows 操作系统控制面板中的【区域】→【更改日期、时间或数字格式】，在弹出的【区域】对话框中点击下方②【其他设置】按钮，③在弹出的【自定义格式】对话框中的【数字分组】下拉菜单中，选择不带千分位分隔符的数字分组方式。修改后重启 ARCHICAD 即可生效。

3. 操作界面布局的优化

ARCHICAD 的初始启动界面是标准的设计类软件的界面，如图 8.1.4 所示。除了软件

273

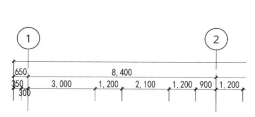

图 8.1.1 标注数字的千分位分隔符

图 8.1.2 系统时区和区域设置

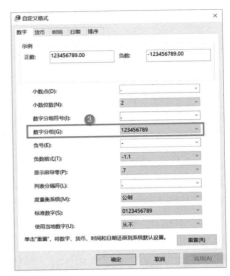

图 8.1.3　数字分组格式设置

274

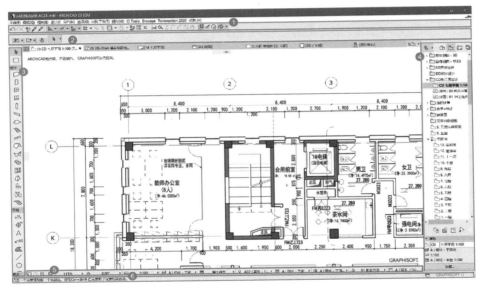

扫码看图

图 8.1.4　ARCHICAD 的初始启动界面

菜单和中间的绘图区域外，还有 6 个区域：

（1）工具条①：各种功能图标都集中在这里，软件提供了很多默认的工具条。在任一工具条上点击右键后，可以弹出一个工具条列表，可以按需选择需要的工具条，也可以根据自己的使用习惯和效率要求，自定义工具条。

（2）信息框②：显示当前所选元素构件参数的面板，类似于 AutoCAD 中的特性面板。常规操作的时候，经常在这里调整元素构件参数；这个信息框可以像默认的这样横排单行，也可以横排多行，还可以竖排，能够更方便地显示和调整参数。

（3）工具箱③：设计使用的主要工具放在这里，可以调整宽度显示文字提示。

（4）项目浏览器④：这里组织项目所有相关视图和图档的树状列表，搭建项目逻辑结构，管理项目平、立、剖视图和各类专门视图，管理清单和信息以及排版布图、发布出图。

（5）视图控制栏⑤：控制视图显示和操作的多种控制选项，包括图层组设置、比例尺、复合层部分结构显示、画笔、模型视图选项、图形覆盖组合、翻新过滤器、标注样式、视图缩放、视图旋转。

（6）状态栏⑥：这里给出当前工具使用的一些提示，以及显示后台更新状态。

我们可以在默认的界面布局基础上进行优化和自定义。自定义的原则是：高效地操作软件，并合理规划屏幕资源，如图 8.1.5 所示。界面优化设置仁者见仁，非常个性化，这里仅为抛砖引玉，提供思路。

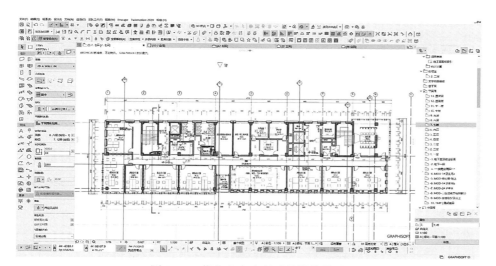

扫码看图

图 8.1.5　优化和自定义后的软件界面

操作步骤如下：

（1）将工具箱边界向右拉伸成两列，所有常用工具都可以显示出来。将信息框从顶部拖曳到左侧，成为竖排，这样可以更清晰地显示元素构件的参数信息。

（2）通过菜单【视窗】→【面板】→【坐标】，调出坐标面板，如图 8.1.6 所示。这里可以显示光标坐标、角度和距离等信息，△ 按钮可以切换相对坐标和绝对坐标；同时 × 可以设置用户原点，双击则回到原坐标。

图 8.1.6　坐标面板

（3）通过菜单【视窗】→【面板】→【控制框】，调出控制框面板，如图 8.1.7 所示。它包含了一系列辅助画图的工具，如辅助线，垂直、平行、偏移、特殊点捕捉等方式，很常用。面板本身有"紧凑型"和"扩展型"两个状态，可以在面板上点击右键，通过弹出菜单切换。

图 8.1.7　控制框面板

（4）工具条可以根据自己的使用习惯进行自定义。通过菜单【选项】→【工作环境】→【工具条】，进入自定义工具条的界面，如图 8.1.8 所示。可以对已有的工具条进行编辑，也可以①②新建自己的工具条；从命令和菜单池③中选取需要的命令，拖入右侧的工具条列表中④。ARCHICAD v23 版本开始新增了搜索栏，可以根据命令的关键字进行搜索，大大提高了自定义的效率。设定后点击确定，工具条就定义好了。这些自定义的工具条，可以保存为自定义的命令布置方案供调用。

图 8.1.8　工具条自定义界面

4. 快捷键的自定义

使用快捷键是建筑师高效工作的必备技能。比起用鼠标点击菜单或工具图标，键盘操作具有无可比拟的优势，无论是 AutoCAD 还是 ARCHICAD，快捷键的设置都很关键。但 ARCHICAD 与 AutoCAD 相比，一个很大的区别是 AutoCAD 支持多字母组合的快捷键，而 ARCHICAD 不支持。因此，除设置好单字母的快捷键外，还需要多利用〈Ctrl〉、〈Shift〉、〈Alt〉键等组合键来配合。ARCHICAD 本身已经预设了许多的快捷键，但有些并不怎么"快捷"，有必要根据自己的使用习惯重新设置。

点击菜单【选项】→【工作环境】→【键盘快捷键】，或者点击工具栏上的 按钮，调出设置对话框，如图 8.1.9 所示。举例来说，①在命令池点击需要设定快捷键的命令，②在右上方输入想要设定的快捷键〈M〉，发现它已经被分配给【镜像】命令了，如果确

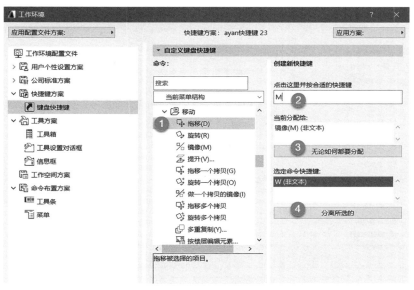

图 8.1.9　键盘快捷键自定义界面

定要重新分配，③则点击【无论如何都要分配】，如果不想要原来的〈W〉，④那么就点击【分离所选的】。

一个命令可以有多个快捷键。但不同命令快捷键必须不同。

设置好所有的快捷键后，进入它的上一级【快捷键方案】，可以存储自己的快捷键方案，后期可以通过【导入】、【导出】按钮调用，如图 8.1.10 所示。

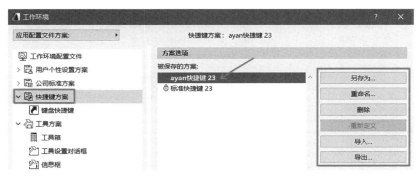

图 8.1.10　快捷键方案设置界面

5. 其余工作环境设定

在工作环境设置对话框中的其他设置，内容比较多，一般都不需要改变，按照标准配置文件中的内容即可。但有些设置比较影响使用，需要进行一定的设置。

如图 8.1.11 所示，在【对话框和面板】设置中，取消勾选【使用滚轮调整对话框面板打开速度】，这个选项除了减慢操作速度以外，没有别的作用。【弹出式小面板的运动】方式选择【跟随光标】，会比较顺手。另外，【对话框自动更新延迟】可以设定久一点，甚至"5s"都可以，避免在对话框中输入数字时，还没输入完，软件就刷新了。

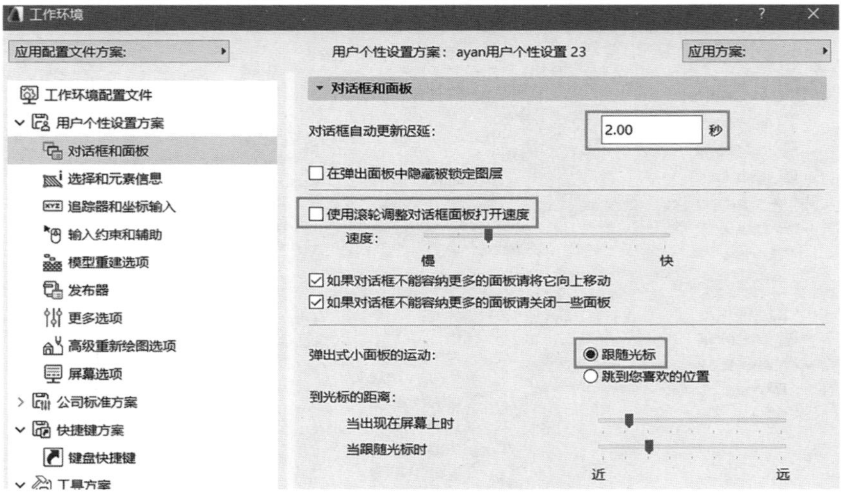

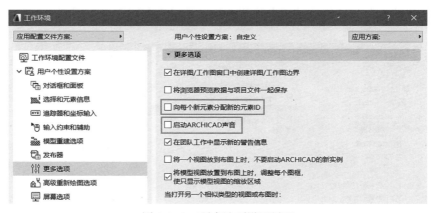

图 8.1.11　对话框和面板的内容设置

在【更多选项】设置中，取消勾选【向每个新元素分配新的元素ID】、【启动ARCHICAD声音】，如图 8.1.12 所示。分配新的元素 ID 会对每个插入的门窗进行编号递增，这个对于使用元素 ID 作为门窗编号的用法来说，会增添麻烦。

图 8.1.12　更多选项设置界面

在【高级重新绘图选项】设置中，建议选择【完整模型】和【2D 图形保真】，如图 8.1.13 所示，可以使得视图中的线条更加美观。

6. 保存和调用工作环境配置文件

一整套设定好的工作环境配置文件，是可以进行存储和重复调用的，可以在不同计算机上使用，也可以分发给团队中的每个人，使得大家的工作环境设置一致，如图 8.1.14 所示。

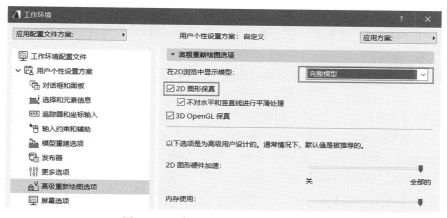
图 8.1.13 高级重新绘图选项设置界面

图 8.1.14 工作环境配置文件设置界面

7. 项目模板

模板的设置也是大概念上的工作环境设定，涉及内容非常多，详见 4.3.2 模板。

8.2 ARCHICAD 基本概念和操作

1. 命令方式

AutoCAD 采用命令行的方式，在命令行中输入指令，按回车执行指令，可先选择物体也可后选择物体（多数为后选择）。而 ARCHICAD 的命令方式跟 3ds Max、Cinema4D 等三维软件类似，没有命令行。要执行操作的时候，先选择物体，再执行命令，或先选择工具命令，再创建元素构件。ARCHICAD 的快捷键不像 AutoCAD 和 Revit 那么自由，它只支持单字母快捷键以及〈Ctrl〉、〈Shift〉、〈Alt〉键与单字母组合的快捷键。

另外，ARCHICAD 有一个比较特别的命令执行状态：执行命令后选择状态的延续。例如，把一个墙体拷贝一份，那么新拷贝的墙体保留在被选择的状态，可以继续执行后续指令。不但拷贝命令如此，许多命令都是这样，包括 Undo 命令。如果删除上面提到的墙体，然后按〈Ctrl+Z〉键撤销，那么被删除的物体就回来了，并且仍保留被选择的状态。

2. "选择"操作

"选择"是 ARCHICAD 中的基本操作概念，通过软件提供的【箭头工具】和【选取框工具】进行日常的选择操作，选择操作的三个技巧如下：

（1）使用【箭头工具】选择的时候，按住〈Shift〉键，可以快速地让备选元素构件高亮起来，方便我们知道点下鼠标后会选到哪个元素，加快操作速度。

（2）选择门、窗的时候，光标移动到它们的角点（热点）上，才能快速选择到。当然配合上面说到的〈Shift〉键，也能快速选择到门、窗元素。

（3）激活【箭头工具】的快速选择按钮　，可以方便选择带有填充的元素构件。

3. "捕捉"操作

"捕捉"操作通过光标的不同显示可以判断是否捕捉到了相应的控制点，比如端点、交点、垂足、参考线等，如图 8.2.1 所示，不需要不停放大视图来确认是否捕捉准确了。捕捉点的手感和 AutoCAD 中的吸附还是有所不同，需要一段时间来适应。

4. "查找"操作

ARCHICAD 中的"查找"对象的操作，这里介绍一下比较有特点的内容。通过菜单【编辑】→【查找 & 选择】打开对话框，如图 8.2.2 所示。①标准设置区域可以定义查找的元素构件过滤条件来查找和选择特定的元素，通过不同条件的组合，实现不同的查找需求。如果这种查找是经常要进行的，那么可以把这种查找标准保存为相关的设置，④右侧的黑三角按钮可以保存和调用选择设置。点击②【添加】按钮，可以设定选择条件或标准。设定过滤条件或标准后，点击③加号按钮，即可选中当前视图中的元素构件了。

	空白区域	参考线	其他边缘	交点	参考线的端点	其他端点
输入前（箭头工具）	▲	⊁	⊁	⤬	⤹	⤹
输入前（其他工具）	+	⋏	⋏	✕	✔	✔
输入前（其他工具）	✎	✎	✎	✎	✎	✎
魔术棒	✨		✨			✨
修剪元素	▶✂		▶✂			
拾取参数	✐				✐	✐
转换参数	✐					

图 8.2.1　智能光标

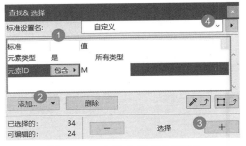

图 8.2.2　查找 & 选择对话框

5. 与 AutoCAD 对应的常用命令

（1）拷贝和阵列

拷贝操作，可以使用菜单【编辑】→【移动】→【拖移一个拷贝 / 拖移多个拷贝】，也可以在右键菜单中选择，还可以使用移动命令，结合〈Ctrl〉键和〈Alt〉键进行拷贝，如图 8.2.3所示，按下相应快捷键，注意光标下方会出现一个加号和两个加号，表示拷贝的不同状态。

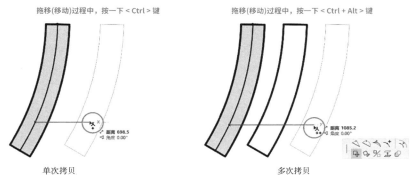

图 8.2.3　单次和多次拷贝操作

阵列命令，可以使用菜单【编辑】→【移动】→【多重复制】，启动【多重复制】对话框，如图 8.2.4 所示。在这里不仅可以根据间距阵列，还可以根据总长度设定阵列个数。另外，还可以在平面阵列的同时，加入高度方向的阵列。

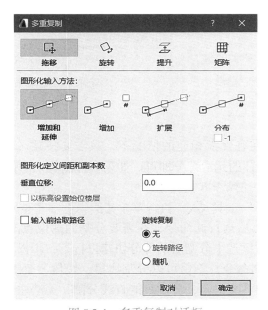

图 8.2.4　多重复制对话框

小技巧：关于拷贝元素的操作

（1）我们拷贝元素或对象到其他楼层的时候，一般可以采用常规方法：在当前视图中，选择需要拷贝的元素，按〈Ctrl+C〉键，转到目标视图，按〈Ctrl+V〉键。如果目标视图中的范围超出了原来元素所在位置，软件会让你选择粘贴的方式，如图 8.2.5 所示。当我们需要拷贝的内容原位粘贴时，需要选择【初始位置】。

（2）当需要拷贝某一类元素到一个楼层或者多个楼层的时候，可以使用菜单【设计】→【按楼层编辑元素】的功能，如图8.2.6所示。在左侧选择需要复制的元素类型，选择需要的操作【拷贝】、【剪切】、【删除】，在对话框右下角选择目标楼层，可以单选或多选，非常方便。

（3）当我们拷贝元素到2D视图如工作图或3D文档中时，元素会转变成2D的线段和填充元素，而不再是三维实体构件了，这个需要注意。

图8.2.5 原位粘贴设置

图8.2.6 按楼层编辑元素对话框

（2）剪切和打断

不管是哪类元素，在有元素相交的情况下，只需要按住〈Ctrl〉键，光标就会变成 ▶✂ 的样子，点击需要剪掉的元素部分即可。如果要控制剪切的位置，需要预先选择剪切的参照对象，然后再按上述操作方式操作即可。

打断可以使用"斧子"工具 ✂，执行菜单【编辑】→【重塑】→【分割】命令，先选择要被分割的元素，然后运行此命令，在需要分割的部位点击进行切割，然后选择一个方向，这主要是为了后续选中分割后的部分快速进行下一步操作。

ARCHICAD中的分割命令，不仅可以分割线段、墙体、梁等线性元素，还可以分割填充、楼板等对象。需要注意的是，分割只能直线分割，无法曲线和折线分割。

（3）延伸

延伸命令在ARCHICAD里称为【调整】 ⛟，执行菜单【编辑】→【重塑】→【调整】命令。操作步骤是选择需要延伸的元素或构件，激活【调整】命令，在目标位置画出一根虚拟边界，也可点击目标元素或者构件的边。这些常用命令，一般可以设置为单个字母快捷键，以加快操作。

（4）偏移

偏移的操作方法有几种：第一种是选中需要偏移的线、填充、楼板，执行菜单【编辑】→【重塑】→【偏移】命令，然后点击偏移基准点，根据视图反馈控制偏移方向，并输入偏移距离，确认即可。第二种是使用弹出小面板中的偏移命令。以上两种方法都是简单的偏移，如果需要偏移复制功能，则在偏移过程中按一下〈Ctrl〉键，光标出现加号即可。第三种是使用控制框面板中的偏移和多重偏移功能。激活后，选择元素创建工具绘制，此时光标旁会出现一个偏移的方块图标，绘制完轮廓（或使用魔术棒拾取轮廓）后即进入偏移状态，输入数值或者鼠标点击偏移位置即可。

（5）拉伸

ARCHICAD中也有个拉伸命令，执行菜单【编辑】→【重塑】→【拉伸】命令，需要结合选取框来完成操作。大部分情况下，拉伸操作使用弹出小面板中的拉伸命令。

（6）分解

分解的命令在ARCHICAD里，执行菜单【编辑】→【重塑】→【分解当前视图】命令，可以将复杂的构件分解。分解的时候，可以选择是否保留原始的构件。

对于多段线分解也是用这个命令，如果多段线分解后要重新合并，可以执行菜单【编辑】→【重塑】→【统一】命令。

小技巧：用【统一】命令连接断开的栏杆

【统一】命令可以把参考线连接的栏杆构件整合在一起，成为一个连续的栏杆。

（7）墙体相交

选择非平行的两段墙体或多段线，使用菜单【编辑】→【重塑】→【相交】⌐ 命令，可以方便地修剪成相交状态，配合单字母快捷键，可以极大地提高操作速度。

（8）缩放

对元素或构件的缩放，使用菜单【编辑】→【重塑】→【调整大小…】命令调出对话框，如图8.2.7所示。这里可以选择【图形化定义】的方式缩放，就像AutoCAD中的参照缩放。也可以控制缩放操作影响的内容，比如只缩放墙体长度，而不缩放墙体的厚度。

图8.2.7 调整大小对话框

如果构件（如墙、柱、梁）采用的是复合结构或复杂截面构造，缩放操作不会改变这些构造层次的厚度。

（9）图块和组合

ARCHICAD中与AutoCAD中的"图块"概念类似均叫作"对象"（Object）。ARCHICAD的构件本身就是一个个对象，在与AutoCAD数据进行交互的时候，可以将构件导出为"图块"，也可以将"图块"导入到ARCHICAD中成为"对象"。但要注意，导入的这个对象没有可变的参数化信息，如果要把它做成有参数控制的，需要在ARCHICAD中使用GDL语言编辑。

还有一个概念是"组合Group"，我们在使用AutoCAD的过程中很少使用"组合"这个功能，但ARCHICAD中出现比较多。它的作用是将若干的元素构件组合在一起进行操作，但又保持各自的原有属性。一些元素构件如墙体，在创建的时候，如果选择了"连续"的几何方法，那么创建的多段墙体会被打组在一起。此时选中这些墙体，它们的控制"热点"就是空心的，而不是单独构件那样的实心黑点。

小技巧：关于组合的使用

　　操作建模中，ARCHICAD 的一些设计工具在绘制时，默认是将这些元素组成一个组的。比如绘制墙体时，选择 ⬚ 连续的几何方法，完成的墙体会自动成组。此时如果点击其中一个墙体，会选中整个组；在墙体上点击，也不能调出编辑墙体的小面板，而是通用的变换小面板。此时，可以使用【暂停组合】功能暂时关闭组状态，这样每个墙体都可以分别被选中并编辑了，如图8.2.8 所示。

　　需要注意：组内元素各自可以有自己所在的图层，并不是跟随组的属性走，该元素的开关显隐是随所在图层的开关。因此，要对组合进行移动或删除操作时，如果没有【暂停组合】，即使隐藏的组成员，或者不在当前视图范围内的组成员，也会被移动或删除。

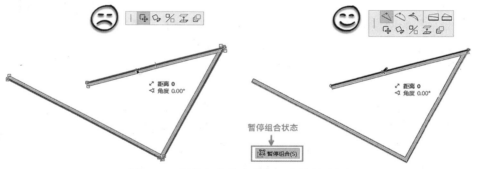

图 8.2.8　暂停组合状态进行组内构件编辑

6. 工作平面的应用

　　在三维视图中工作时，我们创建的元素或构件都必须有一个基准的定位，这个定位需要工作平面来辅助，即设定好元素或构件创建的 *XY* 方向的基准面。ARCHICAD 三维视图中默认打开了工作平面，浅蓝色网格即为工作平面，如图 8.2.9 所示。工作平面会延伸到视图中有元素构件的范围内，会在某个位置显示控制按钮，点击后，可以对工作平面的位置等进行设置，如【拾取平面】——拾取任一自由方向的面作为工作平面、【竖直】——把工作平面改为垂直面、【偏移】——偏移工作平面、【吸附到楼层】——将工作平面吸附到某个楼层标高，如图 8.2.10 所示。这些会给三维视图中的建模工作带来便利。

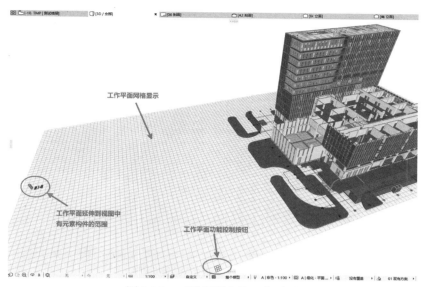

图 8.2.9 三维视图中的工作平面

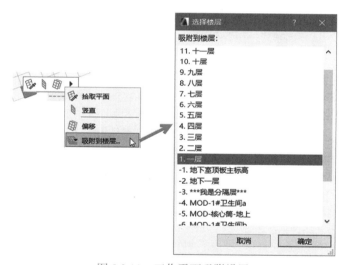

图 8.2.10 工作平面吸附设置

7. ARCHICAD 中的元素交集

ARCHICAD 中的元素在彼此相交时，会根据设定的规则自动进行交集的处理，并且会在所有视图中都正确显示这些交集关系。

元素交集的处理机制主要依赖于建筑材料的交叉优先级。在【建筑材料】对话框中设置的材料，使用较高优先级材料的元素会剪切掉使用较低优先级材料的元素，如图8.2.11、图 8.2.12 所示。

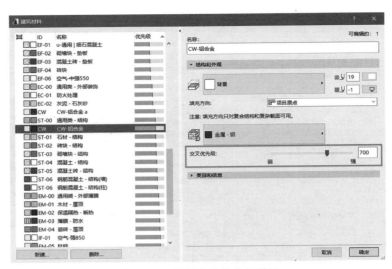

图 8.2.11　材料交叉优先级设置

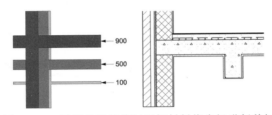

图 8.2.12　元素构件连接时根据材料优先级进行剪切

　　不同元素构件之间发生自动剪切的关系，如表 8.2.1 所示。其中，当墙、梁对象平行不相交时，无法形成自动剪切效果。此外，屋顶、壳体和变形体之间除了需要相交以外，还需要使用菜单中的合并或修剪才能正常处理交集关系。

　　这种元素间的交集关系要基于 3D 模型，包括从整体形体到构造层次的交集。这些同样都会反映在三维视图和交互式清单中，就和平／立／剖面图一样会正确显示。这里需要注意，有些元素如果平面图中是以"符号"为显示方式，可能交集关系和三维视图中的表达会有不一样的地方。

不同元素构件之间自动剪切的关系　　　　　　　　　　　　　　　　表 8.2.1

	墙	梁	柱	板	屋顶	壳体	变形体
墙	形体且参考线相交	相交	形体相交或包裹	相交	可连接	可连接	可连接
梁		形体或参考线相交	相交	相交	可连接	可连接	可连接
柱			SEO*	相交	可连接	可连接	可连接
板				SEO	可连接	可连接	可连接
屋顶					可连接	可连接	可连接

续表

	墙	梁	柱	板	屋顶	壳体	变形体
壳体						可连接	可连接
变形体							可连接

＊：SEO = Solid Edit Operation 实体元素操作（类似于布尔运算）

	优先级支持	3D 模型中的交集显示
相交	根据建筑材料的优先级（自动）	构造层级别
可连接	根据建筑材料的优先级（需要合并与修剪）	构造层级别
SEO	无优先级支持，只能通过 SEO 操作	只限元素构件级别

如果要避免元素交集的发生，可以将元素放置在不同的图层中，并对这些图层进行交叉数设定。

> **小技巧：材料填充图案的方向设置**
>
> 在材料设置界面中，通过设置剪切填充图案的【填充方向】，可以设置平面图中材料填充图案的显示方式。【项目原点】方式和【元素原点】方式的区别，如图 8.2.13 所示。注意，此时移动元素，图案与元素的相对关系是会变化的，不跟随元素移动。只有采用复杂截面的元素，且此处【填充方向】设置成【符合到复合层】，填充图案才会和元素固定相对位置。

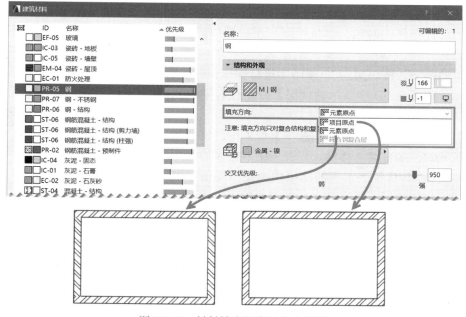

图 8.2.13 材料填充图案的方向设置

8. 提高操作流畅度和交互速度

（1）当视图中多个元素有交叠的情况时，选择到想要编辑的元素有时候比较困难。软件提供了这方面的选择，光标移动到多个元素上方时，会显示预览的信息，如图8.2.14所示。注意，弹出信息中会有"多个元素"的字样，此时，多次按下〈Tab〉键，即可进行类似 AutoCAD 中的循环选择功能，当需要选择的元素高亮时，点击鼠标即可选中。

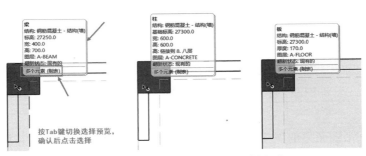

图 8.2.14 多个元素交叠时的选择方法

（2）当项目达到一定规模时（如本书案例项目约3万平方米，建模中等细度的情况），在三维视图中选择对象，有时候会比较卡顿，因为【信息框】中需要刷新选择元素的信息。这个情况有点类似 AutoCAD 中的特性对话框，可以关闭【信息框】，必要时再打开。

（3）在视图中，如果选择的是同类型的元素，选取响应速度会比较快。如果是不同类型元素间切换选择，则会比较慢。另外，如果在视窗空白处点击或框选来取消选择（很多建筑师使用 AutoCAD 时常有的习惯），然后再选择同类型元素，那么这个选取响应速度就会慢，这种情况在模型量大了以后，会更加明显。因此，在三维视图中要减少在空白处框选和点选的习惯。直接点在元素对象身上，配合使用〈Shift〉键的预览选择功能，能提高选择对象的效率，提升交互操作体验。

（4）设计操作的时候，尽量控制三维视图中显示的模型范围和构件数量，不是当前进行操作的部位或楼层，隐藏起来不显示。一个是在平面视图中通过选取框工具，选定需要编辑的范围，再切换到3D视图中进行操作；另一个是在【在3D中过滤和剪切元素】对话框中，将【在3D中显示的楼层】控制在有限的范围内，如图8.2.15所示。

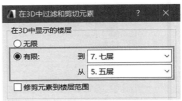

（5）在三维视图【模型视图选项】设置中，将一些主要的建筑元素，如幕墙、楼梯、栏杆、细节很多的图库对象（需要支持 MVO 控制）等的三维模型细节降低，可以加快视图操作的速度，提高效率。在需要输出三维视图的时候，再配合视图设置，将高精度的设置打开。

图 8.2.15 显示有限的楼层范围

8.3 ARCHICAD 别具特色的效率工具

1. 图层与图层组

ARCHICAD 中的图层概念和 AutoCAD 非常类似，不同的地方主要在于两方面：图层组合与图层交叉设定。

图层组合就是将每个图层的开关、锁定状态、线框显示控制、图层交叉设定等状态记录并存储下来，可以随时切换到该图层组合设定的状态。这个与 AutoCAD 中的"图层状态管理器"功能类似，但更加灵活，也和项目中各个视图的关系更加密切。ARCHICAD 中的图层组合是视图显示、建模操作、布图排版、提高操作速度的关键功能。因此在搭建图层和图层组合的时候，要充分考虑各种因素，包括成果的表达等。

我们在案例项目中设定了多种图层组合，如图 8.3.1 所示，对平面、立面、剖面图中需要显示和关闭的图层进行了不同的设置，不同类型视图使用各自对应的图层组合。比如，在平面图中我们不需要显示结构梁，但是在剖面图和三维视图中需要，通过不同的图层组合就可以满足显示和出图需求。

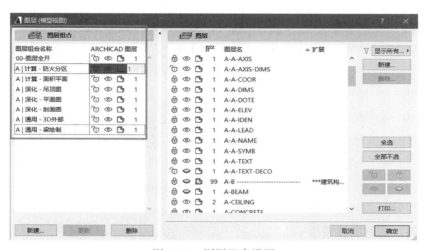

图 8.3.1 图层组合设置

"图层交叉设定"是 ARCHICAD 特有的一个概念，它控制不同图层的物体在相交时是否自动连接，如图 8.3.2 所示。

（1）如果不希望构件自动相交，比如剪力墙和砖墙不希望连接，那么就把两个图层的交叉设定为不同的数值。另外，我们有时候会用墙体工具来制作石材干挂幕墙，此时如果幕墙图层和外墙图层的交叉组相同，会发生自动连接，这和实际构造不符。可以把这些不希望发生连接关系的图层设定不同的交叉数值，如图 8.3.3 所示。

（2）图层交叉设定的默认数值是"1"。

（3）图层交叉和元素优先级无关，它们只是作为图层在判断是否有交叉设定时的标记。

（4）图层交叉设定都为"0"的两个图层中的元素是不会相交的，即它与任何图层都不相交。

ARCHICAD 中提供了关于图层操作的快捷面板，可以通过菜单【视窗】→【面板】→【快捷图层】打开。其中有对于图层开关、锁定、恢复图层状态等按钮功能，如图 8.3.4 所示。给这些功能设定自定义的快捷键后，可以提高建模的效率。

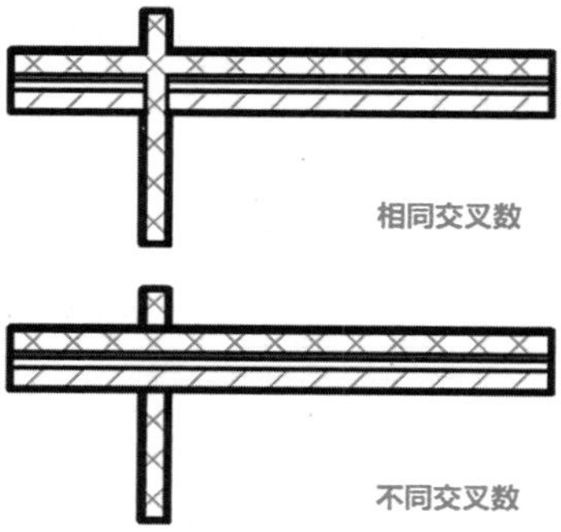

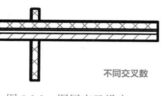

图 8.3.2 图层交叉设定

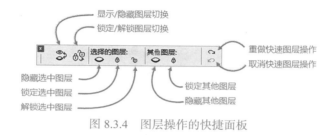

图 8.3.3 设定图层交叉数值

图 8.3.4 图层操作的快捷面板

小技巧：图层需要管理

图层带来方便的同时，同样要注意在 AutoCAD 使用时的相同问题，即图层的管理问题。要注意元素和构件是否放在了"正确"的图层内。在创建建筑元素或构件的时候，先看一下当前图层是否正确。

尽量不要将元素对象放在系统自带的【ARCHICAD 图层】，不利于管理。这个图层类似于 AutoCAD 的"0层"，但不完全一样。一般仅作为元素对象或者外参绑定内容等使用的中转图层。

2. 描绘与参照

描绘与参照是非常有特色的功能，类似于在计算机上使用"草图纸"设计，就像我们把底图放在草图纸或者硫酸纸下面描绘一样。启动描绘与参照功能后，会在当前视图下方显示一个单色化的视图（也可以是真彩色），这个视图可以查看、捕捉和吸取构件属性，但无法编辑。这个功能的作用是可以比较不同楼层的内容，互相作为设计参照，并且还可以在平面、立面、剖面等视图相互参照，这就和我们平时的工作流程非常契合，不用再拷贝一个立面放在旁边了。如图 8.3.5 所示，①浏览描绘参照，除了三维视图和交互式清单，可以调用各种视图作为参照底图。②控制可视元素，可以设定参照底图中需要显示的内容。

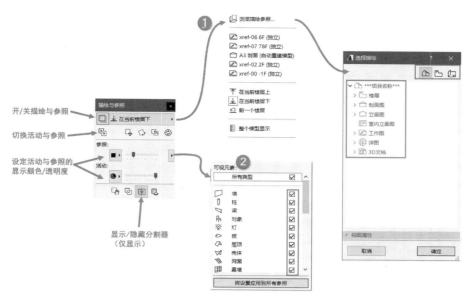

图 8.3.5　描绘与参照功能的使用

【描绘与参照】对话框中提供了一整套工具，非常灵活，可以根据建筑师的喜好设定。其中一个比较好用的功能【切换活动和参照】 ，可以实现在当前视图和描绘底图之间切换，这样我们就可以在两个相关的视图中进行编辑和操作，大大提高了效率和准确性。

面板中有个【显示 / 隐藏分割器（仅显示）】功能，可以模拟解开表层图纸，看底图的效果，按下 按钮后，视图窗口四周会出现一个 图标，点击拉动即可，此工具仅用作查看，并不能将这种效果输出，除非截图保存。

在当前视图中点击鼠标右键，选择弹出菜单中的【描绘】，也可以调出描绘的功能。我们推荐将描绘与参照的设定对话框和描绘与参照的开关这两个设置快捷键，方便使用。

描绘与参照也可以用于布图环境、比较两张布图的排版是否对位等。这个功能还可以进行渲染图和线框图的交互比较。

3. 选取框

【选取框】是 ARCHICAD 中使用频率极高的工具，默认没有快捷键，需要设定一下，方便日后操作。选取框主要有细虚线框和粗虚线框两种形态，一个表示单楼层模式，一个表示多楼层模式。常用的框选方式为矩形，特殊的可以使用多边形范围选取。

选取框除了可以在框定的范围内选择物体和起到拉伸构件的作用外，还可以在视图中框选局部、另存图片或者局部打印。最常用的用法是借助选择框工具框定一个范围，在三维视图中查看并生成三维视图或三维文档。

由于模型到后期会很大，三维视图下建模和设计的交互速度会下降，因此需要控制显示的范围和内容。这时候，我们只要在平面视图中使用选择框工具，框选想要推敲的部位，按〈F5〉键，即可切换到三维视图中，此时只显示框选部分的内容。

当选取框剖切到元素构件时，三维视图中的元素构件的剖切面显示出来，这样可以在设计过程中观察墙身剖面的情况，也可以将剖切图输出为成果，如图 8.3.6 所示。

4. 弹出式小面板

弹出式小面板（简称"小面板"）是 ARCHICAD 中非常有特色的，也是应用频率极高的工具之一，如图 8.3.7 所示。英文名称叫"Pet Pallet"，直译为"宠物面板"，非常形象，因为小面板会跟着鼠标走，但会保持一定的距离，很像自己的宠物。选择元素构件，点击它们，软件就会弹出针对当前元素和当前点击部位相关联的编辑命令。

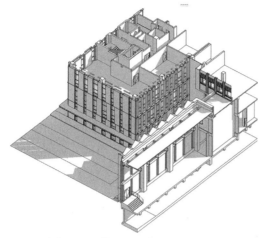

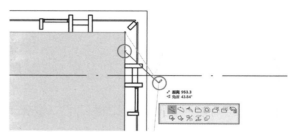

图 8.3.6　使用选取框生成剖切图　　　　图 8.3.7　弹出式小面板

5. 魔术棒

这个魔术棒和 Photoshop 中的魔术棒很像，可以快速选择一个区域范围来实现工具的操作。比如填充的时候，可以将光标放到需要填充的范围内，按住〈空格〉键，光标变成 的样子，点击即可生成一个填充，不用一点点地去勾填充边界。这个功能有很广泛的应用场景：（A）在封闭区域内可以点击选取边界；（B）拾取一个对象或区域的边界生成建筑构件。

应用举例如下：

（1）在绘制完闭合的房间墙体后，可以在墙体范围内使用楼板工具创建楼板，在房间范围内按住〈空格〉键，点击，即可生成楼板。这属于应用场景（A）。

（2）预先有一块楼板，要沿着楼板建墙体，也可以使用魔术棒在楼板边沿拾取，点击后，墙体就沿着楼板创建了。这个操作同样适用于栏杆等的创建。这属于应用场景（B）。

在菜单【设计】→【魔术棒设置】中，可以对魔术棒进行参数设置，主要用于对弧线的拟合。一般保持默认的【最佳匹配】设置即可，如图 8.3.8 所示。

6. 吸管和针筒

ARCHICAD 的吸管工具和 Photoshop

图 8.3.8　魔术棒设置对话框

中的吸管很像，后者只是吸取颜色，而 ARCHICAD 中的吸管可以吸取构件的各种参数。针筒工具则是将吸取到的参数注入目标构件中去。这两个工具是配合使用的，可以快速地进行属性匹配。

如图 8.3.9 所示，使用吸管时，按住〈Alt〉键调出工具，光标变为吸管的样子，点击剪力墙，然后按〈Ctrl+Alt〉键调出针筒工具，一针打到另一道墙体上，该墙体就变成剪力墙了。剪力墙的各项参数就转换给了填充墙。这里可以设定哪些参数可以转换，哪些不转换；相关设置方法详见 4.3.1 收藏夹。

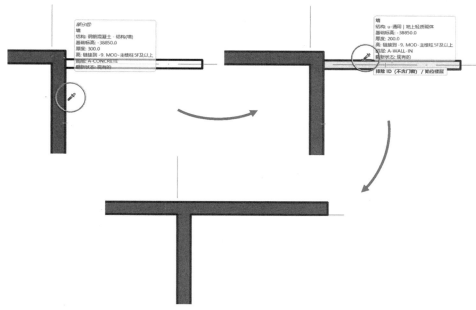

图 8.3.9 吸管工具传递元素构件属性

ARCHICAD 的"吸管和针筒"工具，与 AutoCAD 中的特性匹配（刷子）命令又有很大的不同：

（1）吸管和针筒是分开的两个工具，不一定连续执行。比如上例，当吸管吸取剪力墙参数后，可以进行别的操作，再使用针筒工具。

（2）吸管可以吸取不同类型的元素构件的参数，互相之间不会干扰。可以连续吸取墙体、门、窗等构件的参数，再分别打针给相应的构件。

（3）吸管可以单独使用，相当于快速调用元素创建工具，当吸管吸取一个元素的时候，就可以使用该元素工具和相应的参数进行绘制和建模。

7. 收藏夹、模板和图库

收藏夹、图库和模板的相关内容，详见 4.3 知识库的积累和应用对于工作流程的意义。

8. 热链接的应用

热链接的应用，详见 4.1.10 热链接的应用。

8.4　ARCHICAD 独特的魅力

　　ARCHICAD 是最早实现二维三维一体化的建筑设计软件，从诞生之日开始，就提出了三维虚拟建筑的设计理念，并将此理念贯穿于软件的各个版本。可以说，早在 Autodesk 公司提出 BIM 概念以前，ARCHICAD 就已经开始践行 BIM 的理念了。虚拟建筑的概念虽然没有 BIM 那么时尚，但却更准确地描述了建筑设计及其全过程的含义。

　　目前在建筑设计行业内常见的 BIM 软件，除了图软的 ARCHICAD 以外，还有 Autodesk 的 Revit、Bentley 的 Microstation、基于 Catia 公司的软件等。相比这些软件，ARCHICAD 是特色鲜明的一个软件，有着独特的魅力。

　　（1）ARCHICAD 是建筑师主要参与设计和编写、为建筑师使用的 BIM 软件，整个软件架构都是围绕着建筑设计全流程设计的。从概念方案阶段的体块建模、面积控制、概念表现，到模型建立生成各种平 / 立 / 剖面视图、剖透视 / 轴测等三维视图，再到将这些视图排版、输出文本，特别适合建筑师的工作习惯和工作流程。同时，软件针对建筑设计流程设计了很多强大、高效且富有特色的工具，比如图层和图层组合、描绘参照功能、选取框工具、弹出小面板、"魔术棒"工具、"吸管和针筒"工具等，这些功能真正对建筑师的创造性工作提供了强大的支撑。

　　（2）ARCHICAD 功能强大，同时又具有很高的灵活性。ARCHICAD 是为数不多的适合在概念方案阶段使用的 BIM 软件，原因就在于它有丰富的概念设计功能和灵活实现建筑师想法的技巧和解决途径。

　　使用 ARCHICAD 创建建筑构件和元素的时候，不会有太多条条框框的限制。比如，对于一个台阶或者一个造型，可以用多种方法和多种工具来创建和实现，完全取决于项目的需求和应用场景的需要。这不像某些 BIM 软件，只能使用固定的工具来创建固定的对象，或是用唯一的途径来实现某个想法。

　　更重要的是，ARCHICAD 与设计流程结合紧密，对于各阶段不同的深度需求，可以灵活设计。比如在概念方案阶段，墙体只需要用简单的构件来建模，建筑师不需要一开始就把所有细节定好，而且需要更改墙体厚度和材料等特性时可以直接修改，不需要拘泥于必须选择预设的墙体类型；到发展细化阶段，方案大致确定，可以通过这个墙体设定为复合墙体甚至复杂截面墙体转换到精细的设计模型。

　　（3）ARCHICAD 是相对轻巧的 BIM 软件，同样的硬件条件下能提供更好的性能。建筑工程使用的 BIM 软件，由于要处理大量的 3D 数据，通常对计算机硬件要求都比较高。ARCHICAD 采取了一定的技术手段，使得硬件方面的要求有所降低，中端的笔记本甚至三四年前的台式机（配置独立显卡）都可以流畅运行。ARCHICAD 支持 CPU 多核运算，通过软件内部算法使用后台资源运算，加快软件的响应速度。ARCHICAD 中的各个视图并不强制实时更新，而是在后台智能预判，渐进更新，切换到相关视图后才会集中显示效果，这有效降低了系统负荷。另外，软件的兼容性和稳定性很出色，在使用过程中，在不同软硬件环境下都能流畅运行，且很少出现软件崩溃的情况。这些都能带给建筑师更好的使用体验。

　　（4）ARCHICAD 经过多年的发展，自身软件功能和自带的图库已经能够胜任绝大部分工作，且功能非常细致。设计过程中常规功能类型的项目，可以方便地找到相应的功能和图库内容，基本不需要自己制作图库，很容易上手做项目。

（5）ARCHICAD 是 openBIM 理念的倡导者，对于国际通用的 IFC 数据交换格式的支持也做得相当不错，可以通过这种格式与其他软件进行数据交换和协同设计。同时对 DWG 格式、PDF 格式等传统常用文件格式也都支持得非常好，能有效提升协作能力。

（6）ARCHICAD 软件具有特色的 BIMcloud 技术和 Teamwork 团队工作模式，使得团队成员可以通过网络在同一个模型文件上进行设计工作，根据不同职责设定不同的权限进行协作，同时通过其特有的 Delta 增量数据传输技术，减少协同延时，因此流畅度非常好。

（7）ARCHICAD 拥有先进而富有特色的 BIMx 技术，设计成果可以输出为"BIMx 超级模型"，将图纸和模型以及数据信息都整合在一起，并用超轻量的方式给到项目全体参与方，极大地丰富了协作的方式，提高了协作的效率。

8.5 ARCHICAD 有待改进的地方

在应用的过程中，我们记录了一些目前版本 ARCHICAD 有待改进的地方：

（1）快捷键设置不支持字母组合输入。

（2）不同视图并排显示在屏幕上的设置不方便，视图窗口无法脱离主界面在副屏显示。

（3）缺少自由切割楼板等构件的功能。目前的工具只能以直线方式切割，而且是贯穿式的切断，不支持弧线和折线切割。

（4）如果项目中变形体很多会很卡顿，需要提高编辑的流畅度。同时，变形体推敲方案后，缺少将变形体的面快速方便地创建为墙、楼板、幕墙等的功能。

（5）热链接模块不支持"在位编辑"，这方面编辑的灵活性不足。

（6）门对象的平面显示，对于门槛的设置和表达不够智能。

（7）幕墙工具在制作弧形轮廓或弧形玻璃时，缺少相关的创建和编辑功能。

（8）楼梯和栏杆工具非常强大，但同时也很复杂，对于新手不太友好。

（9）软件原生对 NURBS 曲面支持不好，曲线、曲面功能薄弱。这包括立、剖面中的圆弧半径标注不便，包括复杂截面中的圆弧到实际中是折边拟合而不是弧线，包括弧形壳体的精度不足。

（10）制作 GDL 参数化对象的难度有点高，并且不直观、不方便。如果想要做一些定制化、本地化的对象难度比较大。

（11）元素的自定义属性和表达式只能针对元素构件本身提取数据，还缺少全局参数或者说全局属性，缺少让构件信息甚至是清单中的数据进行计算和处理的功能。

（12）中文版软件的界面翻译有一些不准确的地方，给初学者造成了一定的困扰，提升了软件学习和推广的成本。

（13）与国内相关专业常用软件的接口相对缺乏；同时受限于用户基数远小于竞争对手，本地化的二次开发非常少，缺乏适合国内建筑设计的效率插件。

8.6 ARCHICAD v24 新功能简介

我们在案例项目中使用的是 ARCHICAD v23 中文版。新版的 ARCHICAD v24 中文版也在 2020 年 10 月 16 日已发布，这里简单介绍一下新功能以及软件帮助文档中提到的一些隐藏功能。

整合设计与协同设计是新版本升级最主要的方面。

1. ARCHICAD v24 整合了结构计算的功能

在结构方面，增加了建筑师与结构工程师双向互动的工作流程：通过增加结构分析模型，可以导出 SAF（Structural Analysis Format，内梅切克集团开发的全球开源结构分析文件格式）文件给结构工程师，进行结构分析（有限元分析为主）和结构计算；计算结果和受力模型可以反提给 ARCHICAD，给到建筑师准确的结构模型，用于虚拟建筑（BIM 模型）的搭建和出图等后续流程，如图 8.6.1～图 8.6.4 所示。[①]

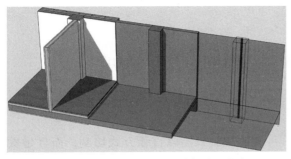

图 8.6.1 同一模型的三种不同结构分析状态显示

图 8.6.2 图软示例项目的三维结构模型

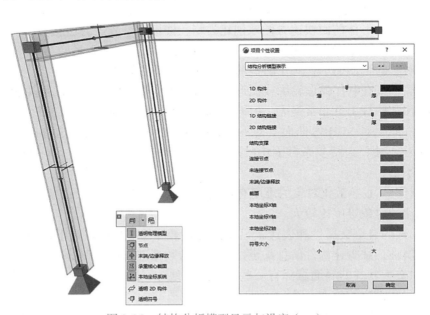

图 8.6.3 结构分析模型显示与设定（一）

① 本节示例图片由图软提供。

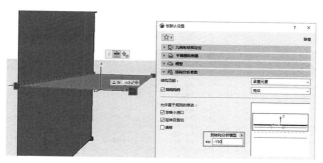

图 8.6.4 结构分析模型显示与设定（二）

这从另一个方面反映出图软对市场需求的回应。可以说 ARCHICAD 不光要做建筑专业最好的 BIM 软件之一，同时也在朝着更加完善的 BIM 解决方案前进。

2. ARCHICAD v24 整合了 MEP 建模插件

在增加结构分析计算流程的同时，图软把原先需要单独安装和授权的 MEP 插件直接整合进了 ARCHICAD 主体中，如图 8.6.5 所示。首先，这使得 ARCHICAD 拥有完整的 MEP 建模能力，包括对原 MEP 插件的建模和管理能力的加强。但针对国内的机电计算和系统图的绘制，暂时是没有的。这个 MEP 模块，对于兼职机电管综的建筑师来说是极好的。其次，MEP 功能有更好的导入导出 IFC 模型的能力，可以很好地识别 Revit 等其他 BIM 软件导出的设备模型，自动转换为 ARCHICAD 内部的 MEP 对象。这一点是相当重要的，它使多平台的专业协作方能够在 openBIM 流程的框架下顺畅协作。最后，ARCHICAD 通过这次整合，提供了机电管线碰撞检测和开洞功能等，方便进行多专业的协作。

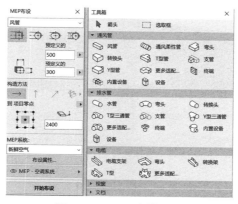

图 8.6.5 MEP 建模工具

3. 协同设计功能的加强

ARCHICAD v24 新增的模型检查模块，整合了原有的模型碰撞检测功能，并新增了"物理模型建模质量"和"结构分析模型建模质量"两个功能。这些检查功能可以生成模型检查报告，汇总所有的检查信息，方便项目设计人员在各个阶段对模型进行检查，提高建模质量，如图 8.6.6 所示。

图 8.6.6　碰撞检查报告

　　模型比较是一个有意思的新增功能。通过比较两个模型，可以将模型中不同的地方通过可视化的视图呈现出来，如图 8.6.7 所示。同时，可以跟踪某些构件的修改，进行持续的推敲。这个比较功能最佳的应用场景是结合 BIMcloud 的团队协作方式。对于团队设计能有更好的协作和掌控。

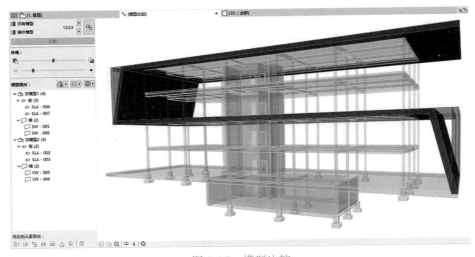

图 8.6.7　模型比较

　　整合协作功能，新增事件组织器和事件管理器。它们可以将项目中发现的问题进行标记、汇总、跟踪和解决。作为项目中的管理工具，能帮助专业负责和项目负责进行协同工作，通过 BCF 这种通用协同文件格式进行相关专业间的协调并解决问题，如图 8.6.8 所示。

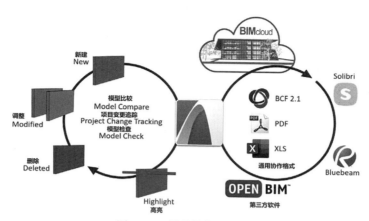

图 8.6.8 增强的协同方式

BIMcloud 的功能得到了继续加强。在线协作的需求在持续不断增长，因此 BIMcloud 也升级了项目管理的功能，从原先的人员权限管理、项目 pln 文件管理，向项目设计过程管理进行了拓展。新增支持多种文件格式上传到 BIMcloud 服务器，同时可以方便地管理文件夹和项目进度等，并且非 BIMcloud 项目也能方便地合并 BIMcloud 项目文件进行协同设计。

从 ARCHICAD v24 版开始，软件可以通过安装 RFA RVT Geometry Exchange 几何模型交换插件，导入 RFA（Revit 族）文件成为 GDL 对象，应用到 ARCHICAD 项目中。这有利于使用 ARCHICAD 的公司使用制造商制作的 RFA 格式的产品族文件。目前的资料显示 ARCHICAD 使用的是 ODA Teigha BIM 引擎，该引擎可以导入 2015—2020 版本的 RFA 文件，插件的开发获得了合作伙伴 BIM6x 公司的协助。

安装好该插件后，菜单【文件】→【图库和对象】下就会出现【Import RFA as GDL Object】导入选项，如图 8.6.9 所示。

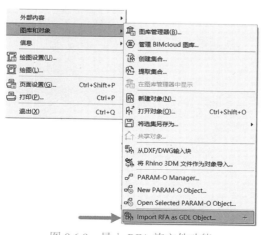

图 8.6.9 导入 RFA 族文件功能

这个功能非常必要。在设计的时候，设计师需要大量的构件库和产品库。Revit 在国内发展了很多年，积累了大量的优秀族库，这些都是可利用的重要资源。这方面的数据互导，拓展了 ARCHICAD 在国内的应用场景。

4. 自带 GDL 图库的扩充

本次升级，自带的 GDL 对象库进行了部分更新，新增了一部分居住功能相关的家具，40 多种精致的参数化家具对象。

5. 实验性的功能

新开发了 Param-O 可视化图库编辑器。Param-O 是基于 ARCHICAD 和 GDL 的可视化节点图库编辑器。相关内容，参见 4.3.3 图库。

ARCHICAD v24 引入了一个新的 JSON/Python API，旨在为使用 Python 编程语言在 ARCHICAD 中运行自动化脚本和复杂的命令奠定基础。借助 Python 的强大功能，实现设计工作的自动化、半自动化，非常值得期待。图软官网提供了一部分 Python 实例，可以下载文件测试。

附录 三维设计流程应用小技巧索引

这里列表收录文中提到的小技巧的索引，方便大家检索。ARCHICAD 的小技巧很多，这里不可能罗列全，还需要在应用过程中继续总结。

编号	内容	页码
1	墙体参考线调整	23
2	楼层设置	24
3	夹层平面的设置	25
4	查看被选元素使用的建筑材料	34
5	灵活设置建筑材料的优先级	34
6	复杂截面的应用	37
7	控制采用复杂截面的构件之间的交接关系	40
8	使用自链接方式的注意事项	44
9	GH 联动插件的注意事项	52
10	加快场景渲染的一个方法	57
11	输出带有 Alpha 通道的图片	57
12	渲染图和线框图的交互比较	62
13	线型使用的注意事项	86
14	改变模板中属性项的索引号	87
15	内部插件错误处理	100
16	轴网注意事项	106
17	墙体进行实体元素操作后的平面表达问题	110
18	跨层窗的设置	110
19	墙面装饰条的创建	110
20	柱子的平面表达	112
21	楼板拼接线	115
22	梁的平面填充显示	117
23	修剪元素构件到屋顶	118
24	非直角相交的多梁交接问题	118
25	选择门窗	121
26	门窗洞口底标高的基准问题	122
27	三跑楼梯的创建	128

参考文献

[1] 彼得·绍拉帕耶 . 当代建筑与数字化设计 [M]. 吴晓，虞刚，译 . 北京：中国建筑工业出版社，2007.

[2] 杨远丰 . ARCHICAD 施工图技术 [M]. 北京：中国建筑工业出版社，2012.

[3] 曾旭东，陈利立，曹尚 . 初识 ARCHICAD[M]. 北京：中国建筑工业出版社，2018.

[4] GRAPHISOFT 中国区 . GRAPHISOFT ARCHICAD 高级应用指南 [M]. 上海：同济大学出版社，2013.

[5] 李云贵 . 建筑工程设计 BIM 应用指南 [M]. 北京：中国建筑工业出版社，2017.

[6] 清华大学 BIM 课题组，互联立方（isBIM）公司 IBM 课题组 . 设计企业 BIM 实施标准指南 [M]. 北京：中国建筑工业出版社，2013.